张衡地动仪

冯 锐著

地震出版社

图书在版编目（CIP）数据

张衡地动仪 / 冯锐著 . — 北京：地震出版社，2019.11

ISBN 978-7-5028-4840-8

Ⅰ. ①张 … Ⅱ. ①冯 … Ⅲ. ①地震仪 — 介绍 — 中国 — 东汉时代 Ⅳ. ① TH762.2

中国版本图书馆 CIP 数据核字（2017）第 220742 号

地震版 XM3984/TH（5539）

张衡地动仪

冯锐 著

责任编辑：刘素剑

责任校对：凌 樱

出版发行：地震出版社

北京市海淀区民族大学南路 9 号 邮编：100081

发行部：68423031 68467993 传真：88421706

门市部：68467991 传真：68467991

总编室：68462709 68423029 传真：68455221

专业部：68467971 E-mail: dz_press@163.com

http: //seismologicalpress.com

经销：全国各地新华书店

印刷：北京地大彩印有限公司

版（印）次：2019 年 11 月第一版 2019 年 11 月第一次印刷

开本：787 × 1092 1/16

字数：304 千字

印张：16.25

书号：ISBN 978-7-5028-4840-8

定价：98.00 元

序

若没有这些科学先驱的发现，人类历史将完全不同。这些杰出人才都是开创型的思想家，为揭示出客观世界的奥秘及作用，与那些固有的观念和偏见进行了不懈的斗争。今天，科学家们正在各自的领域取得重大发现，在前人研究的基础上续写着对宇宙万物的认识。

这是美国一所小学《伟大的科学家》挂图上的前言。该挂图共提到16位世界伟大的科学家，他们分别是：

伽利略（Galileo Galilei，1564—1642，天文望远镜和数学）；

哈维（William Harvey，1578—1657，心血循环系统）；

牛顿（Issac Newton，1643—1727，现代物理学和微积分）；

法拉第（Michael Faraday，1791—1867，电磁感应）；

巴贝芝（Charles Babbagw，1791—1871，现代计算机）；

达尔文（Charles Darwin，1809—1882，物种起源）；

巴斯德（Louis Pasteur，1822—1895，微生物疾病理论）；

门捷列夫（Dimitri Mendeleyev，1834—1907，元素周期表）；

爱迪生（Thomas Edison，1847—1931，电灯电话电影）；

居里夫人（Marie Curie，1867—1934，放射性元素钋和镭）；

爱因斯坦（Albert Einstein，1879—1955，相对论和质能关系）；

哈勃（Edwin Hubble，1889—1953，宇宙膨胀理论）；

沃森和克里克（James Watson，1928— ，Francis Crick，1916—2004，DNA双螺旋结构）。

此外，还有两位古典科学家，他们是希腊的亚里士多德（Aristotle，前384—前322）和中国的张衡（78—139）。对于张衡的介绍，不仅注明他是天文学家和数学

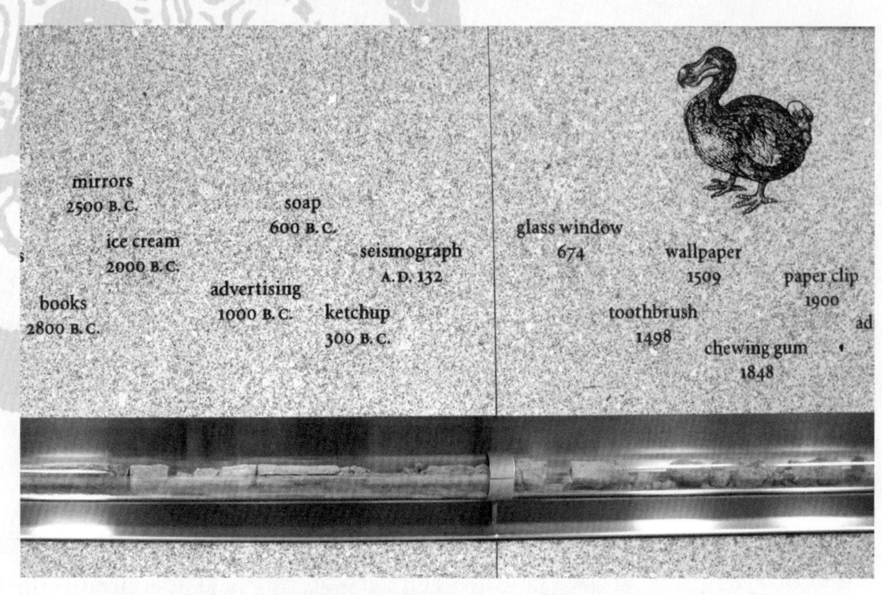

图 1　美国波特兰镌刻着世界重大发明，有“地动仪，公元 132 年”字样

家，还重点介绍了他的地动仪，解释了悬挂都柱的惯性和测震过程。

美国波特兰市（Portland）的大理石墙壁上，镌刻着一系列世界重大发明（图 1），其中“地动仪，公元 132 年”(seismograph　A.D.132) 赫然醒目。当人类面对地震只能被动挨打、企盼神佑之时，张衡第一个站出来，成功创制科学仪器，从此人类在地震面前站了起来。这是它的光辉地位和永恒价值。

张衡远去了近两千年，迄今仍然被世界各地广泛关注和介绍，家乡子孙也始终铭记着他的贡献，故土山水依然保护着他的遗迹。2003 年，笔者第一次到河南洛阳考察地动仪的遗址，沿路打听“灵台”在哪儿，回答是：“白马寺大佛殿，有个烧香的台子，不过灵不灵不知道。”

意识到自己的问题，我马上改口询问汉朝“观象台”。两旁的农民随即议论起来：“嗨，都什么年代啦，还找‘观相的’。要‘观相’那要去嵩山少林寺！”另有一人呼应道：“中！在松树林里，有观手相的、面相、脚相的，观啥的都有。”韵味十足的河南话，有腔有调，却让人丈二和尚摸不着头脑。

及至洛河岸边，笔者的一句“张衡”，立刻拨云见日，几乎无人不知无人不晓。“噫……不就是那个搞地震的老头嘛！”路旁卖大饼的一个中年妇女大声说道。得知笔者也是研究地震的，她红红的脸庞笑眯了眼，把大饼翻了个个儿，右手顺势往

图 2　东汉灵台今貌，三个小朋友与作者合影（2003）

西一指，“你们那个地震仪呀，就在那边发明的！”穿过狮子疙瘩村，一片金黄耀眼的麦地，又不知所向。

忽然，三个活蹦乱跳的小男孩从庄稼地里钻了出来，阳光底下黢黑发亮，满头的黄土，大大的眼睛，双手叉着腰：“你找谁？”“找张衡”。三个孩子“哗”的一下喊着叫着跑起来，带我穿经一块玉米地后，争先恐后地喊“就在这！”一个个小手指着一个不起眼的土堆儿。

难道这就是我要找的东汉灵台，学名“观象台”？愕然之下，释然！沧海桑田，经历千年风雨，尽管巍峨建筑不复存在，但辉煌的历史已传给后人。

三个男孩放弃了玩耍，陪我在灵台的前后左右转悠了两个多小时（图 2），跟前跑后地扯着衣服，噼里啪啦地提出一大堆问题：

你们还用他的地震仪吗？张衡告诉你们怎么预报地震了吗？

他的秘密你们弄明白了没有？为什么不让地震停一停？

你们头头认识张衡吗？他是俺河南人……

如此强烈的民族自豪感，活跃的思维，让人始料未及。我太喜欢这三个孩子了。什么是科学家？科学家就是爱提问题、爱找答案的人，他们已然入门，有什么理由不告诉他们呢？

爷爷一定为你们写一本书，讲讲地动仪的故事，争取回答一半的问题。

那还有一半呢？

靠你们呀。你们长大了肯定比爷爷懂得多，比张衡的贡献更大！

笔者深情地拥抱了这三个小朋友！孩子们红扑扑的脸蛋儿上冒着热气，稚嫩的眼睛比太阳还明亮，让我陶醉其中而久久不能忘怀。

现在呈现给大家的《张衡地动仪》，就是笔者兑现给孩子们的承诺。

这是一本讲历史、讲科学的书，谈天说地讲故事的书。

地动仪的二千年，阅尽天下兴亡千万事，饱尝人间沧桑冷暖情。斑驳岁月所要述说的，岂止是一件青铜仪器，更愿倾诉人类追求真理的历程，苦难与辉煌、曲折与经验，激励后人去创造更加光辉的文明。笔者试图以张衡地动仪为主线，从历史和科学的角度介绍地震学的发展过程，通过图片和文字来阐述科学的思想、研究的思路，在专业研究与大众文化之间搭起一座桥梁，让彼此的心灵畅快地沟通起来。

笔者需要交代一句话：每每重大发明出现之时，发明者本人的认识通常是不完备的，世俗观念并不会立即消遁，往往要靠几代人逐步地完善才能形成完整的理念。对地震，张衡曾向皇帝建议过祭天祀地；对天体，牛顿企盼过上帝的第一推动力。在科学家的长长名单里，哥白尼、伽利略、诺贝尔、巴斯德、伦琴、培根、爱因斯坦、巴甫洛夫等，都持有宗教的信仰。这是人类认识世界的真实过程，完整的科学历史，我们当然不能有所苛求。

科学世界，虽然亮如蓝格莹莹的天，其实并不总是那么通透。还需要我们不时地从清澈的天河里舀起一瓢水，把星星洗得更加明亮清晰。本书，就是一种尝试。

笔者要特别感谢多年合作研究张衡地动仪的朋友和同事们，这本书是在“地动仪科学复原”课题组的研究成果基础上撰写的。王培波（1954—2016）、武玉霞、李先登（1938—2009）、田凯、朱晓民、李辉和孙贤陵等专家都做出了重要贡献，滕吉文院士和孙机研究员在整体思路上予以了指导，还有许多专家和技术人员也投入了力量和心血，地震出版社的编辑给予了帮助，在此一并致谢。

冯锐

二〇一七年四月

目录

开篇

君子　不患位之不尊
而患德之不崇
不耻禄之不伙
而耻智之不博

——张衡
一二六年

阳嘉元年，秋七月，史官张衡始作（候风）地动铜仪。

以精铜铸其器，圆径八尺，形似酒尊，其盖穹隆，饰以篆文、山龟鸟兽之形。尊中有都柱，傍行八道，施关发机；外有八方兆，龙首衔铜丸；下有蟾蜍承之。其机、关巧制，皆隐在尊中。张讫，覆之以盖，周密无际，若一体焉。如有地动，地动摇尊，尊则振，则随其方面，龙机发，即吐丸，蟾蜍张口受丸。丸声振扬，司者因此觉知。虽一龙发机，而其余七首不动，则知地震所起从来也。验之以事，合契若神。来观之者，莫不服其奇。自古所来，书典所记，未常有也。

尝一龙机发，而地不觉动，京师学者，咸怪其无征。后数日驿至，果地震陇西，于是皆服其妙。自此以后，乃令史官记地动所从方起。

张衡制地动图，记之于鼎，沉于西鄂水中。

——《续汉书》《后汉记》《后汉书》《鼎录》

1　地动仪模型掀波澜

2009 年，在庆祝共和国 60 华诞的金秋时节，中国科学技术馆首先向世人展示了新造型的青铜地动仪模型，它熠熠生辉地竖立在古代馆入口处；同时，《中国大百科全书》也将之收入相应条目下；随后，上海科学技术馆和山东威海科技馆相继展出了新的青铜模型；而熟悉许久的模型却淡出了人们的视线，海内外媒体迅速做出了响应。正是：

风乍起，吹皱一池春水。

——后唐 · 冯延巳，《谒金门》

让我们不妨登上“科学研究永无止境”的时空列车，先行一步走进地动仪……

从头说起的故事

新中国刚建立，为宣传祖国文化成就，科技文物学家王振铎根据《后汉书 · 张衡传》里的 196 个字，于 1951 年设计了一个新的地动仪复原模型，摒弃了他 1936 年的旧模型。

图 0-1　首次公布的地动仪复原模型（人民画报，1952）

最初仅是个木制模型，刊登在 1952 年 4 月《人民画报》上（图 0-1），以后又做了仿铜着色而定型（图 0-2），王先生 1963 年和 1976 年发表过两篇学术文章进行了讨论。不过，受到历史条件和认识上的限制，1951 年模型是从来不工作的，工作原理和内部结

图 0-2　对外部修饰后的 1951 年模型（王振铎，1963）

构则另用一张猜想示意图来表达。它一直没有做过科学检验和评审验收。由于宣传上没有明示“复原模型”，于是就变成了“出土文物”而在国家博物馆展出半个多世纪。正是这种根本性质的概念混淆，为日后的广泛误解和严重争议埋下了伏笔。

应该肯定是，1951 年模型使博物馆有了一个展示地动仪的形象实体，便于宣传张衡的科学发明，海内外更多的人也是通过它知道了中国古代对世界文化的贡献。同时，人们又把对张衡的敬仰和自豪之情倾注到了这个模型上，赋予了它更浓郁的人文色彩而久久深入人心。在早期的认知阶段，对地动仪外形的关注显然要胜于对科学的深究，是完全可以理解的。教科书把它作为“出土文物”教育和激励了几代人；不少行政单位和期刊就以它为标志，熏陶着中国的古典文化；国际文化交流中它长期是一个宣传的亮点，甚至于 1992 年还作为国礼分别赠送马来西亚、日本和摩洛哥的元首；也以国家形象代表的身份屡屡出现在各种国际舞台。日内瓦联合国世界知识产权组织总部的进门处有个大厅，在左右两侧的显著位置上分别摆放着中国和美国的礼品，中国的是景

图 0-3　地动仪模型在联合国世界知识产权组织总部大厅

泰蓝地动仪小模型；美国的是从月球带回的岩石(图 0–3)。如此大的宣传力度和极高贵的荣耀，又使模型必需承担的显示出验震功能的历史责任愈发沉重，那个隐藏已久的本不能工作的致命弱点也就终于暴露出来了。

展览模型的尴尬

市面上很快出现了各种各样做旧的、粘有泥土的青铜制品，人们竞拍和收藏着，有的居然还附有化学成分的鉴定书；展览馆里的地动仪是“能工作的”，只不过它的内部已经装上电磁、弹簧、继电器等现代部件，学生们可以看到“龙首吐球”的假象，但不能审视内部机关；公园里在浑仪（1439 年明朝制）仿制品旁边也竖了硕大的地动仪，其实也是个徒有其表、空乏其里的铜壳，人们只能云山雾罩地谈原理、讲测震；国家专利局登记了十余种地动仪产品，含有作假结构的“知识产权”也有了堂而皇之的名片；监狱里关押过地动仪的经济诈骗犯，毁了一个以张衡地动仪之名搞发展的企业；中小学老师无法讲授课本里的地动仪原理，有的老师索性发表文章鼓励学生怀疑它的真实性……

最尴尬的事情出现在日本和中国香港。

1988 年和 1998 年，中国历史博物馆相继在两地举办了中国历史文物展览会。照说，地动仪的复原研究是 100 多年前由日本首先开展的，早在 1875 年至 1939 年间，服部一三、米尔恩、荻原尊礼、今村明恒等都研究过张衡地动仪，王振铎的 1951 年模型也是参照日本模型而设计的。可巧，原大的 1951 年模型醒目地摆放在

图 0–4　在日本展览地动仪 1951 年模型时的现场演示（1988）

展览大厅的入口处，吸引了不少日本地震学家驻足观看。遗憾的是，这个模型完全不工作，讲解人员只好难堪地用木杆去捅出龙嘴里的铜球“测震”（图 0–4），引起观众一片哗然哄笑，尴尬状况可想而知。后来，日本东京大学地震研究所所长力武常次著文，明确地否定了这个复原模型和结构。

中国历史博物馆的参展专家于 1988 年从日本回国后，立刻作了情况汇报，王先生当即表示：“看来，地动仪的复原还得再做研究。”遗憾的是，王先生不久谢世。当 1998 年在香港作展览时，中国历史博物馆只好又拿出这个老模型，重复了在日本的荒谬表演。饱受诟病和批评之展，成了模型的谢幕之行。

学术界的态度

学术界冷静而清醒，对这个“被出土”的模型一直持批判态度。几十年间，地震学家从未从严格的科学意义上把它作为地震仪器来接受和肯定过，国内也没有一篇考古学、历史学和地震学的科学论文正面引用过它。中国、日本、美国、荷兰和奥地利等国发表了一系列严肃的学术批评文章，指出了该模型的各种失误和中小学课本的误解。1976 年，中国地震学的奠基人傅承义院士当面向王振铎指出了该模型的原理性错误。

为了替代 1951 年模型，各国学者早在 1978 年以后便提出了多个替代模型。有美国、荷兰、罗马尼亚的，中国的还分北京、河南、新疆、安徽等设计，各宣传各自的张衡地动仪。国家文物局等单位，亦早有重新复原的意愿。

学术界存在如此坚决的态度，与外界的印象竟成冰火两重天，这是模型设计者始料不及的。

图 0–5　王振铎（1911 — 1992）

■ 王振铎

王振铎，中国历史博物馆研究员，长期从事史学研究。对中国古代的指南车、记里鼓车、水运仪象台、冶铁鼓风机、铜漏、浑天仪等做了研究，复原的古代科技模型有 90 余种，为弘扬中国古代科技文化和成果做出了历史性的重要贡献。

1936 年，他发表了张衡地动仪复原图画，取米尔恩的悬垂摆原理。1951 年设计了直立竿地动仪模型。

2 1951年复原模型的问题

复原，是科学研究中的一种常用手段，通过“复原模型”来展现逝去的历史和时空。比如恐龙的形态、地球的演化、战争的过程、罪犯的相貌等。广义上讲，京剧《空城计》、电影《红楼梦》也都是“复原模型”——用演员的动作影像来表达历史，让人们更容易接受和理解。当然，复原是对历史的逼近，但不是历史的原物，一定程度的不确定性总会存在。不同版本的电视剧《红楼梦》就是不同的复原模型。

不过，科学仪器的复原是有严格限制的：科学规律具有可重复性、文化习俗具有稳定性。王之涣在唐朝看到的“白日依山尽，黄河入海流”，今天仍旧如此；汉代青铜器里不可能有清朝的龙，一万年后也不会改变。复原工作如果违背了这些基本规律，便会是失败的。王振铎 1951 复原模型的问题恰恰出在这里。

工作原理不正确

史书记载：如有地动，尊则震，龙机发……

它存在两层含义：没有地震或者不是地震的时候，地动仪不会出现任何动作；只是在地震的时候地动仪才能有反应，而且与地震的震源位置存在某种方向关系。1951 年模型把一根纤细的直竿简单地竖立在地面上，于是无论地面的震源是否是地震，甚至连开门、跺脚、拍桌子等引起的震动，模型都会有反应，而且细竿的倾倒方向完全随机，这就不符合史料记载了。

问题的根源在于工作原理的不正确。所以，各地展览的地动仪模型只能是个空壳，摆在展台上是不能工作的。连中国历史博物馆的模型原件都是这样，对纤纤细竿要在内部的底面用木螺丝拧住，否则细竿就竖立不起来，更谈不上用它去测地震。

整体结构不稳定

作为艺术品，头重脚轻也许会很美丽，且自会有一种轻盈飞舞的感觉（图 0–6）。但是作为观测地震的仪器，恰恰相反才能稳定。

图 0–6　甘肃武威雷台汉墓 1969 年出土的东汉青铜奔马

实践告诉人们：在地震波水平晃动作用下，平躺的书本最稳定，高高的电冰箱很容易倾倒，魔方则属于临界状况（图 0–7）。换成科学语言，物体质心的高度 H

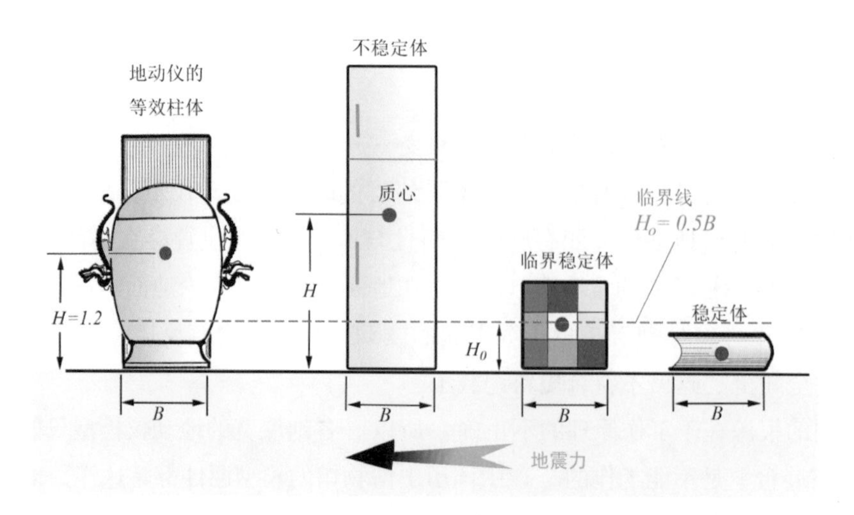

图 0–7　物体的稳定性，取决于质心高度 H 和底边长度 B 的比值

要小于底边长度 B 的一半，即 $H \leqslant 0.5B$，这就是稳定性条件。唯有如此才能保持稳定、抗拒地震波的作用，古今中外概莫能外。

其实，古代科学仪器的质量分布都自然地具有这个特点。明朝在 1439 年曾经制过一部浑仪（图 0–8），传至清朝。乾隆皇帝看后甚喜，认为它在几件天文仪器当中最古老、最具中华民族特色，遂于 1744 年命宫廷仿制，改称（清）玑衡抚辰仪。1900 年八国联军入侵北京时，这件仪器被德国掠走，置于德国皇家花园的橙园草坪凡 20 年，1920 年归还时又在日本的神户横遭扣押，直到 1921 年 4 月才返回故土北京。抗日战争期间，经过大力抢运和保护，最终留在了南京紫金山天文台。不难看出：它的质心高度 H 非常低，大约仅为底边长度 B 的 1/4.5。北京古观象台的所有观测仪器，无不如此。

图 0–8　1439 年明制浑仪，红点是质心，属于科学仪器稳定性的典型

相比之下，1951 年复原模型 8 条全龙的重量就已经高达 1.9 吨，尊体的基型与啤酒桶相似，腹大底小，物体的质心高度达到底边长度的 1.2 倍（图 0–7），远超过可以允许的限度。一旦放到振动台上做试验，立刻整体倾翻。它的这个问题过于明显，以至于不少国外学者仅凭这点就坚决否定它的合理性，认为脱离测震的实际。

艺术造型不符合传统和功能

8 条立雕的龙身没有任何功能，属于画蛇添足。龙首的“倒栽葱”和蟾蜍的摆放风格有悖于传统文化。

中国青铜器的龙造型是有一定规矩的：全龙造型的龙头必须在上位（图 0–8，图 0–9）。如果需要龙头下倾低头，可以只让龙头直接反转，但它的位置仍然要保持在龙身的上位（图 0–10），决不会相反。否则，就会出现某种“倒栽葱”的凄凉悲哀效果。中国迄今出土的青铜器，从商周到清朝，林林总总几千件，没有一件有悖于这个传统。国家博物馆很早就意识到了 1951 年复原模型的问题，但改动起来很困难，一拖就是几十年。

图 0–9 战国 · 方壶的全龙，龙首在上位

图 0–10 西周 · 追簋的全龙，龙首在上位，但可下倾

当然，龙首“倒栽葱”的造型也是有的。要在宋代以后的赑屃（音 bixi）鳖座碑上才可以见到，其应用受限。在宋朝《营造法式》中有明确规定：碑首为“赑屃盘龙”，4 ~ 6 条龙缠绕在碑顶的两侧，龙身上拱，龙头朝下（图 0–11）。不过在石碑身上的全龙，龙头仍然需要保持在上位（图 0–12）。龙首“倒栽葱”的造型意在肃穆、沉重、悲殇和凄凉，这种造型只在坟墓和陵寝的石碑上才会采用。王振铎把它移到地动仪上，实为不妥。

图 0-11　赑屃鳌座碑在碑顶处的龙首可以倒置

图 0-12　碑身处的龙首仍然要保持在上位，不得相反

在蟾蜍的处理上，也存在问题。

蟾蜍面内背外、四面散放的摆设（图 0–2），有悖于文化传统。中国古代的凡属于从属性的雕像，一律面朝外、背对主体。比如宫殿门前的狮子、墓穴里的貔貅、器物上的铺首、台基上的螭首、民居前的门礅、青铜器的兽足、华表上的朝天吼、房脊上的仙人走兽等，无不如此（图 0–13）。即便在圆形的秦汉瓦当、圆形铜镜、圆形铜鼓的纹饰中都遵守这个规矩。这种摆放方式，是从古代的仪仗和卫兵站岗演绎而来的。如果把它们反转 180° 摆放，将会和庙宇、宫殿组成一幅十分荒唐的构图。

图 0-13　中国从属性雕像的摆放，则一律面外背内。自左至右为民居门墩、庙宇狮子、皇宫屋檐

蟾蜍摆放方式的问题，源自造型上的因袭。最早的地动仪复原模型是1875年日本人服部一三（Ichizo Hattori，1851—1929）绘制的，1883年英国人米尔恩（John Milne，1850—1913）也照搬了。他们都继承了西方的艺术风格，人们从1689年法国凡尔赛宫拉托娜喷泉和今日流行于欧美的喷泉上，均可以强烈地感受到这种西方的巴洛克风格——面内背外、环绕在主体的四周（图0–14）。

图0–14　法国凡尔赛宫拉托娜喷泉（a），西方今日的喷泉（b），都有蟾蜍面内背外的四散摆设风格

中西文化交融的一个典型建筑是建于1759年的北京圆明园西洋楼景区。在大水法（即大喷泉）的西侧有个海宴堂，欧洲传教士蒋友仁（P. Michel Benoit）特意按照西方风格设计了中西结合的喷泉。12个兽头人身的生肖是属中国文化的，但摆放方式却是属西方的（图0–15）。

其实，它的问题的关键在于不符合古书记载："下有蟾蜍承之……蟾蜍张口受丸。"就是说，蟾蜍不仅要接受铜丸，还要"承托"尊体，即蟾蜍应该属于青铜器的器足件（图0–16）。而四面散放的蟾蜍摆放，是没有承托作用的。下文我们还会看到，置放地动仪的房间十分狭窄，也根本没有这种四面散放的空间。

缺失科学检验

地动仪是地震学的专业科学仪器，需要具备科学验震的功能。而在我国早期的复原研究当中，受到历史条件的限制，科学检验的观念相对薄弱。一般是以古文献考据为主，参照考古资料作为旁证，只要认为近乎于古人的思路，便确信能够实现

图 0-15　圆明园海宴堂前的 12 生肖喷泉

图 0-16　中国青铜器的器足（西汉 · 熊足鼎），它们呈面外背内地承托着鼎体

全面的复原。绘个图画、做个小样、说上两句，即算完成。在我国，这种不严谨的做法比较普遍。

于是，在 1951 年复原模型问世后的半个多世纪里，大大小小的地动仪模型做了几千件，即便它完全不能工作，从来不去考虑，也没有做过一次科学实验的检验。也许太相信它“是出土的”，认定它“是能工作的”了，想不起安徒生还写过一个童话，叫作《皇帝的新衣》。

3 复原研究的深化

地动仪 1951 年复原模型存在的问题敲响了警钟。古代仪器的复原必须经过科学实践的检验。人们不再满足于似古又今的造型、斑驳铜锈的外壳，而是要看到复原的古船能够下水、复原的飞机能够上天、复原的地动仪能够测震。期待通过复原研究搞清它们的工作原理和结构，从而了解人类文明的早期思想和科技水平，得到思想启发与认识升华。

两个复原件的故事

北宋有过一个重大发明，那是天文学家苏颂（1020 — 1101）在 1092 年 7 月发明的水运仪象台（图 0–17）。它集观测、计时、演示三种功能于一体，是世界上第一台天文钟，机件中的擒纵装置是现代钟表擒纵叉的前身，在世界上有很大影响。国内存有 50 余幅全图、150 多种零件的详图和完整的史料，不过我们仅制作了如 1/5 的小比例复原模型。论文发表了，而复原模型却不能正常运行，要靠讲解员来介绍如何工作。

明朝有一件大事，郑和（1371 — 1433）从 1405 年起率 62 艘宝船七下西洋历时 28 年，世界上第一次横跨印度洋到达非洲东海岸（图 0–18），指南针已经得到成功的应用。国内发掘出了郑和宝船的船形图像、铁锚、大舵杆、船厂遗址等等，但迄今只有不能下水的 1/40 复原模型，只能作为古代形象而供展览观看。

与此同时，同样是古代钟表和古船的复原件，在中国台湾、日本和瑞典都已经制成了原大的尺寸，它们或可以正常运转报时（图 0–19），或能够乘风破浪大海航行（图 0–20）。公众在娱乐中受到文化的熏陶，实践中明白了科学的道理，科学研究成果发挥了教育作用，这是我们需要学习的。

图 0-17　水运仪象台的效果推想图
（据苏颂《新仪象法要》）

图 0-18　郑和下西洋
（该图约绘于 1558 年）

苏颂的水运仪象台

1993 年台湾台中的“自然科学博物馆”和 1997 年日本长野诹访湖的“时间科学馆”将它制成原大复原件。

日本精工集团历时 6 年、绘制 2000 多张图纸、耗资 600 余万美元，原大复原件高 12 米，直径 3.35 米，一直保持着正常的运行。

台中的展馆也制作了原大模型。公众走进水运仪象台后，可以直观看到滴水的动力、滚轴的转动、擒纵装置的作用，从而明白钟表计时的科学原理。苏颂的发明发挥了巨大魅力，启迪着思想。

图 0-19　苏颂水运仪象台原大复原件
（日本，2002）

■ 哥德堡古船的复原

哥德堡（Gotheborg）古船曾经在18世纪3次往来于瑞典和中国，1745年触礁沉没。

瑞典从1995年起，参照了古船的尾柱、舵等残骸，投入4000名工匠历时10年，耗资3000万美元，按照当年的造船技术和原料重建了哥德堡号古船。2005年10月2日，复原的船只满载着从古船打捞上来的中国瓷器、香料和丝绸，历经9个月重走了一遍“海上丝绸之路”，抵达中国广州。随后，又安全返回了瑞典。

图0-20　哥德堡古船的原大复原件（瑞典，2005）

他们用实体帆船，进行了科学研究，不仅宣传历史，还在提供现代旅游服务。

也被否定的“司南”复原模型

一件享誉海内外的复原模型——“勺形司南”，中国四大发明的代表（图0-21），也在21世纪初被学界彻底否定。

它和1951年地动仪模型一样，都不是出土文物，是王振铎于1948年提出的复原模型。研究工作基于东汉·王充（公元27—97年）《论衡·是应篇》的12个字：“司南之杓，投之于地，其柢指南”。所用史料为明·嘉靖十二年（1533年）通津草堂本，关键在“杓”字上。

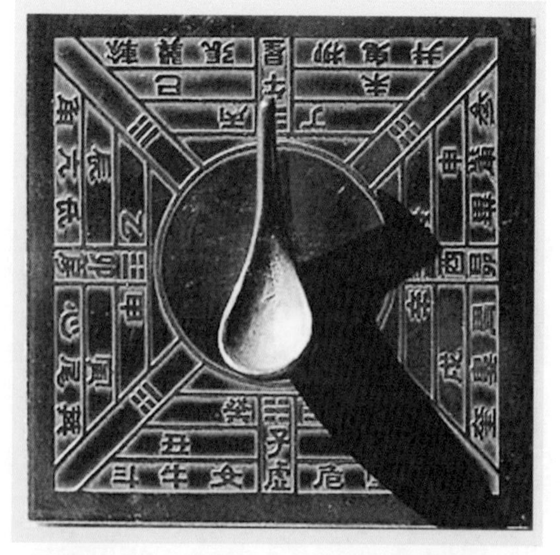

图0-21　已被否定的“司南”复原模型（1948）

他认定“杓”为勺形的磁石、“柢”为勺尾端的把柄，于是设计出一个“勺形司南”，认为司南就是指南针的雏形。后来，请玉琢师傅刻了一个模型，底面则借用了汉代栻盘里地盘的造型（栻盘是古代占卜用的器具，用天盘和地盘叠合来使用，参见图 2–10）。1948 年后，“勺形司南”便作为中国四大发明的代表扬名世界，至于它究竟能不能工作，少有人过问。

1952 年，中国科学院物理所钱临照院士（1906 — 1999）对其进行了实验检验。即便用最好的天然磁石制作，勺形模型仍然不能指南，他明确否定了“勺形司南”的复原模型，指出它是不科学的。遗憾的是，意见未被重视。复原研究者执著地一错再错，居然抛弃了天然磁石，改换成人工磁铁方式：用一种以钨钢为基体材料的“人造条形磁铁”，先制成勺状的模样，再绕上线圈通电使其磁化成为永久磁铁，于是就造成了指南的假象。对这个科学上站不住脚的复原模型，取了个“勺形”的造型而展出于中国历史博物馆，又随即被收入教科书长达半个多世纪，也属于“被出土文物”，还曾作为国礼送给了苏联。

鉴于中国指南针在世界文明史上的特殊地位，“司南”的问题自然很受重视。几十年间的质疑和批评一直未停止。大量学者根据历史背景的考证、古籍文献的解读、制作过程的热退磁、地磁场强度之微弱 …… 分析出王振铎复原模型的不合理，指出“勺形司南”根本不存在。更有学者考证出，古文献的“司南”一词有几种不同的含义，有时为指南车，有时谓“指导、准则”之意，更可释为古代的官职或军队的“地理参谋”，这些不同的含义均源于“北斗”—— 它的定向作用。“司南”一词，完全与祖先发明的指南针风马牛不相及。对中国科学考察队在南极地区树立“勺形司南”雕塑的轻率作法，社会舆论也提出了严肃批评。

官司的尘埃落定，是在 2005 年。

国家博物馆历史学家孙机研究员发现，王充的《论衡》在宋元明三朝共刊行过 13 版。存留完整的第一版是宋庆历五年（公元 1045 年）杨文昌的进士版，是他根据当时搜集到的 7 种私刻版本而定稿的，以后成为明朝版的刊行蓝本。国家现存的最古本子是前北平历史博物馆旧藏的残宋朝版本《论衡》，仅存卷十四至卷十七的有限文字，是 1921 年在清理清内阁档案时拣出来的，后归南京博物院保藏。专家推测是宋熙宁以前的刻本，比宋庆历五年的版本还要早。万幸的是，《论衡· 是应篇》的这段文字恰好在其中，为“司南之酌，投之于地，其柢指南”（图 0–22）。若进一步追溯到了元朝的版本，甚至明 · 本涵芬楼盛名通津草堂本，它们都要比王振铎所用的明 · 嘉靖通津草堂本的印制时间为早。其中的“司南之酌 ……”12 个字，居然全部一致、毫无改变。

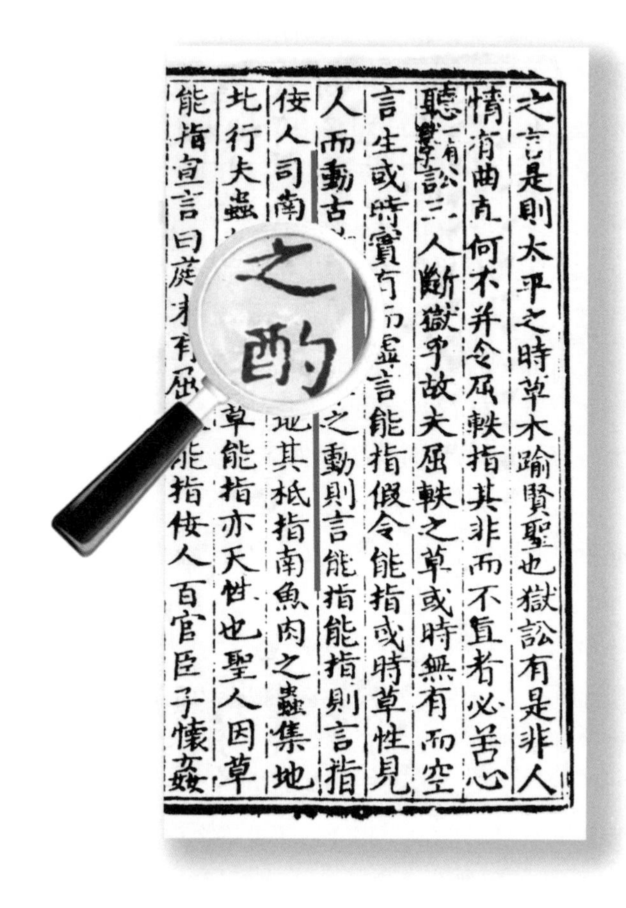

之言是則太平之時草木踰賢聖也獄訟有是非人
情有曲直何不并令屈軼指其非而不直者必苦心
聽[illegible]三人斷獄乎故夫屈軼之草或時無有而空
言生或時實有而虛言能指假令能指或時草性見
人而動古[illegible]之動則言能指能指則言指
佞人司南[illegible]地其柢指南魚肉之蟲集地
北行夫蟲[illegible]草能指亦天性也聖人因草
能指宣言曰庭[illegible]屈[illegible]能指佞人百官臣子懷姦

图 0-22　国家现存最古版本《论衡 · 是应篇》的有关部分

“酌”训“行、用”之意。“柢”为“一段横木”，与司南车上木人指示方向的臂部相当。这12个字的意思是：如使用司南车，把它放置在地上，其横杆就指向南方。

历代版本的对照表明：王振铎使用的明 · 嘉靖十二年（1533 年）的通津草堂本里存在一个误字，把“酌”写成了“杓”。“杓”的字本义指北斗七星在柄部的三颗星，与天然磁石毫无关系。“酌 - 杓”半字之差，误导了后人。

由此得出结论：“勺形司南”的复原模型要被否定，历史上从没有过“以司南勺定方位”的事实，即指南针与“司南”毫无关系。中国发现物体的磁性能指示方向的时代，既不是根据《韩非子 · 有度》推断的公元前 3 世纪，也不是根据《论衡 · 是应篇》推断的东汉初，而应该是在北宋。

指南针的历史原貌

北宋杨维德曾于 1010 年左右任司天监保章正，专司占候变异，在其 1041 年的相墓、相风水的地理方术著作《茔原总录》中最早记述了指南针和地磁偏角。

1044 年，曾公亮作军事著作《武经总要》。记述了以地磁场磁化钢铁片的方法。

1086-1093 年间，沈括（1031 — 1095）作《梦溪笔谈》。介绍了制作指南针的水浮法、碗唇旋定法、指甲旋定法和缕悬法（即用细线悬挂小磁针，指示南北方向）。

1119 年，北宋地理学家朱彧（音 yu）作《萍州可谈》，有航海罗盘的最早记载。

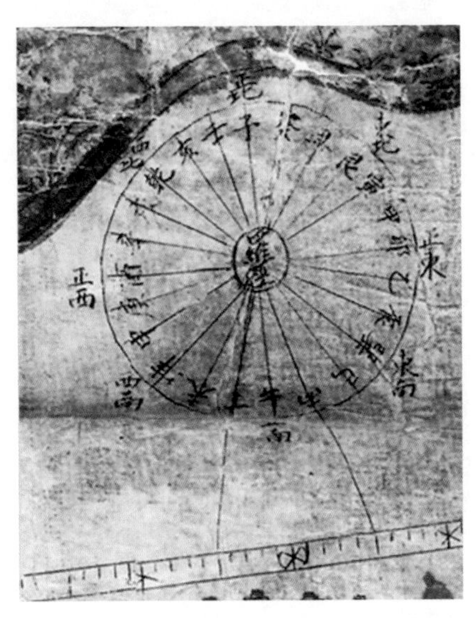

图 0-23 《明代东西洋航海图》中的指南针
“羅經”二字

迄今最早描绘航海罗盘的，可能是现收藏在英国牛津大学鲍德林图书馆中的《明代东西洋航海图》。罗盘中央虽然没有绘制指南针，但注记了“羅經”二字（图 0-23），海内外学术界基本断定此图的绘制时间是在明末的万历年间（1573 — 1620）。而西方对磁针的最早报道，见于英国人尼坎姆（A. Neckam，1157 — 1217）1190 年《关于事物的本性》（*De utensilibus and De naturis rerum*）一书，他在巴黎听到水手们说：航海中必需有这种器具才不会迷失方向，遂记录下来。

指南针无疑是中国人最先发明的，只是早期对其时代和复原模型的研究存在严重失误。

事实上，国家博物馆早在 20 世纪 80 年代末就已确认“司南”模型是错误的，于 90 年代末就已经撤销了展品，不再对公众展示。中国科技馆和教科书也在 21 世纪初取消了对它的宣传。不过公众认知上的改变，会有一个滞后过程。

4 地动仪的真实性与科学复原

就地动仪而言，早期复原模型的不足与地动仪本身的真实性，毕竟是性质不同的两个问题。

个别“打假达人”却借着1951年地动仪复原模型的问题，在2010年底做起了文章。利用小报、博客等媒体把地动仪与中医一起作为“伪科学”进行了抨击，忽悠年青人“被地动仪骗了40年”，要求取消中医科，鼓吹地动仪是个无用的摆设、祭祀的礼器、历史的泡沫、编造的故事，宣扬“中国古代没有科学”等等，颇有兴师问罪的架势。

随着地动仪的研究成果被公众进一步了解，彻底否定论被社会唾弃，市井的嘈杂毕竟玷污不了科学的辉煌。新的复原模型已经获得国内外学术界的普遍认可，并得到大力宣传。

史料记载不是孤证

早期的复原研究仅仅利用了《后汉书· 张衡传》196个字，许多人谈起地动仪，也习惯性的只提这段文字。《后汉书》是公元445年成书的，为南北朝（刘宋）的范晔（398—445）所作。

于是，问题来了：学术界对重大事件的认定有“孤证不立”的约定，也就是说单凭一份史料不足以说明问题。

在研制地动仪2008年新模型期间，专家们查明：自三国到南北朝的320年间，东汉的史书共有13部，流传于今的完整或不完整的史书共9部。国家图书馆现存着8种有关地动仪的善本文献（图0-24）——司马彪（?—306）于306年成书的《续汉书》、袁宏（约328—约376）于376年成书的《后汉纪》、范晔于445年成书的《后汉书》、虞荔（503—561）于561年成书的《鼎录》，都对地动仪有不同的记载。这些文字的总量达到254个汉字，比早期研究所利用的文字量增加了30%，“孤证不立”之虞已彻底排除。同时，《后汉书》中十余处语焉不详的问题也得到了澄清。这些文字是祖先留下的珍宝，也是新版地动仪复原研究的史料依据。

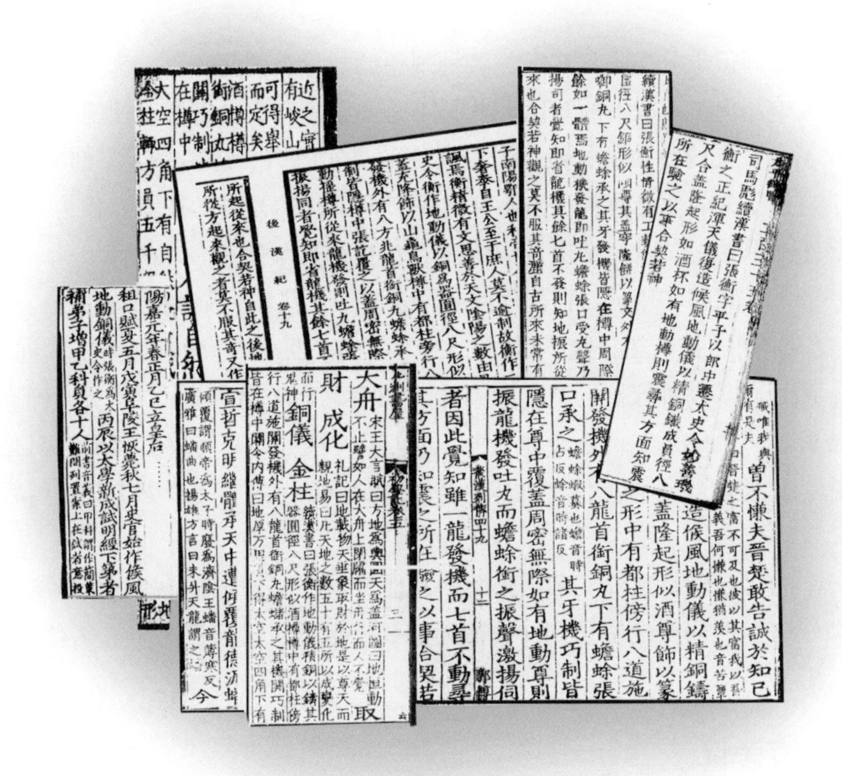

图 0-24 新发掘出来的 8 种有关地动仪的史料记载

经严格勘校，史料中有关地动仪的全部文字如下：

阳嘉元年，秋七月，史官张衡始作（候风）地动铜仪。

以精铜铸其器，圆径八尺，形似酒尊，其盖穹隆，饰以篆文、山龟鸟兽之形。尊中有都柱，傍行八道，施关发机；外有八方兆，龙首衔铜丸；下有蟾蜍承之。其机、关巧制，皆隐在尊中。张讫，覆之以盖，周密无际，若一体焉。如有地动，地动摇尊，尊则振，则随其方面，龙机发，即吐丸，蟾蜍张口受丸。丸声振扬，司者因此觉知。虽一龙发机，而其余七首不动，则知地震所起从来也。验之以事，合契若神。来观之者，莫不服其奇。自古所来，书典所记，未常有也。

尝一龙机发，而地不觉动，京师学者，咸怪其无征。后数日驿至，果地震陇西，于是皆服其妙。自此以后，乃令史官记地动所从方起。

张衡制地动图，记之于鼎，沉于西鄂水中。

古籍文字写得十分准确和客观，各种现象的数量级彼此吻合，涉及到的专业深度已经大大地超出了一般人的知识水平，不是文学家和史学家可以杜撰出来的。如果地动仪不是真实的存在过，没有过测震上的真实应用，恐怕一个字都编不出来。能撰写出这篇华采的原始作者不但要有文采，还必须懂得科学技术。作为一个初步的推测，至少其中的技术文字出自张衡本人之手，原因有三：

其一，写作风格和用词习惯同他的《漏水转浑天仪注》极为相似；

其二，《隋书》提到在北魏（386 — 534 年）的《器准图》中有地动仪、浑天仪、计时仪、测风仪等 9 种仪器的文字和图样，而南北朝时期虞荔的《鼎录》确有“张衡制地动图，记之于鼎，沉于西鄂水中”的文字。西鄂即张衡故里南阳，只是后人未见该鼎。这些内容一直流传到北宋 · 欧阳修 1060 年的《新唐书》中，再后才彻底失传；

其三，范晔已经将这段文字与张衡的其他 5 篇文字，包括他写的诗赋、上疏、文诰、赞书等按照同样地位、同样办法处理，一起收入《后汉书 · 张衡传》，均视为张衡所出。

考古结果有旁证

中国社会科学院考古所在 1975 年对灵台做过考古发掘，笔者所带的课题组也做过 3 次现场考察（图 0–25）。地动仪置放在台基西侧的第二层平台的两间观测室的北间，室内长 10 米 宽 2.2 米，高出地面 2 米（图 0–26）。房内的地面处理很特殊。从墙角的抹灰次序、墙体外扩尺寸来看，为安置 132 年才问世的地动仪，曾专门对早已建好的房间进行过改造：

图 0–25　灵台工作现场，左起国家博物馆教授李先登、笔者、社科院考古队长钱国祥、河南博物院院长田凯

● 在局部位置向台基本体的内部扩展了 1 尺。于是加大了房间的宽度，形成一个局部的地基良好的 10×10 尺的空间（图 0–27），满足了安置地动仪“圆径八尺”的空间要求。单边留空仅有很小的 1 汉尺，即 20 余公分，人员穿过都已经困难；

● 地面进行过整体加固。它是灵台唯一的在地面铺设了 2×2 汉尺大方砖的房间，而且是两层。显然为了稳定地承载数吨重的地动仪；

● 该房间还残存着早期的立柱用的础石及其房屋结构的残片。相比之下，浑天仪和其他的所有房间，一律采取小砖块铺成单层人字形地面（图 0–27）。

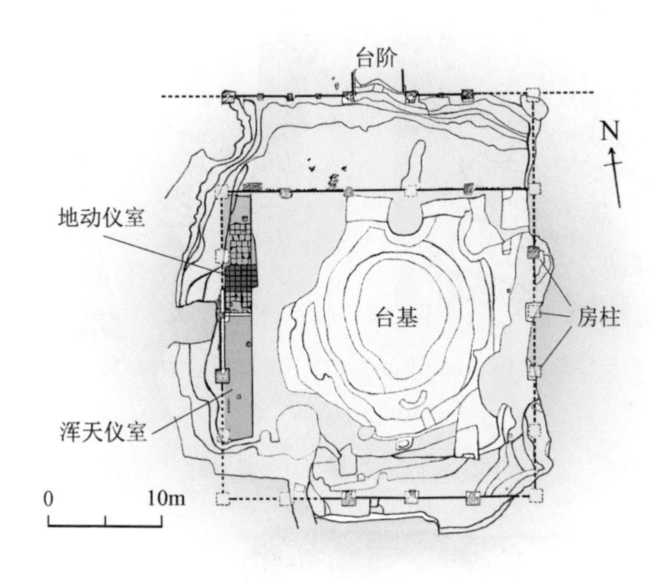

图 0–26　灵台遗迹的平面图
（钱国祥，1978）

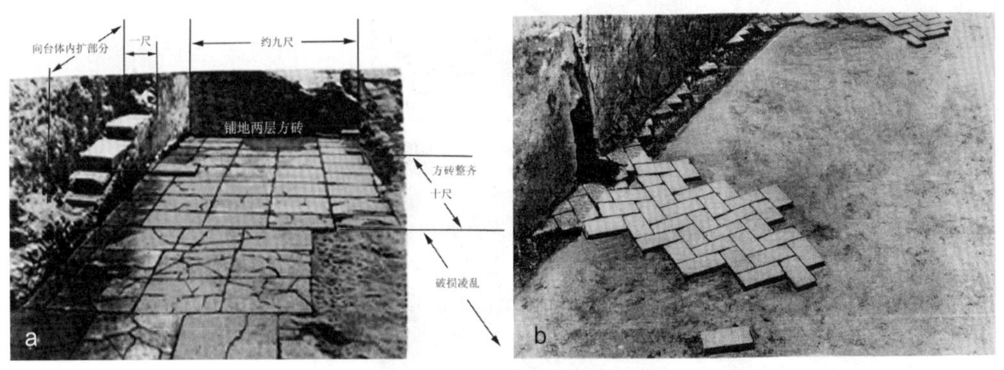

图 0–27　考古发掘出的灵台房间地面
（a）安放地动仪的房间，（b）其他各房间

史书说的酒尊找到了

史载，地动仪“形似酒尊，其盖穹隆”。

图 0-28　山西右玉县大川村于 1962 年出土的汉代青铜器，内有“酒樽”二字的铭文

这里的“尊”“樽”二字同义。早期为尊，后来出现了漆器材质的酒尊，遂写成“樽”。至于汉代酒尊是什么样子，无人知晓。在设计 1951 年复原模型的造型时，尚无实物依据。有幸，1962 年在山西右玉县大川村出土了两件刻有“酒樽”铭文的汉代青铜器（图 0-28），揭开了汉代酒尊形制的谜底。以后，全国陆续出土了几十件西汉晚期至东汉晚期的同类造型的酒尊，并在汉代画像石中也屡屡见到了同样的器物造型（图 0-29）。20 世纪末，

图 0-29　汉代画像石酒筵歌舞当中摆放的就是酒尊

学术界终于有了结论：史书说的酒尊，找到了。

这些酒尊，上有穹隆顶盖、下有器足承托、表面有山龟鸟兽纹饰，活脱脱地展现了史书对地动仪外形的描述，为其基型提供了直观的文物依据。从物理学上看，这种造型上小下大，无需任何改动就已经非常适合于悬垂摆的测震工作了，稳定性也十分好。

地动仪的科学复原

对地动仪的重新复原，国家相当重视，早在2003年10月便有过明确要求：

> 地动仪是中国古代科技的典范。要组织专家作些研究，把工作的原理直观展演出来，充分发挥文物启迪智慧、普及历史科学知识、开展爱国主义教育的重要作用。让群众通过"仿真"实物感受到祖国历史上的科技成就，增强人们的民族自豪感。

自2003年，中国地震局、国家文物局、国家自然科学基金会组织了新的地动仪复原研究，成立了"地动仪科学复原"课题组（简称：课题组），来自国内9个最高学术机构的历史、考古、地震、机械、美术学的35位专家参与研究，笔者担任课题组长。中国国家博物馆、河南博物院、地震台网中心、地震局地球物理所、北京机械工业自动化研究所、清华大学美术学院、北京雕塑工厂研究室等单位均投入了力量，配合工作的专家组成员则是国内一些造诣深厚的专家们。

新的复原模型于2008年定型（简称2008年模型）。先后通过了国家文物局、中国地震局、中国科学院和河南省政府等的专家鉴定，以及中央领导参与的验收。评价为："新的地动仪模型对实际地震事件具有良好反应，迈出了从概念模型到科学仪器复原的关键性一步。新的研究突破了古代科学仪器复原的传统模式，是一次重大的跨越。"反映了我国当代的优秀研究水平。2012年完成了1∶1的原大青铜地动仪复原模型的铸造（图0–30）。总重量2.2吨，总高3.3米，尊筒直径1.94米，壁厚7毫米，都柱重422千克，底座重497千克，再次通过了严格的地震学专业检验。

新的研究工作取得了对地动仪的一系列深入认识：

● 科学上——张衡注意到了地震和地裂等非地震运动的差异，模仿了悬挂物对地震的反应。找到了一个测量地震的科学途径——利用惯性，将生活中的悬挂物（天然验震器）升华成悬垂摆验震器，它不怕非地震的干扰，只对地震出现反应。

图 0-30 新的地动仪复原模型，1:1 的原大青铜铸件（2012）

这种科学思想惠及了后代。

● 技术上 —— 地动仪的内部含柱、关、道、机、丸五部分结构。借鉴了门闩类的触发机构，通过细小构件“关”，实现了对微弱信号的高灵敏观测。采取了龙首吐丸出的巧妙方式，留下地震发生过的物质证据。科学思想得到了技术的支持。

● 艺术上 —— 融入了汉代的文化理念，浓缩了古人对宇宙的思考与认知，科学和艺术完美的结合在一起。

● 实践上 —— 成功地测到陇西地震，是人类第一次观测到地震波动，标志着测震学迈出了光辉的第一步。

根据地震学的试验，还发现地动仪的成功测震存在三个客观因素：首先，起作用的是瑞利面波，它在射线方向上的运动特点是很小的加速度、几毫米的大振幅、几秒以上的大周期、长达一两分钟的持续震动，引起了地动仪尊体的不断摇晃，尊体与都柱之间继而出现相对位移，最终导致吐丸；其次，悬挂都柱的 2 ~ 3 秒的固有周期和瑞利面波的优势周期相吻，共振起到了放大作用，高频率的横波作用反被抑制了；最后，灵台的观测点存在一定的地形效应，位于松散河漫滩的台基高出地面约 2 米，放大了信号约 1 ~ 1.5 倍，对地震面波的观测是有利的。

该模型迅速获得了国内外学术界的普遍认可，已经被《中国大百科全书》、内地和香港的中小学课本正式采用，中国科技馆等重大展馆已经正式展出（图 0-31）。

本书将以新的研究成果为基础，介绍地动仪的二千年。

图 0-31 学生们在中国科学技术馆观看地动仪的新复原模型

一件二千年前的古老仪器为什么能引起国内外如此巨大的兴趣，它的魅力和价值究竟是什么？

地动仪同世界上所有的伟大发明和发现一样，使人们对自然规律有了新认识，改变了传统的观念和偏见，他们的实践无论是纯属偶然、抑或不自觉的，都具有积极意义。低生产力水平下的实践往往能更加朴素地接近真理，能更加直白地揭示出自然规律。不过，科学问题不能浅尝辄止、蜻蜓点水，为解决迷茫的认识、误解的概念，有必要走回历史，补上该补的课，完成该做的作业。

重新复原地动仪就具有补课的性质，目的并不是要替代现代地震仪和监测台网，也替代不了。只是为了走进地震发展史的长河里，尽可能地靠近源头，和先哲们进行超越时空的思维对话，以便更准确地认识张衡，纠正偏差。由此会得到无穷的思想启迪，我们和孩子们都能够从中学到许多地震科学的基础知识，激发自己像张衡那样为人类的进步做出新贡献。

张衡已经远去，但他的探索自然规律勇于创新的精神将永不泯灭。百年来的复原研究就像奔流的河水一般，接替了前一波的浪花后，又愉悦地推涌着下一波。就这样，人们从历史走来，向未来走去，留下一片永恒的欢乐。

延伸阅读

冯锐、武玉霞，张衡候风地动仪的原理复原研究．中国地震，19卷4期，2003.

王振铎，张衡地动仪补说．文物，10期，1976.

孙机，简论“司南”兼及“司南佩”．中国历史文物，4期，2005.

杨东晓，司南真容之辩．看历史，1期，2011.

张衡地动仪科学复原课题组，还张衡地动仪和科学复原的真实．中学历史教学参考，3期，2011.

上篇

路漫漫其修远兮，吾将上下而求索。

——屈原，《离骚》

了解历史是为了创造未来。

本篇的时空列车将回到二千年前。那时，东西两大文明古国——汉朝和罗马都取得了辉煌的成就，它们分别完成了从原始认识到古典科学的飞跃。张衡地动仪是在这个有利的历史环境中诞生的，又因为挑战了旧有的思想观念而遭冷落和摒弃，最终失传于东汉末年。

科学发展的历史并不是那种虚无缥缈、索然无味的东西，它由亿万普通人的实践写成，千百年的熔炼锻造而成就。许多耳熟能详的伟大发明和创造，不过是经过提炼和浓缩后的成功晶粒，尘封于史的还有大量的失败与挫折、沉重的代价与不懈的努力，这些都是温故知新的重要内容。历史太厚重了，前人实践的细枝末节、科学思想的诞生与挫折、创新的关键环节……后人需要如数家珍般一清二楚。了解前人的经验教训，反思其中的道理，才能避免覆辙站到巨人的肩膀上继续前行。

搭上这班列车，看一看那五彩缤纷的彩虹怎样孕育出今日的灵魂，想一想那久违的原始春风如何吹散我们的愚昧无知，会倍觉欣慰。

当然，也有机会体会到张衡人生的酸甜苦辣，咀嚼那段真实的历史。

第一章　两大文明古国

5 尘封于史的辉煌时代

公元前10世纪左右，正值黄河流域的商和西周时期，四大文明古国的其他三个——恒河、两河（幼发拉底河、底格里斯河）、尼罗河流域（亦称古印度、古巴比伦、古埃及）的文化逐渐衰落。中国则从西周、东周进入到一统天下的秦汉大帝国，傲居东方。

地中海区域出现了另一个文明新星——罗马帝国。它在公元前8世纪，大致在我国春秋战国时开始起步，当孔子（前551–前479）周游列国杏坛讲学时，罗马已经开始了共和制，国家是由元老院、高级长官及公民大会管理的，直到我国的西汉末才终止共和制，公元前27年转成王权帝国，后来的历史脚步基本与东汉相同。古罗马以意大利半岛为中心，迅速成为称霸地中海四周的庞大国家，范围扩张至横跨欧洲、非洲，甚至囊括了埃及、希腊、土耳其以及两河流域，东界抵达里海的西岸与安息国相接。经丝绸之路与东汉交往。

地球上出现了两颗璀璨明星，双雄并列，争相辉映。回顾历史，要同时了解它们二者才能有比较完整的认识。

大汉帝国与古罗马

世界上有这样一个民族，很可能是唯一的，它以某个朝代来命名——汉。

岂止如此，写的字是汉字，说的话为汉语，开的药称汉方，穿的衣叫汉服；玉石尊称汉白玉，学者推崇汉学家，外行贬称门外汉；万里长征度汉关，古筝秋月照汉宫，高屋建瓴铺汉瓦；吃苦耐劳是好汉，铮铮铁骨乃硬汉，屈膝投降耻为汉奸，汉贼从来不两立…… 处处离不开一个光辉的“汉”。

陶渊明的《桃花源记》有句名言——不知有汉，无论魏晋。

何止魏晋！不了解汉朝，就不明白中华文化的根基。秦汉441年，国家第一次统一，是中国历史上最长的朝代。社会从奴隶制度走到封建制度，青铜器时代进入铁器时代，奠定了中华传统文化、哲学观念、科学技术、经济生产和人文地理的广泛基础。一个“汉”字，承载了多少华夏文化的厚重，又有多少炎黄子孙为这个“汉”的伟大而抛洒热血、自豪与光荣！

汉的胸怀大度，汉的态度谦逊。“学而时习之，不亦说乎；有朋自远方来，不亦乐乎”，代代相传。

就在公元前138年和前119年，张骞（前164—前114年）两次出使西域（图

图1-1 《张骞回京》，张骞完成使命衣履破旧，大步而归，民众夹道欢迎（林凡，1986）

1–1），手不持寸铁，身不负刀枪，为中亚带去了丝绸、茶叶和珍珠，以后又带去铁具。传回的是汗血马、香料、香水、水果和西红柿 —— 西方的、红色的、柿子般的蔬菜。公元前 115 年，汉朝再遣使节至安息（波斯，今伊朗地区），对方首领以二万乘骑迎于东界阿姆河一带。此后的交往频繁，丝绸之路大大开通，东西文化哑铃的两端也有了进一步的连接，印度的佛教、古罗马的绘画、中东的乐器相继东传，安息国是重要的交通要冲。新的研究表明，丝绸之路的大宗货物是从尼萨转巴希装船的，运到里海西岸古罗马的亚美尼亚，再发往古罗马各地（图 1–2）。

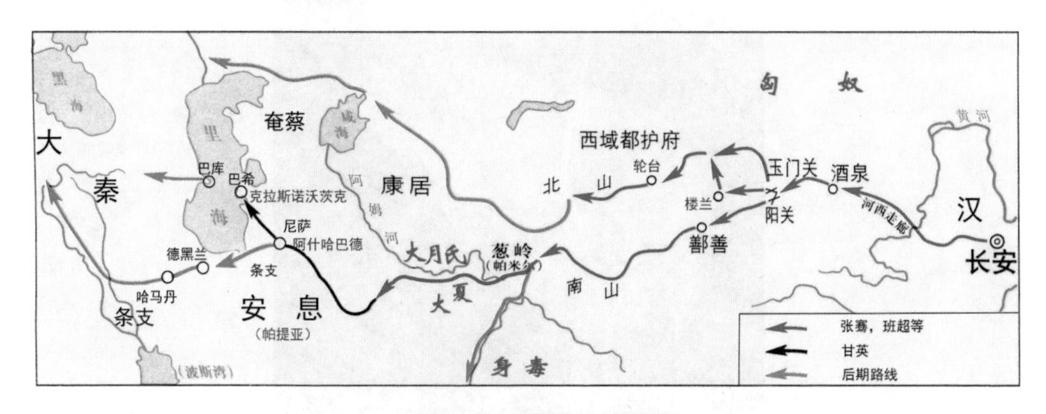

图 1–2　丝绸之路的发展

两个文明古国都得知：天外还有一重天。不过久闻其名，未曾见面，一直到哥伦布 1492 年远航时还指望最终到达中国。毕竟，海内存知己，天涯若比邻。对罗马，汉朝以“大秦国”的桂冠来称谓，寓意“知己”的辉煌可以与大秦天朝相比肩；对大汉，罗马冠以“丝绸 Seres 国”来尊称，赞美“比邻”的富有可以身着金子般的丝绸（图 1–3）。在公元 1 — 2 世纪的时候，东西两大文化体系已达到光辉的顶峰，罗马的雕刻与建筑、中国的青铜与丝绸是他们崇高形象的代表，至今让世人赞叹不已，顶礼膜拜。

秦汉和古罗马的科学技术是独立发展的，道路不同，奠定了东西方两种科学体系和哲学观念的基础。

东方最著名的科学家有两位：落下闳（西汉，前 156 — 前 87 年，图 1–4），张衡（东汉，公元 78—139 年，图 1–5）。他们在数学、天文、机械和文学上取得成绩，东方的科学技术走上了实用性途径，通过哲理关系来分析认识。西方最著名的科学家也有两位：阿基米德（Archimedes，前 287— 前 212 年，图 1–6），托勒密（Claudius

Ptolemy，约公元 90 — 170 年，图 1-7），他们在哲学、数学、物理学、天文学等领域创造了辉煌，西方发展了推理、演绎等形式逻辑的研究途径，再经实验而检验。

图 1-3　迈娜德斯（Menades）是希腊酒神的女追随者，她身着的中国丝绸象征荣耀和地位（意大利那不勒斯博物馆，1 世纪的庞贝壁画）

图 1-4　落下闳（前 156 — 前 87）

图 1-5　张衡（公元 78 — 139）

图 1-6　阿基米德（前 287 — 前 212）

图 1-7　托勒密（约公元 90 — 168）

匈奴的西迁

汉朝与匈奴间的战争大约在先秦的时候就已展开，本质上是农耕生产力和游牧生产力之间的博弈。信奉“和为贵”的汉军以驱除入侵为原则，万里长城就是防御理念下的产物。

从西汉开始的汉族与匈奴间的“和亲”在不断延续，留下王昭君出塞（公元前 33 年）一类的不老故事（图 1-8）。公元 48 年匈奴分成南北两部，南部匈奴内附于

图 1-8　油画《和亲》，汉族与匈奴的联姻相处（张国强，2011）

中原，以后便定居在河套一带（即五原、朔方、雁北、北地等八郡），生活在并州（今日晋绥陕）中部的汾河流域的匈奴逐渐与汉族融合趋同。东汉中晚期，在凉州（今甘肃、宁夏地区）的武威、安定一带也有匈奴的后裔。直到东晋时期（317 — 420 年）的五胡十六国和北魏（386 — 534 年）等都有自北而南移的文化融合，为中原地区带来了草原文化和不同的生活理念。

公元 91 年汉军出兵居延塞（今甘肃省张掖地区），战败后的北匈奴终于退出漠北蒙古高原，大规模地转移到欧亚文化哑铃的另一端 —— 罗马（图 1-9），西迁路线穿越了西伯利亚大草原的南侧而非丝绸之路。这个过程十分漫长，伴随着与沿途民族的融合繁衍，前后持续了二百多年才在欧洲建立起匈奴帝国，最后和日耳曼人联合起来于公元 476 年灭了罗马，相当于中国的南北朝期间。从此，欧洲进入了封建时代。

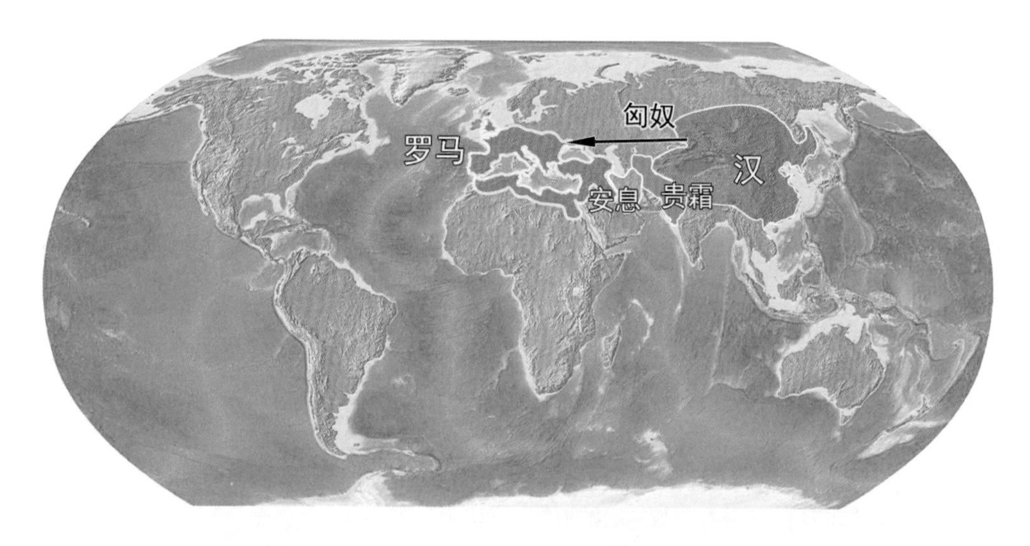

图 1-9　汉朝和罗马在 2 世纪为东西两大文化体系，匈奴自公元 91 年西迁

匈奴西迁，进一步打通了东西文化交流的绿色通道，丝绸之路日益繁荣。两千年延续下来，便在双方的心理上深深地埋下了某种关注 —— 东方常要比肩西方，西方总会盯着东方。

就汉朝而言，延续了数百年的抵御匈奴入侵的边境战争得以平息，基本实现了安定的外部环境。

张衡时代的十件重大文化成就

2世纪的中国科技处于世界领先地位。它的出现有两个客观背景：其一，秦汉统一中国后，生产力得到极大的发展。明章二帝期间（57—88）出现了“天下安平，百姓殷富”的东汉盛世，积累了充分的物质基础和活跃的思想空间。其二，外部环境良好。东汉初的近邻已成臣服国，仅出土的被赐国王印绶的就有委奴国王（日本）、南越王、滇王、广陵王等不一而足。

张衡（78—139）经历了章、和、殇、安、顺五代帝王，此期间出现十件重大文化成就：

一、《论衡》 约公元90年，王充（27—97）的20多万字的唯物主义著作。他最早的科学解释了潮汐现象，“潮之兴也，与月盛衰，大小、满损不齐同”，欧洲在12世纪才达此认识。王充率先对谶纬迷信和神学发起了批判。张衡受其影响，曾于133年提出《请禁绝图谶疏》。

二、《汉书》 公元92年，班固（32—92）历经20余年完成。记述了西汉230年的史事，书稿后由班固的妹妹班昭做了完备。司马迁的《史记》记载了自黄帝起至汉武帝共3000多年的历史。这两本史书成为楷模，薪火相传两千年终成二十五史，留下中华民族五千年文明史。张衡对《汉书》提过修订意见。

三、两大古国握手言欢 公元67年，天竺（古印度）二高僧从大月氏到达洛阳，宣讲佛法于白马寺（图1-10）。73年，班固的弟弟班超驻西域31年，稳固了汉朝的管辖权。87年安息国帕科罗斯二世（Pacorus II）赠狮子和瞪羚（史称苻拔）于汉廷。97年，甘英抵达安息国巴希。166年，古罗马特使抵洛阳，“大秦”和“丝绸”两大文明古国终于握手言欢。

图1-10　洛阳白马寺的齐云塔

四、造纸术的发明 人类文明史的重大创举，由蔡伦 105 年发明，117 年推广。届时朝廷要向全国提供儒家经书的标准文本，蔡伦恰值主持，遂大力制造新纸。2 世纪，中国古纸已出现在楼兰。但造纸技术的传播较晚，8 世纪中叶先在东亚发展起来，以后经过中亚传到欧洲（图 1–11）。121 年安帝亲政时，张衡与蔡伦同遭迫害，蔡伦饮鸩自尽。

图 1–11 丝绸之路在古罗马的驿站。至今残留在土耳其（左）和亚美尼亚（右）的遗迹

五、《东观汉记》 刘珍（?— 126 年）110 年始作，并撰《释名》30 篇。材料来源丰富翔实，属于官修当代史，成为东汉等史书的主要材料依据。刘珍去世前曾邀张衡参加撰集，张衡在晚年补缀了部分内容。

六、《潜夫论》 王符（约 85 — 约 163）作 36 篇。他是张衡的同龄朋友。该书广涉政治哲学、自然科学等诸多领域，对张衡学术观点产生过一定影响。王符还对儒学神学化和谶纬迷信猛烈抨击，把吏治腐败看作社会问题的祸根，发挥了进步作用。

七、《说文解字》 许慎 121 年完成。相对于战国 – 西汉初期的词典《尔雅》而言，《说文解字》是中国第一部、也是世界第一部字典。共分 540 个部首、9353 个汉字，规范了汉语文字体系。使子孙后代得以认识秦汉小篆，进而可追溯商代的甲骨文、金文，扩展了华夏文明史。规范的汉字，在几千年间发挥了民族凝聚的作用，为其他古国望尘莫及。崔瑗（78—142）著《草书势》，使汉字书法出现了三种：篆书、隶书、草书。

八、天文学的辉煌成就　公元86年，李梵编制后汉四分历，发现月亮视运动的不均匀性，还对火星研究有突出贡献，国际上把火星上的一座环形山以李梵命名。霍融改进了漏刻。贾逵（30—101）创制太史黄道铜仪、定黄道宿度（公元105年之前）。张衡发展了比较完备的浑天说。

九、《九章算术》等数学成就　经过几代人及汉朝马续、刘洪等努力，《九章算术》基本成书。收编应用题解246个，奠定了中国古代数学体系。张衡在西汉刘歆的圆周率为3.15471的基础上，把圆周率推算到3.1622 ~ 3.1466之间。湖南里耶古城和张家界出土的竹简上的九九乘法表（公元前3世纪 — 公元2世纪），已经与今日乘法表一模一样。

十、地动仪的发明　人类史上第一架地震仪器，张衡于132年发明。成功测到134年的陇西地震。

盛世出伟业，这个时期在冶金、制陶、水利、医药等技术和文学方面也都取得不少成就，大批思想家、历史学家、数学家和科学家潮涌而现。汉朝有四位重要文化圣人——纸圣蔡伦（63—121）、字圣许慎（约58—147）、科圣张衡（78—139）、医圣张仲景（130—205），这些前辈们的贡献构成了东汉200年文化发展的顶峰。张衡受惠于时代，亦光辉了历史。

6 东方的地震——陇西

陇西，耳熟能详。两千年前的地动仪是因它出了名，驿使也是从陇西跑过来的。

近代，陇西更出名：1920年12月16日20时海原发生8.5级地震，中国唯一的震中烈度达到XII度的特大灾难，24.6万以上的灾民死于冬雪大漠，留下地震史里的永远伤痛，它就是一次近代版的“陇西地震”。这个地区的地震活动至今未停，将来的活跃形势也不会改变。

了解中国地震，要先认识陇西地震

陇西自古出文章

“陇西”与“关东、岭南、漠北”的称谓一样，都是地域的泛称。陇西指陇山以西的、大体以天水为中心的广袤地域。陇山两侧的地震活动水平迥然不同：西侧地震很多，东侧少有地震。东汉自公元74年“改天水郡为汉阳郡”(《后汉书·明帝纪》)，其后的“汉阳地震”称谓也都是“陇西地震”。史料对陇西地震的记载最早、最丰富。

为何如此？人文地理使然。

中国绝大多数的地震发生在青藏高原及其边缘，震级大、次数多、分布广。由于中国的远古文化起源于黄河流域的中原地区。而陇西地区——青藏高原东北缘拐弯处、南北地震带的北段，刚好位于人文环境和地震活动区的重合部位(图1-12)，于是它就变成了中国地震文化的发祥地。

根据战国的竹简《竹书纪年》，中国最早的地震记载是从夏朝开始的，即公元前1831年、前1767年和前1189年的鲁、豫、陕的地震。夏商一千多年内，共有5次历史地震的记载，4次是在这一地区；西周至西汉的一千多年里，共记载了55次地震事件，半数以上发生在这个陇西地区。迄今有记载的8级以上大地震有过5

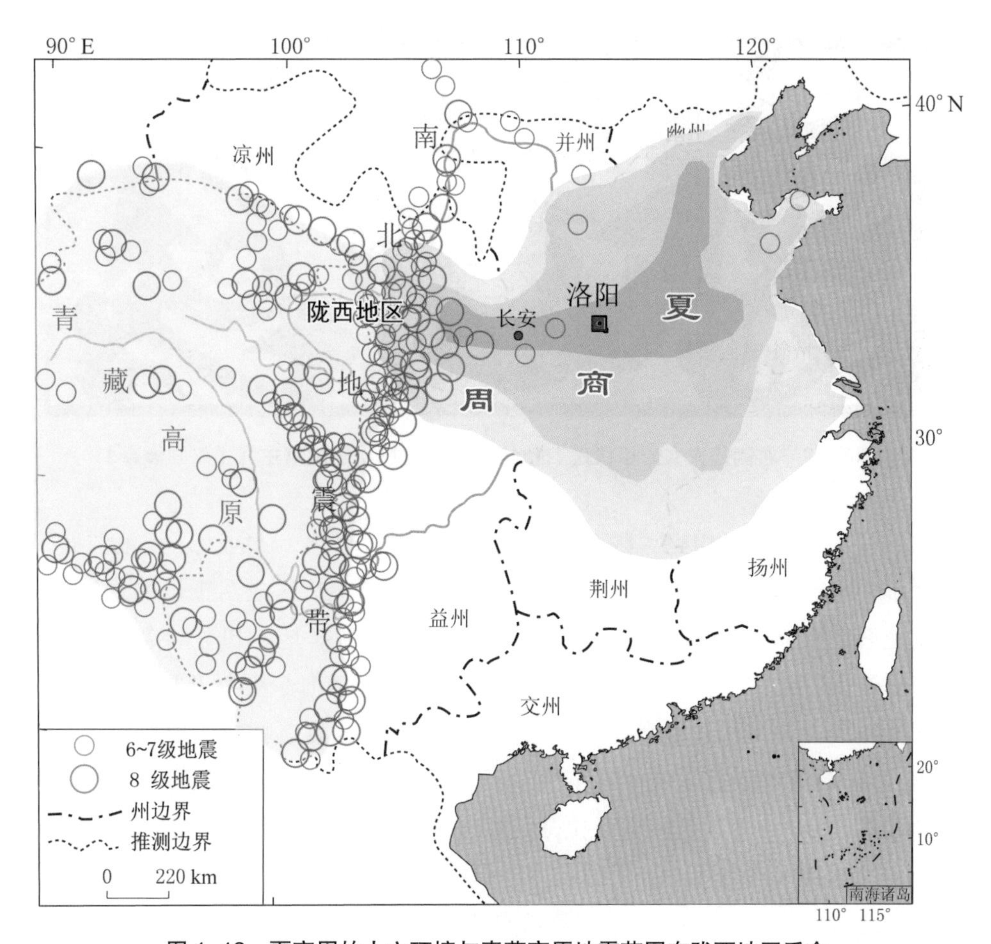

图 1-12　夏商周的人文环境与青藏高原地震范围在陇西地区重合

次，即 1654 年天水地震，1879 年文县地震，1920 年海原地震，1927 古浪地震和 2008 年汶川地震，累计的死亡人数高达五十多万。显而易见，陇西自古以来就是地震高发区，即地质上的活动构造部位。

陇西更是个钟灵毓秀的地方，出地震、出人才。

首先，天水是中华民族人文始祖伏羲的故乡（图 1-13），龙诞日为农历五月十三日，祭祀活动延续至今。伏羲和女娲创造了人类，"龙的传人、龙马精神"都源于此地。次者，这里还是秦朝的发祥地，公元前 770 年周平王封地在这里，后来逐渐发展壮大，直到公元前 221 年秦始皇定都长安，才实现了大一统的中国，随后又是四百年的大汉帝国。秦腔一开口，往往牛气冲天：周秦汉，几千年，巨龙抬头出秦川 …… 原因就在于此。

图 1-13　右侧是人文始祖伏羲，执矩主日，左侧女娲执规主月（汉画像石）

与一马平川的中原相比，陇西地区山峦叠嶂白雪皑皑，大河上下巨浪滔滔。早自商周，祁连山脉、岷山山脉便被推崇为昆仑仙境，祭拜成西王母的瑶池天堂。那一望无垠的密林郁郁葱葱，直把苍生带入脱凡的洪荒圣地，斑驳陆离的美景无不与这里的一山一水、一草一木息息相关，衍生出精卫填海、羿射九日、嫦娥奔月、白娘子盗仙草、西王母蟠桃会、驾鹤西去等大量神话典故。面对大地震的“天塌地陷”，女娲斩断海龟四足、在秦岭炼五色石补天；共工头撞不周山（六盘山）天柱，江河转向东流 …… 无不是在陇西拉开的伟大序幕。张骞出使西域之后，发现天外有天。原来葱岭（今帕米尔）于阗国（今新疆和田）的南山冰川更加巍峨壮观，遂视为黄河之源、玉石之乡，地理名称改称之“昆仑山”，一直延续至今。不过，西汉对昆仑地点的新称谓毕竟要比商周的“昆仑仙境”晚了一步。于是，当红军长征路过祁连 – 岷山山脉，爬雪山过草地时，仍然要用“横空出世莽昆仑，阅尽人间春色。飞起玉龙三百万，搅得周天寒彻。”来形容革命的英雄伟业。

共工撞山引发大地震后，于公元前 7687 年或前 7690 年卒于昆仑仙境。近些年在陇西所发现的 1.2 万年以来的几个古文化层，不仅有古人类遭遇过古地震的遗迹，还在青海广河县和甘肃发掘出 4000 年前地震中的遇难遗骨。由此推断这里曾有过 6 次 8 级左右的古地震事件，复发周期约 2000 年。《淮南子 · 览冥训》曾说过“往古之时，四极废，九州裂，天不兼覆，地不周载 ……”分明是在描述大地震的场景。

不论怎样说，女娲、精卫、共工、后羿等扭转乾坤的千秋伟业都有地震的背景，让地震工作者讲起话来也挺来劲的。

■ 地震传说

中国与地震有关的神仙是烛龙，乃隆冬时节潜伏在北极（又称钟山）的东宫苍龙（《山海经》《淮南子》《楚辞》）。烛龙身长千里，潜伏地下，睁眼为昼，闭眼为夜；首衔火烛（即火球）照亮阴间。它不吃不喝不睡不喘气，保持大地的平静，一旦气息通达，地气狂怒，大地震摇。故而史书把天上的霹雳称为“天震”，地下的霹雳称为“地震”。

张衡言“地有山岳，以宣其气”“地气上泄，是为发天地之房”（《灵宪》《大疫上疏》），王符称“地之大也，气动之。”都与烛龙地震有关。地动仪的八龙寓意烛龙。

图 1-14　创世神烛龙的怒气引起地震
（清.萧云从《天问图》）

图 1-15　古埃及的诸神仙
（根据大英博物馆网站）

古埃及也有两位始祖神仙——上天女神Nut和大地男神Geb，与中国伏羲和女娲一样，人类由他们创造。不过，地神Geb过于威严而不苟言笑，一旦大笑不止，便引发地震。古希腊人大多居住在岛屿上，与中国庄子的想法颇有相似，是大海的骚动便引发了地震。

古印度人认为，8头大象驮着地球，分别掌控8个方向。其中一个疲乏困倦了，头就低下来晃一晃，身子也扭一扭，这个方向便闹地震。其他国家也有传说，如日本的鲶鱼、古希腊的水气、西伯利亚的麋鹿、蒙古的蟾蜍、墨西哥的乌龟……都是引发地震之源。

东汉地震知多少

两汉 426 年，自然灾害相当频繁。据统计，首位的灾害是地震，共 117 次（灾情严重者 28 次）。其次是旱灾 111 次和水涝灾 79 年次，蝗灾 60 次，疾疫 42 次，雹灾 38 年次，风灾 37 次等等。东汉前期的公元 52 — 133 年间，是众灾情相对集中的一个时期，共计 33 次。仅安帝在位的 19 年间旱灾就有 14 次，疾疫的发生频度大约每 2.7 年一次。

公元 150 年以前地震的时间分布，可见图 1–16。不难看出，地震记载的增多是从汉和帝期间开始的，显然与当时的社会稳定、经济发展紧密相关。研究者可以不必在意 4 ~ 5 级的中小地震，因它们的能量很小，文字记载的频度很不稳定，史料中也没有地震的具体内容。一般情况下，史料是不会漏掉 6 级以上的强地震，强地震会造成相当严重的震灾，社会影响也比较大。但 6 级以上强地震的频度并不大，长期维持在 2 次 /10 年以下，与隋唐之前半个多世纪的平均值持平，说明东汉早期并没有出现地震高发期。

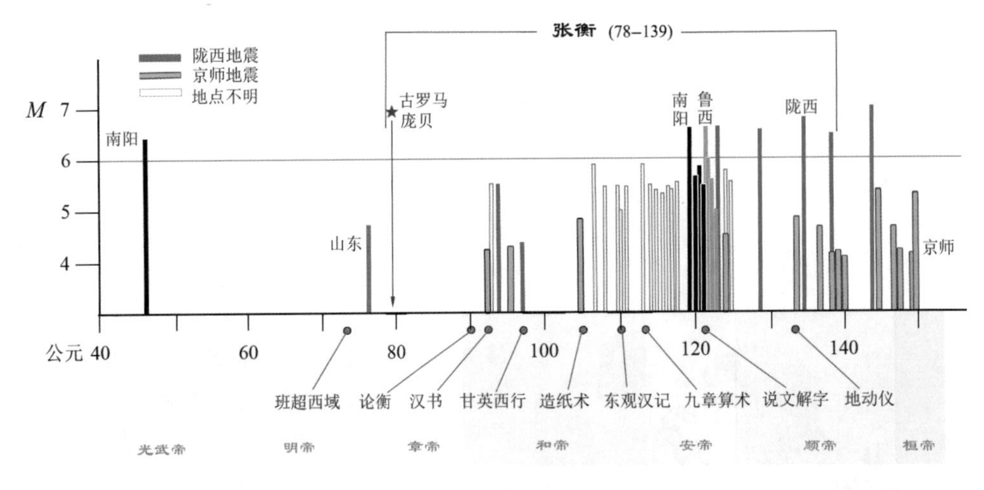

图 1–16 东汉前期的地震活动及重大文化成就（5 级以下地震的史料记载不会完备）

张衡很幸运，地动仪问世前后的 20 余年间地震确实比较多，也比较大，有利于他观察到各种地震现象。这些强震绝大多数发生在陇西地区，即公元 123 年、128 年、134 年、138 年和 143 年共 5 次；河南南阳和鲁西 – 冀南地区还分别在 119 年和 121 年发生过 6½ 级地震，破坏也较大，余震断断续续延续了三四年，洛阳地区的人员普遍有感。这些地震活动自然会成为研制地动仪的动力和监测对象。

地震记载上的不均匀性

在只有史料记载而无仪器记录的条件下，地震事件不可避免地会表现出文化上的不均匀性。比如，西汉和先秦的地震记载就完全是零乱的，漏记情况相当普遍。但是，没有记载绝不意味着几千年间没有强震活动。

东汉建立后，经过几十年的稳定政权、休养生息，直到和帝、安帝时（公元89—125年）才出现社会祥和、文化昌盛的局面。史书内容也就随之丰富起来，对自然灾害的记载量急剧增多。于是，史料文字上就会表现出“天上地下多怪异，年年岁岁不平静”的景象，很容易给人留下“地震活动进入高潮”的表面印象。此外，地震活动还存在序列性，比如119年3月和121年10月的南阳和鲁西6½级地震，大震后的余震总会持续二三年，史料也会留下一笔。而对这些余震的评估，显然不能等同于独立的强震事件。不明就里，势必会导致“张衡遇到高地震频发期”的虚假结论。

地点上的不均匀性更是如此，例如幽州、交州、益州等东汉的边远地区，人文地理信息本就匮乏，地震事件的记载很难排上号；只有在中原地区和京城附近出现有感地震，才能够、也才容易青史留名。从强度上看，人的自身感觉是无法区别极震区和有感区域的，故而一旦感到地动摇晃就会惊恐万状，尤以京师朝廷最为敏感并记之于史：“京师地震”。当然，这里的“京师地震”四个字，系指京师地区、抑或在京师近畿——司隶校尉部的人员感到了地震，属于波动影响区，地震震中其实并不在洛阳。

司隶校尉部有多大？西至甘肃陇山、东至泰山西缘，北部越过了山西的临汾，南部已经靠近河南南阳，面积高达3.1万平方公里，这基本就是东汉地震位置的历史精度，或者说“高精度的定位”。一旦京师搬迁，比如公元190年京师从洛阳迁到了长安，史料中便随之出现了很多长安、雍县、右扶风等地的“京师地震”，洛阳反而平静了。这种“文字现象”不只汉代，其他各朝代的史料记载无不如此。

地震的应对和报告

官方对地震、水旱、蝗风的记载一直偏重在中原。这里是人口居多、经济发达的地区，也是高官厚爵的桑梓之地，赋税田租的肥腴之源。

不过对灾区的位置和分布，古人是掌握不准的。图1-17和图1-18给出了公元150年以前中国最古老的地震和它们有感区域的分布。不难看到，地震不同于水旱风雹，震灾区范围虽然是有限，但有感区域十分辽阔，面积可以达到震灾区的几十

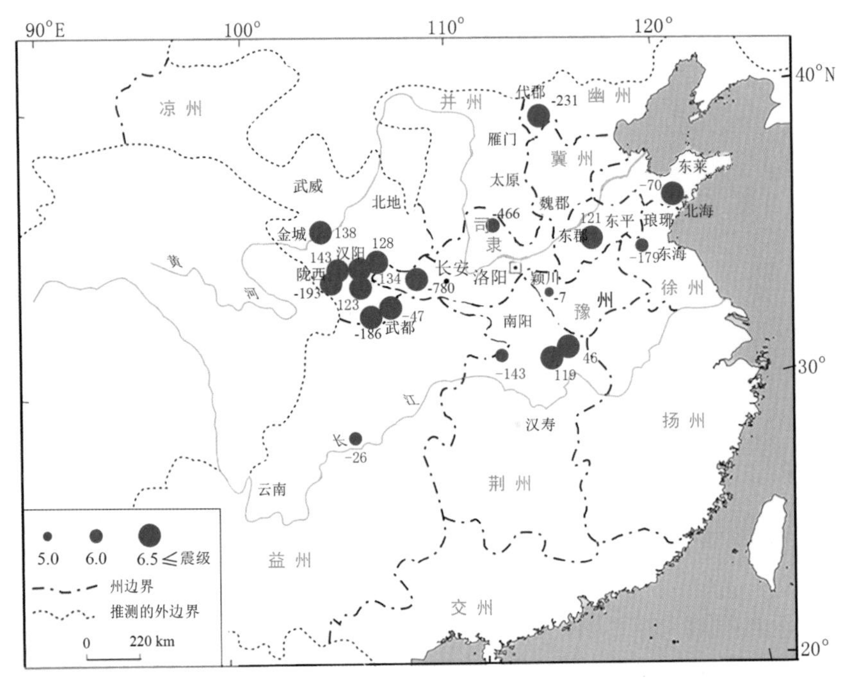

图 1-17　公元 150 年之前的古老地震分布（图中数字 -780 意指公元前 780 年）

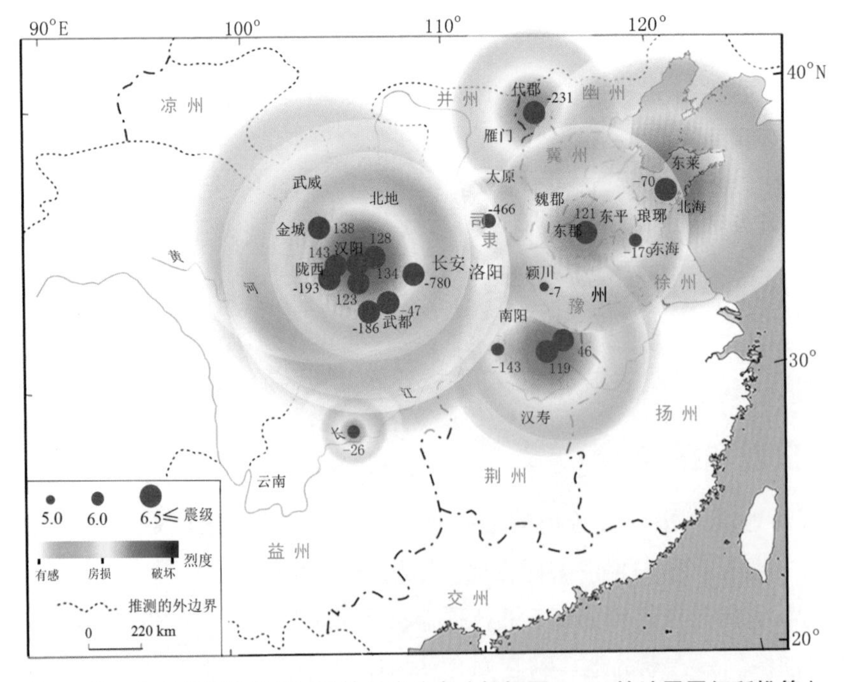

图 1-18　古老地震的有感区域的烈度分布（根据图 1-17 的地震震级所推算）

到几千倍。汉朝一直是按照“郡国总数目”来上报灾情的。比如史料中普遍存在的“京师及郡国四十大水”，“郡国三十雨雹”等情况，意指京都洛阳和40个郡国遭遇水灾、30个郡国有雨雹等。东汉共13个州，105个郡国（分为78个郡和27个王国），1180个县（邑、道）。朝廷一旦接到含混的奏章，比如“郡国八十蝗”（公元52年）、“郡国三十五地震”（121年），势必会形成一种“九州大地飞蝗虫，山南海北闹地震”的严重恐惧。突发的地震最恐怖，但又不知道在那儿，实在是个波谲云诡的坏蛋！

灾害面前，天子纵有十八般武艺、浑身的嘴巴，也难辞其咎。烧香磕头是皇帝的唯一办法。

公元126年张衡重任史官，负责全国灾异祥瑞的汇总和记载工作。从史料上看，恰恰从这一年起，延续了一百多年的按郡国总数上报地震的传统做法戛然而止，明显是在国家层面上采取了措施，此后的地震记载就比较具体细致了。估计，这同张衡正着手探索地震的位置、研制地动仪不无关系，在历史上产生了积极影响。

相形之下，对水、旱、蝗等自然灾害依然沿袭着“郡国总数”的规矩上报，一直延续到汉末。

■ 汉朝的行政监察

行政管理上，汉朝实行小官监察大官的制度，曾收到过很好的效果。州官（刺史）不过是个品秩600石的小官，只监察地方长官的行为、不管具体的行政事务，相当于检察院长；而郡官（太守）则是品秩2 000石的有实权的大官。郡国才是田税口赋的关键收取、截留与核算单位，于是各类灾情和赈济的发放、徭役和抽丁的分派等只能以“郡国”为单位上报。

中国当时的人口稀少，2世纪的汉朝仅900多万户，人口近5000万人，即使“二三个县”受灾或者有了震感也要以“一个郡”来上报朝廷，这里边究竟有多少是属于虚报灾情、逃税骗款的，很难讲清。于是“郡国三十五地震”“河南以东四十九郡国皆震”，甚至“地动东西南北，不出国郊”之类的报告屡见不鲜，范围可以高达全国之半。请求减免税赋的公文，堂而皇之畅通无阻！这就是当时的真实情况。

7 西方的地震——庞贝

东方一直闹地震，西方一刻没清闲。丝绸之路的骆驼并不轻松，因为整条线路都是在地中海－帕米尔地震带里延伸，从帕米尔、伊朗、土耳其到意大利，很多驿站都遭受着地震的袭击。嗨……谁当骆驼谁倒霉，走了一天，连落个脚都要提防地震。更糟心的是，古罗马的文化中心在意大利半岛，其南部位于非洲板块向北侧的欧亚板块俯冲之处，于是又增加了一个灾害——火山。

公元 79 年，即东汉的张衡诞生后的次年，古罗马也发生过一次地震，维苏威火山喷发，庞贝被掩埋，也留下了西方地震史的永远伤痛。

了解西方地震，要先认识庞贝地震

庞贝的末日

意大利中南部和那不勒斯的地震活动可以追溯到公元 63 年，当地曾发生过一次强烈的地震破坏，震后的重建工作持续了十余年，才使正常生活得以恢复。

公元 79 年 8 月 4 日之前，这个地区突然出现了持续一周的前震。罗马城和庞贝城的居民也许习以为常了，继续他们放荡不羁的奢华生活，角斗场的呼啸呐喊一直不曾停息。

图 1-19　公元 79 年的庞贝地震和维苏威火山喷发（油画，引自维基百科）

公元 79 年 8 月 24 日的前两天，那不勒斯沿岸的地下水道突然断流，强烈的硫磺气味散发出来，让人难受。24 日的一次小地震后，静静蛰伏了 1500 年的维苏威火山在下午 1 点突然爆发，火山的喷发共有 6 次，延续了 18 小时。前两次掩埋了邻近的三个城镇，第三次喷发波及到 8km 外的庞贝城北。熔岩和气体形成了高达 15km 的喷发柱，直冲云霄，随着喷发物的冷却、凝固，形成布满孔洞的小浮石，如雨点般落下。时速高达 200km 的碎石铺天盖地降落到庞贝，人们纷纷逃难，城中的 2 万多人大部分逃出（图 1-19）。小普林尼（Pliny the Younger）带领了几艘舰船自北而南到达庞贝城去营救，留下了人类历史上最早的关于火山喷发的记载。他的父亲普林尼（27 — 79）是罗马博物学家，在他的著作里曾经对中国的铁器大加称赞，认为是优秀的产品之一，他也随船去救援，不幸死于火山的毒气之中。

8 月 25 日 7 时 30 分当地再次剧烈地震，火山则出现了第 4 次直到第 6 次的喷发。温度高达 100℃～400℃并伴有毒性的气体和火山灰包裹了所有的生灵，凶猛的火山碎屑流瞬间吞噬了整个庞贝城和绝望的人们。尸体被火山灰包裹固化，躯体腐烂后，形成空壳（直到 1860 年，考古学家向空壳里注入石膏，才重现了他们生前的最后一幕）。熔岩在几分钟内便掩埋了全部城市并一直扩展到海边，火山碎屑沉积物的厚度继续增大到 3 米以上（图 1-20），小地震不停地发生，熔岩流不断地涌出……闻名遐迩的庞贝古城从此被火山灰掩埋，一夜间的火山灰厚达 7 米，庞贝城有 2000 多人遇难。

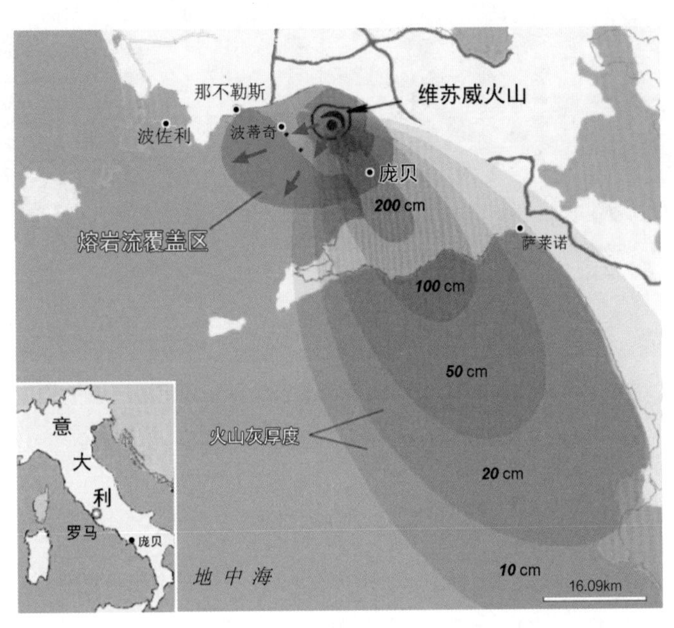

图 1-20　维苏威火山在公元 79 年喷发时的熔岩流和火山灰的分布

灾难终究不会永远不止。随着历史的流逝，它渐渐淡出了人们的视线，最终尘封于 1600 年的时空里，无声无息……

庞贝，原来只是意大利传说中的一座古城，若明若暗于历史之中。小普林尼的记载太诡异，长期无人相信其真实性。直到文艺复兴时期因为开辟地下水道，一位农民在 1599 年偶尔发现过一段古墙；1713 年又发现了一处遗址，这就让人疑窦丛生；1748 年的春天，在庞贝又发现了零星的金属文物，人们才真正关注起它的真实历史。

后来，意大利政府开展了 200 多年的断断续续研究，组织了科学开挖，最终揭开了庞贝火山地震的历史原貌，才把维苏威火山的断续喷发过程命名为“普林尼型喷发”（Plinian Eruption）。自公元 79 年以后，维苏威火山还喷发过 30 多次。最近一次喷发是 1944 年 3 月 22 日，正值二战期间，双方千万名士兵居然都跑去观看这一火山奇观了，战斗也停止下来。庞贝在 1845 年建立了火山观测站，20 世纪初开展了地震监测。如今，庞贝遗址已经变成全球最著名的一个旅游景点（图 1-21）。

图 1-21　庞贝古城今貌（远处的山峰就是闯过大祸于今静默不语的维苏威火山）

一幅世界名画

世界上的名画很多，有一幅是地震学家和艺术家必知、必看的：《庞贝的末日》。

作者卡尔·布留洛夫（Karl Bryullov，1799 — 1852），俄罗斯人。他 1822 年留学意大利学习美术，1827 年考察了庞贝现场，震撼的场景促使他于次年创作了

《庞贝的末日》。当时的油画仅是个初稿，但足以让观众刮目相待。其后5年间他几度大改画稿，屡获好评，仅其中的2幅中间画稿就已流传欧洲，倾倒了美术馆。定稿是在1833年完成的，1834年首展于米兰，好评如潮，震惊画坛，作为俄罗斯现实主义绘画的代表作、美术史的一大划时代的凯旋品而收藏于彼得堡博物馆（图1-22）。普希金称之“俄罗斯画坛的旭日”，果戈里称之“属于我们世纪的最完美的作品”。

作者通过对“末日”这种惊心动魄的主题的描绘，揭示了人类在天灾降临时所表现出的崇高人性和道德品质——互助和关怀。在火山喷发和地震隆隆声响中，灼热烟灰从天而降，大厦断裂无所不在，马嘶人叫怒向天庭，生灵向死亡发出最后的抗争。婴儿在倒地的母亲身旁哭喊，壮士抢救着老弱妇孺，男人展臂掩护着娇小的妻子，母亲用胸怀保护着稚嫩的孩子，青年合力地支撑着硬质家具，女士们抢救着有限的家珍细软，远处一只爱犬竟用自己的身躯奋力掩护着瘫痪的主人……这里没有主角和配角，全都是抗御灾难的斗士、历史的参加者。在强烈的明暗反差、黑红对比和雷鸣电闪中，人们几乎是从画里向着画外拼命地冲刺，奋力地挣扎，咆哮、呐喊……

他们的此刻，很可能就是我们的彼时，沸腾的血液奔流到一起，时空的差距已

图1-22　油画《庞贝的末日》（卡尔·布留洛夫，1833）

不复存在。画作左侧的最后一排有一位青年男子，他头顶着颜色盒和绘画工具，是作者的自画像。布留洛夫用古典浪漫主义的手法，倾诉了古罗马抗击地震的壮观历史，深深打动了每一个观众，撞击着颗颗善良的心灵。画中所展示的团结的力量、母爱的伟大、人性的崇高尽收眼底，留下了永恒的辉煌，无穷的力量。

布留洛夫的成功，还在于他对科学和艺术的完美融合。

他的创作，深入考察过现场、素描过遗迹，仔细研究过地震的破坏作用。能够理解庞贝古城建筑的破坏主要是地震所致，而生灵的窒息源于火山毒气和凝灰覆盖。于是，这幅油画的真实感召力便十分突出，譬如房屋的破裂损坏集中出现在房角和梁柱结合部，高层建筑和顶部的附属雕塑会首先坍塌倾倒，狗有更灵敏的感觉并会在危机中保护主人，地面的水平积压引起了局部隆起，老人妇女和病人更难以站稳……这些细致入微的描述，合理而准确地表达了地震现象。

电影人很聪明，从不会放过灾难、搏斗和爱情的题材。2014 年，保罗 · 安德森把《庞贝末日》搬上了银幕（图 1–23），在全球赚得盆满钵满。若从 1900 年算起，这个永恒的题材已经被拍摄过十几部了。

图 1–23　地震时刻，庞贝角斗场的决斗正酣（电影《庞贝末日》）

影片是这样结尾的（图 1–24）：面对轰鸣的地震和近在咫尺的狰狞火焰，男女主人公紧紧相拥，留下了最后一句凄苦的温馨：

我们不想把最后的时间用于逃跑……

影片结束了。声音在漆黑的大厅里婉转凄哀，长久回响，魂不附体的观众已然心碎如焚，个个潸然泪下……

图 1-24　永恒的时刻（电影《庞贝末日》）

震后的深思

子曰：
学而不思则罔，思而不学则殆。

对于同一个庞贝火山地震，前人学习和思考了什么？

看来，艺术家学到了古罗马人民的精神，用绘画表现出人性的崇高；科学家看到了自然界的客观现象，用仪器来模拟和缩微它们，思索着地震运动的规律。他们都从地震中获得了思想的启迪，走上了与张衡同样的道路。

弗瑞勒（J. de la Haute Feuille，1647 — 1724）是一位法国工程师，他在 1703 年发明了西方的第一台地震仪器 —— 水银验震器（图 1-25），其结构造型就是在模仿火山的喷发，灌入容器内的水银面极其贴近溢流孔的高度，当地震引起地面水平运动时，水银面会出现晃荡，继而像火山熔岩一般涌溢出来，溢流道也是 8 个

图 1-25　弗瑞勒发明的第一台水银验震器（1703）

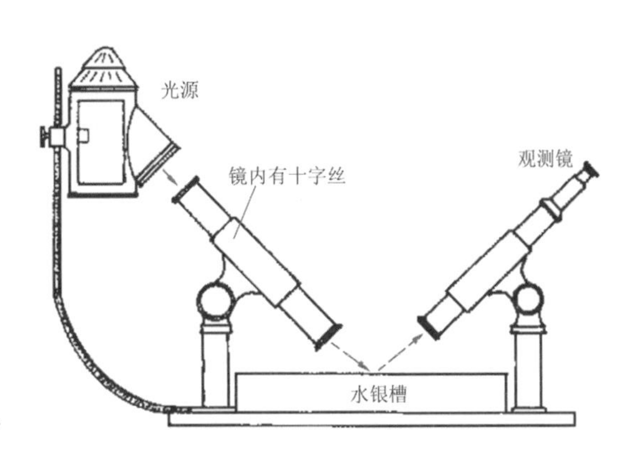

图 1-26　马莱改进的水银验震器（1852）

方向。弗瑞勒还认为地震震源的膨胀会造成地面的背向倾斜，期望用这个仪器监测出地震前兆进行预测。爱尔兰人马莱（R. Mallet，1810—1881）在1852年对水银验震器进一步做了改进，设计了两个光学放大镜，试图更细致地观测到水银表面的倾斜和地震波动（图1-26）。不过他们的实际应用情况，始终未见报道。

庞贝地震的机制

庞贝的火山地震很具代表性，属于板块俯冲带的构造运动，即“板缘地震”（图1-27）。

板块上下两盘的错动产生了摩擦热量，它同上地幔的部分熔融体、水汽一起侵入上盘板块，于是在地震时分引起了火山的喷发和大量的灰粉。地震位错是多次的，喷发也是多次的，构成了熔岩和火山灰的交互层，这就是普林尼型火山的特点。

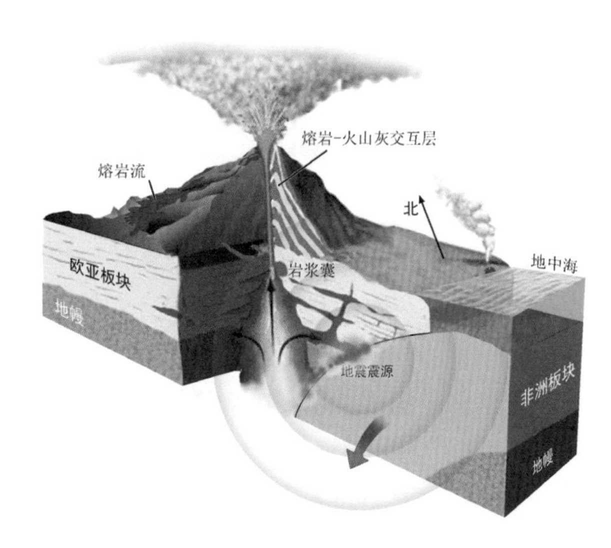

图1-27 庞贝地震的构造机制

中国的地震是欧亚板块内部的断层错动，属于“板内地震”。规模较小，深度不大，不伴生火山的喷发。

8 天谴观的兴衰

路漫漫其修远兮，吾将上下而求索。

——屈原，《离骚》

地震，俨然是人类共同的灾难。当神话和传说失去了魅力，社会就需要一种观念和说法，不管它来自何方，只要能排忧解难，赋予希望。天谴论，遂登上了历史的舞台，东西方社会都能接受。

主宰之手在上天，它是荣耀而万能的，丑陋龌龊只在人间。东方认定是天子的失职，西方认定是教会的背叛，至尊至圣的上天便借用地震来谴责和训诫下凡。至于这个观念究竟对还是不对，对中世纪前的人们来说，完全没有必要去考虑。就这样，漫漫风沙的大漠征途上，印下了一串串人类求索的脚印。

步履蹒跚的求索

大约在公元前23世纪，山西省永济的蒲州曾经发生过一次地震，史载："墨子曰：三苗欲灭时，地震泉涌"（《太平御览》卷八八〇），不过这12个字相当含糊，学界有争议。以后的地震事件频频发生，仍然是只有记载没有分析。直到周幽王二年（西周，公元前780）在陕西的岐山、扶风发生了一次近7级的大地震，造成泾、渭、洛河震荡奔腾，山河改观，人间巨变，几乎重演了天塌地陷的原始灾难：

烨烨震电，不宁不令。百川沸腾，山冢崒崩。高岸为谷，深谷为陵。

——《小雅·十月》

这才引起了重视。当时有位思想家叫伯阳父，是周宣王、周幽王的太史官，同汉朝张衡的官职是一样的，负有天文地理、凶吉祸福、编写史书之责。他摒弃了具体的神灵、海水和物质等内容，跨越了“阴阳相薄为雷，激扬为电”“震为雷”(《淮南子·地形训》)的旧理念，最早把“天地之气”抽象成阴阳二元素：

> 夫天地之气，不失其序；若过其序，民乱之也。阳伏而不能出，阴迫而不能蒸，于是有地震。今三川皆震，是阳失其所而镇阴也。阳失而在阴，川源必塞。源塞，国必亡。
>
> ——《国语·周语》

这种哲学观，从矛盾双方的相互斗争上分析了地震，无疑具有重要的现实意义和深远影响。不过仅属于一种原始的哲学观念，并无任何实质性的地学内容，而且把自然现象与社会问题混为一谈，也不可取。

目錄
周語上第一
周語中第二

幽王三年西周三川皆震伯陽父曰周將亡矣夫
天地之氣不失其序若過其序民之亂也
陽伏而不能出陰遁而不能烝
於是有地震今三川實震是陽失
所而鎮陰也陽失而在陰
川源必塞夫水土演而
民用也水土無演民乏財用不

图 1-28　伯阳父分析地震的阴阳二元观点

历史的无奈在于，他根据“伊洛竭而夏亡，河竭而商亡”(即伊河、洛河枯竭，夏朝灭亡了；黄河枯竭，商朝灭亡了)，随后预言：“山崩川竭，亡国之征也”(即岐山崩塌，泾、渭、洛河枯竭，预示西周也要灭亡)，竟被言中！到了春秋战国时期，公元前 519 年王城(今洛阳附近，最早定都之处)一带果然发生地震，当时的人们遵循他的观点，解释为“周之亡也，其三川震。今西王之臣亦震，天弃之矣”(《春秋左传正文注疏·春秋传》卷五)，意指西王为了争夺王位而动武多年，这次被地震砸死实属天意，该死。

此类原始的从自然界觅寻人间沧桑答案的想法，一直延续到汉代，并发展成为经久不衰的玄学。

战国时期的思想家，道家创始人之一的庄子(公元前约 369— 前 286)另有所思，认为：

> 海水三岁一周流，波相薄，故地震
>
> ——《太平御览》卷六十

相薄，系相近、相遇甚而相撞之意。说海水三年流动回转一周，海浪相遇就引起地震。这种“大地浮于水上”的古宇宙观，源于掘井时发现深处有泉涌冒水(《晋书·五行志》)。中国的古代地球模型有天穹、大地、海水三层结构，表现于各类绘画、纹饰和雕塑中，从未对海水之下再做推断。庄子的文笔素有想象奇特的浪漫主义色彩，只是他的“海波相薄为震”的观点再无人继承发展。

怪异和灾害

古代把日月食和彗星贬为“怪异”，视之不吉利；水旱蝗疫损害了农业生产，则称为“灾害”，当为凶祸。

地震算什么？它既为灾害又是怪异，实在让人讨厌。《五行志》索性将它归为另类——“灾异”，对其百思不解。

因此在史书文献里，经常会出现一些矛盾的写法：对某官员因为地震被免职的记载，有人认为是“以灾异免”，有人则写成“以地震免”，实际上讲的都是同一件事。总之，谁都不喜欢地震。

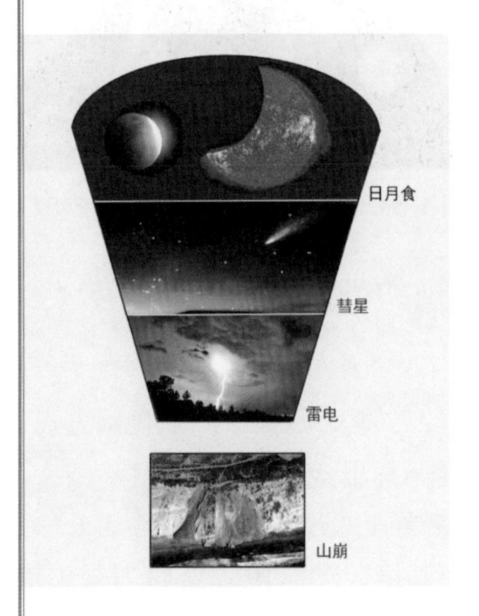

图 1-29　古代把日月食等视为(怪)异

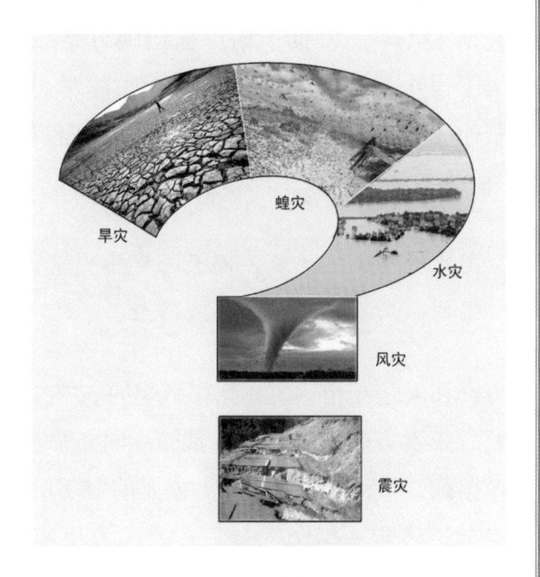

图 1-30　水旱蝗风雹等被视为灾(害)

董仲舒的天人感应

唐朝的王昌龄有一首压卷之作《出塞》，意境深远，气势灌注。已收入小学的课本：

秦时明月汉时关，万里长征人未还。

但使龙城飞将在，不教胡马度阴山。

他为什么要讴歌西汉大将卫青、李广呢？诗中的龙城，今河北怀来北；阴山，从河套北侧延伸至张家口一带。此事源于公元前130年（武帝元光五年），汉朝的卫青等对匈奴之战首获大胜。狡黠一点地说，它跟咱们“地震”沾亲带故，更与董仲舒先生有关！

话说西汉初年，公元前141年景帝亡故，时年15岁的汉武帝刘彻（前156—前87）继位，不过大权仍在窦太后手中。此时的农业生产虽好，但朝廷多年的“清静无为”政策也使诸侯坐大、四夷寇边，轻歌曼舞之下暗流在涌动。公元前135年窦太后归天，21岁的汉武帝刘彻才正式执政。

图1-31　汉武帝刘彻（前156—前87）

面对复杂的局面该如何治理？第二年即公元前134年，刘彻下诏广征治国方略，于是天下谋士八仙过海，各显神通。儒学思想家董仲舒（前179—前104）上奏《举贤良对策》，系统地提出了“天人感应”观点：

> 国家将有失道之败，而天乃先出灾害以谴告之；不知自省，又出怪异以惊惧之；尚不知变，而伤败乃至。

认为天和人是互相感应、互相影响的，“灾害、怪异”乃属天人对话的一种隐晦方式。毕竟，上奏方略纷繁复杂，武帝一时难做决断，陷入深思……

据载，汉武帝17岁那年（公元前139），太史令曾经上报过异象：“有星孛于天纪，至织女。占曰：织女有女变，天纪为地震。”果不其然，次年10月至11月发生地震，窦太后乘鹤西去；又，公元前133年马邑（今山西朔县）之围，伏击匈奴之战竟败北而终；再，公元前131年2月5日，长安又起地震……灾害和怪异不断出现，是上天的谴告之，抑或惊惧之？公元前131年6月16日长安再次地震，无休不止、反复摇晃皇宫金柱，闹腾了近半年，一直到7月15日仍然没有停脚刹车之意！地震，俨然董仲舒的沉钟利剑——天子再不自我反省，那就不客气啦：贬黜王权，改朝换代。如此的危言耸听，闹得朝堂涣散，人人自危……汉武帝终于怕了，乖乖低头：大赦天下。史书的文字很简单，五个字：

> 地震，赦天下。

这是中国五千年历史上第一次采取此类办法，开启了一个思想观念的新时代——天人感应观念付诸实施。

地震大赦之后的第二年，车骑将军卫青大破龙城，取得汉朝开国以来对匈奴战役的首次胜利，时来运转，前所没有。哇！社会一片欢腾，张灯结彩。王昌龄写的《出塞》一诗，就为此事咏怀。朝廷内外欢欣鼓舞，董仲舒理论也成为“攻无不克战无不胜，放之四海而皆准”的法宝。

辗转反侧了几年的汉武帝这才坚定了他的决心：取董仲舒的治国方略——“道源出于天，天不变，道亦不变”“天人合一”“罢黜百家，表彰六经”（后人改称“罢黜百家，独尊儒术”）。用儒家思想维护集权政治，将儒学典籍尊称为“经学”，由此确立了儒学在中国传统文化中的主干地位，进入了400年“两汉经学”时代。天谴论从此挺胸抬头，站住脚了。汉武帝也开创了西汉王朝最鼎盛时期。

■ 董仲舒的后半生

公元前133年以后，董仲舒遂成一代宗师。登大堂执掌郡国之相，入帷幄讲诵天道之责；朝廷咨询，络绎不停；车水马龙，好不热闹。不过，一介书生董仲舒涉世不深，以后经常指点江山，口无遮拦，甚至胆敢借灾异论道、讥讽时政。结果获罪“犯上”，下了大狱，险些丧命。

出狱后，董仲舒老实了，干脆辞官回家，闭门著书。后半生完善了他的“三纲五常，君臣父子，大一统”等理论系统，最后汇编成论文集《春秋繁露》，流传百世。他的理论为封建社会的稳定和发展做出了贡献。

图1-32　董仲舒（前179—前104）

天谴观的盛行

公元前70年6月1日山东的北海—琅琊等郡发生7级大震，死亡6000余人，地震死亡率（死亡人数与全国人口之比）高达万分之三，基本与1920年海原8.5级地震、1976年唐山7.8级地震的持平。是自先秦以来中国第一次损失最为严重的震灾，负面影响持续五六年，田地荒芜、疾疫肆虐、人口流失……朝野上下惶惶不可终日。

是年，汉宣帝刘询（前 91 — 前 49）刚即位 4 年，只能仿照曾祖父汉武帝的地震对策，大规模的祭祀灵祇（祇，地神），诚惶诚恐。共采取了 10 余项隆重礼仪，诸如下“地震罪己诏”，自责失职；征百官意见，毋庸忌讳；任用贤良方正，提拔新官；免除不当律令，安抚百姓；免收租赋，减轻负担；明堂祭天，祀祖祈佑；开启牢门，大赦天下；休兵停战，刀枪入库；身着素服，日夜思过；避正殿五日，自我反省；改“本始”年号为“地节”，企盼地震节制等等（《汉书》卷八，《前汉书· 宣帝纪》)。这些措施，代代相传下来。

在当时的社会背景下，天谴观对调节社会矛盾是具有一定积极作用的。

原因在于，封建社会的人被划分成君、臣、父、子的等级，一级管一级，官大压死人。“天不变，道亦不变”—— 反映天命的秩序和思想是统一的、永远不变的。那么谁来管君王呢？唯有上天！这是一节不可或缺的逻辑链。极致而言，权贵可以“无法”，社会不能“无天”，这是董仲舒天人感应学说的一个要害。简言之，上天的谴责和警告只是针对君王的，希望他因此修身立德、改革弊政，否则亡朝灭国。

这个逻辑很为广大臣民、布衣百姓所拥护，有雄厚的社会基础。它为臣民提供了一个绝好的机会，大家可以凭借地震等灾异来说事，指陈弊端痛快淋漓，毋庸忌讳。皇帝也必然会低头告饶，素服五日，反躬自省，笑容可掬地大赦天下、改革政治。于是，百姓免了租赋，贤良能被启用，犯人得以释放，士兵可以停战，文武百官起码有 5 天的额外长假落个逍遥清闲。董仲舒的治国方略真是不错！社会受益面广、获得感强，接地气。

看样子，地震这个坏家伙只要不闹到招灾引祸的地步，有时也还不是那么令人讨厌。当然啦，让皇帝主动下诏自己骂自己也确实挺难为他的，皇帝的积极性当然没有满朝文武那么高了。可没办法呀，那是老天爷让皇上屈尊的！我们也没辙呀。

无奈，陇西等地的地震没完没了，汉宣帝的做法也就由元、成、哀帝一代一代继承下去，连东汉的始皇帝刘秀（公元前 6 — 公元 57 年）也只能按惯例行事。中国皇帝因地震而下“罪己诏”的事件共 21 次，绝大多数发生在汉朝（16 次），最晚的一次在唐朝德宗（788）。相应的礼仪繁简不同，诏文是千篇一律的陈词滥调：“朕恭承天地，战战兢兢……莅事不聪，获谴灵祇。无德统奉鸿业，无以奉顺乾坤。”皇帝倾诉衷肠，酸溜溜的挺可怜。至于能否说服天下解决问题，那就不得而知了。

地动仪问世后，京师在 133 年有过一次小地震，张衡上疏：“政善则休祥降，政恶则咎征见。天人之应，速于影响。天诫祥矣，可为寒心……修政恐惧，则转祸为福”。显然，张衡也是“抓地震、促生产”的，科学活动一抹政治色彩，打上了天人感应的神学烙印。

天谴观的盛行还导致了巫蛊、巫术、占星术、图谶之说的发展，此是后话。

东方天谴观的落幕

时针转到了17世纪下半叶，欧洲完成了文艺复兴。东西方分别出现了杰出的帝王。一位是俄国的彼得大帝（Пётр А Романовы，1672—1725），改变了俄国积贫积弱的局面；另一位是中国的康熙大帝（1654—1722），他在收复台湾、抗击沙俄侵略、管理西藏等方面捍卫了中国的统一，生产力得到发展，开创了康乾盛世的局面。

■ 康熙地震

1679年9月2日的三河平谷地震史称“康熙地震”。它是北京地区第一次发生的8级大地震，前震活动明显，死亡5万人，故宫被损。

康熙采取了非同寻常的果断措施。震后不到4小时，他便召集了满汉高官研究地震对策，住进帐篷；第二天宣布“发内帑银十万两”，赈恤灾民；第三天宣布了他思虑的施政弊端，对满朝高官单刀直言：“朕反躬修省，尔等亦宜洗涤肺肠”；第五天宣布官员俸禄减半，迫使“官绅富民”捐资赈济；10天内，拟出了革除6种弊政的严厉“正法”，救灾的同时，肃贪追责；15天后中秋节，天坛祈祷后立刻上朝，再议震情和应对措施（《清圣祖实录》《起居册》等）。

图1-33　清朝康熙帝（1654—1722）

如此做法，亘古未有，康熙被尊称“千古十帝之一”。

康熙帝能做到这一步，并非偶然，他有思想基础。早在顺治（1644—1661）年间，法、意、比等传教士就已经带来了西方的天文、数理和机械学的知识，康熙还与德国的伟大数学家莱布尼兹（Leibniz，1646—1716）建立了关系。地震前的10余年，他还邀请了法国6位高级学者来华（图1-34），长住宫廷。与此同时，作为钦天监监务的天主教耶稣会传教士南怀仁（F. Verbiest，1623—1688）曾于1668年向康熙推荐过他的著作《坤舆图说》，其中的《地震论》里就有西方的“地震气动假说”。这些文化交流对康熙帝的科学活动产生了重要影响。

1679年的地震，促使康熙认真查阅了老子、汉史、宋儒、《玉历通政经》《国语》《谢肇淛》以及《周易》等名家学者的地震观。最终让他坚决地否定了天谴观，摒弃了荒谬：“朕观前史，如汉朝有灾异见，即重处宰相，此大谬矣。”（《十一朝东华录 · 康熙》卷七七）。在去世前的一年（1721），康熙还写出了具有新思想的科学文章《地震》，标志东方的天谴观就此落幕，中国人对地震的认识已经进入历史的新阶段。

图 1-34　康熙时期来华的西方传教士，自左至右：利玛窦（Ricci），汤若望（Schall），南怀仁（Verbiest）

西方天谴观的踪迹

西方的天谴观，以《圣经》里的文字最具代表，有关的阐述要比董仲舒的《春秋繁露》更加大量和直白。只不过二者的重点不同，西方天谴观的目标不是皇帝，而是未皈依基督的人群或者异教徒。

《圣经》里有很多下述一类的文字：“耶稣是真神，是活神，是永远的王。他一发怒，大地震动。他一恼恨，列国都担当不起。”“万军之耶稣必用雷轰，地震，大声，旋风，暴风，并吞灭的火焰，向他讨罪……众星要从天上坠落，天势都要震动”等，字里行间也融入了人们对地震的各种体验。

■《圣经》

《圣经》的成书有个很长的过程，自公元前1400年（中国的商朝后期）出现零星记载开始，一直到公元95年（即东汉和帝永元六年）才最后统编完成，全书共有66卷（旧约39卷、新约27卷）。《圣经》记述了中东地区的人文历史，反映了包括尼罗河、两河流域和安息（波斯）、古罗马文化的历史观念，在大体相当于张衡时代开始广为流传。

中东和欧洲所遇到的地震都位于地中海地震带。这个地震带的东端连接喜马拉雅地震带，西端和大西洋中央地震带相连，活动水平相当高，有关地震的妖魔鬼怪和传说自然也就少不了。除公元79年意大利的庞贝地震外，1999年土耳其的7.4级地震、2013年伊朗的7.8级地震，都产生过很大的社会影响。1556年土耳其曾发生过两次破坏性地震，君士坦丁堡（即拜占庭，今称伊斯坦布尔）恰在地震之前看到了彗星（图1–35）。毋庸赘述，这种怪异星象的出现当被视为凶兆，一直被认定是耶稣对异教徒叛逆的惩戒，老百姓也同样是诚惶诚恐的。

图1–35　1556年君士坦丁堡看到彗星，被视为地震凶兆（H Galt绘制）

欧洲历史上迄今最严重的震灾，是1755年葡萄牙首都里斯本的8.7级大地震。地震发生在1755年11月1日万圣节，市区燃起大火，6座教堂和18万座建筑轰然倒塌（图1–36），海啸以50 ~ 70英尺的高度向岸上扑来（图1–37）。全城1/4左右也就是9万余人死亡，80%的幸存者无家可归。那时，英国的工业革命方兴未艾，相隔不远的葡萄牙却还未走出天谴观的阴影。尽管15—16世纪的葡萄牙已经发展成海洋强国，但对于这次世界末日般的灾难，数百万人口的国家是完全承受不了的。

图1–36　1755年里斯本地震的海啸和大火

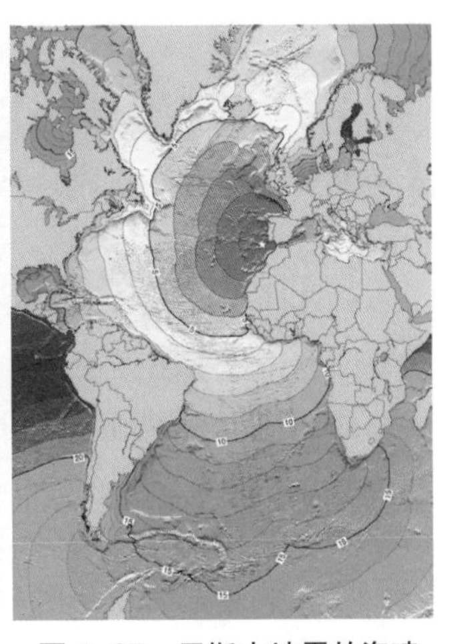

图1–37　里斯本地震的海啸传播（数字单位：小时）

人们认定这是对耶稣会和宗教审判所的神父们不端言行的惩罚，因为他们胆敢诬陷大家违背了上帝箴言、信奉了异端邪教，愤懑之情如火山般爆发（图 1–38）。于是在上万名激昂信徒的目睹下，宗教审判所逮捕了几名主要神父，予以判刑。并向病榻上已经神志不清的长老马拉格里达斯宣判为“亵渎神灵罪”，将他勒死后扔到熊熊烈火上焚烧。企盼转危为安，结束人间灾难。

图 1–38　里斯本地震中的信徒们，右下角衣冠整齐者是作者自画像
（油画，J.Glama Stroberle，1755）

幸好，葡萄牙随即得到了英、法等欧洲国家的支持，余震延续到 1757 年后基本结束，大量人口迁移巴西，才逐渐走出困境。

就这样，欧洲的天谴观在烈火中悲壮地落下了帷幕。

人们长久不愿提及，但又深藏于内心的悲怆是无法排解的，无论大西洋的滔天巨浪如何强烈地冲刷葡萄牙的海岸。2005 年，在里斯本地震 250 周年之际，西方组织了大型学术讨论活动，继续反思和研究地震对策，一种新的理念被广泛接受：

地震灾难必须唤起社会的进步，战胜灾害的每一种手段都将来自科学。

9 古典地球观的形成

从科学发展史上看，大多会经历一个“原始认识—古典科学—近代科学”三部曲的进程。

从原始认识到古典科学的飞跃，千差万别，中国和古罗马在天文学上的飞越几乎都完成于2世纪，代表人物分别是张衡和托勒密，均持地心说。人类对地球的认识，最初也是从宇宙和天体的角度上着眼的，直到15世纪末大航海事业的发展，古典地球观才得以形成。

1543年，波兰的哥白尼（N. Copernicus，1473—1543）提出日心说。“从此自然科学便开始从神学中解放出来”（恩格斯，《自然辩证法》），古典科学走入近代科学。这里有三个关键词：15世纪文艺复兴末期；日心说提出；神学破灭。

先观天·后测地

说来有趣，人类生活在地球上，但古典科学的重点却是先天文、后地球。中国是这样，巴比伦和古罗马也是这样。只是在天文学发展到一定水平之后，地球的问题诸如地理、地貌、地质、地震才慢慢浮出水面。古代学者长期从“天地一体”的角度来认知地球，人们认定：只有那些“上知天文，下知地理”的人才能成为受人尊敬的先生。

东汉建立了灵台观象体制后，发现了地震与日月食的紧密关系。

古人注意到周幽王公元前780年岐山地震时，正值“朔日辛卯，日有食之”。西汉公元前29年也有过“朔，日有食之。夜，地震”的记载（《汉书·成帝纪》），以后类似的“又震，是夕月有食之”现象多次出现。张衡在第一次任史官时的公元120年1月17日，曾亲历过“朔，日有食之，既，郡国八地震”（《后汉书·安帝纪》），二任史官时的公元136年2月18日，再次经历了农历大年三十的“京师地震”，又值朔日。以后的各朝代，这类记述频频出现，一直没停。

有可能，地震强活动的朔望特点或为中国人最早发现。原因在于，农历初一(朔)和十五(望)是日、月、地三个星球的特殊位置。如果此时的三者位于一条直线附近，就会出现日月食。在日月引力的作用下，除却海水起大潮外，还会出现“固体潮汐”的峰值，对地震起到触发作用。

华北和青藏高原的地震活动均有 11 年和 22 年的周期性，而 11 年恰恰是太阳黑子的活动周期；有些地震带还有 420 天的周期，与地球的旋转轴 414 ~ 460 天的极动周期相吻合等现象。

触发作用只是压垮骆驼的最后一根稻草，不是发震的决定因素。

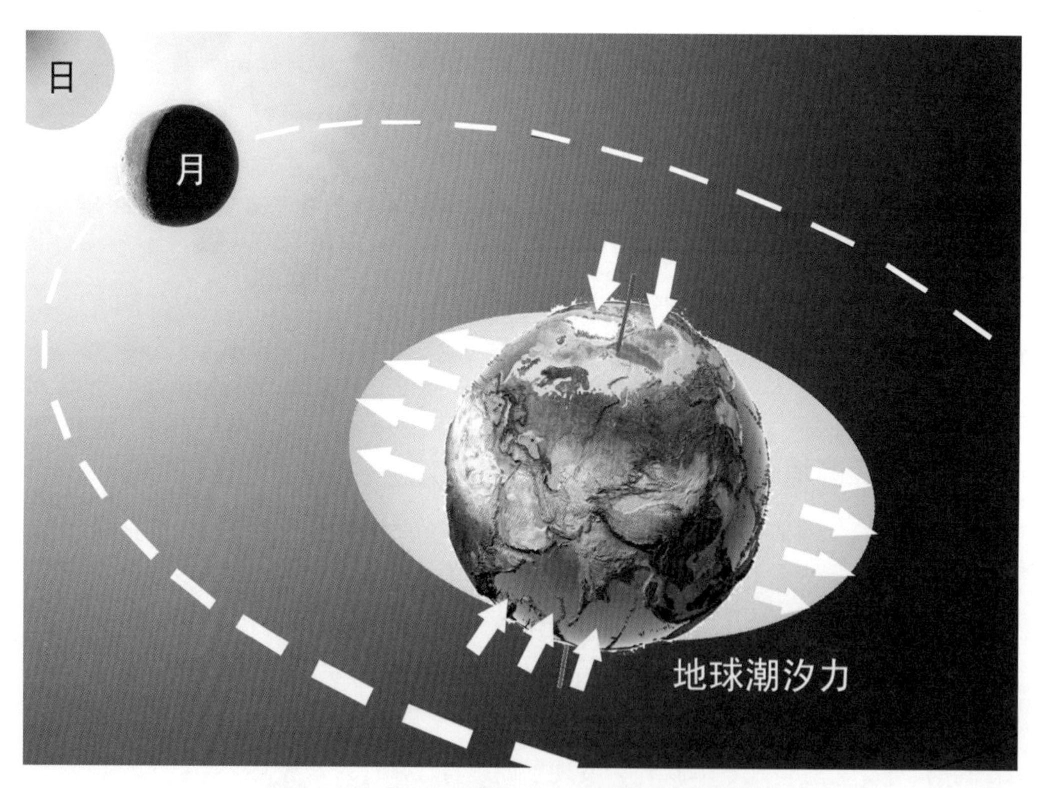

图 1-39　日月引力的潮汐力对地震的触发作用

■ 张衡 —— 天圆地平

中国古代信奉“天圆地方”。铜钱铸成圆形，中间的孔呈方形，表示有钱走遍天下。这种观念的形成与中国高山偏多、农田阡陌有关。

西汉的天文学家落下闳（前 156- 前 87）于公元前 104 年编制了《太初历》，包括了 24 节气和 28 宿的恒星系统，设定每年的正月初一作为“元旦、春节”，还首创了浑天学说、浑象和浑仪（图 1-40）。以后，天圆地方的宇宙观念逐渐改变了。

图 1-40　落下闳 - 耿寿昌的铸铜浑天仪（推想模型）

张衡继承了浑天学说，提出“地体于阴，故平以静”即天圆地平的观点。星宿随着天球一起旋转，周而复始，大地呈平直状方能符合天文的观测结果（图 1-41）。由此，张衡作《地形图》一卷，采用网格阡陌的办法做了比例缩放，该图流传至隋唐，后失传。

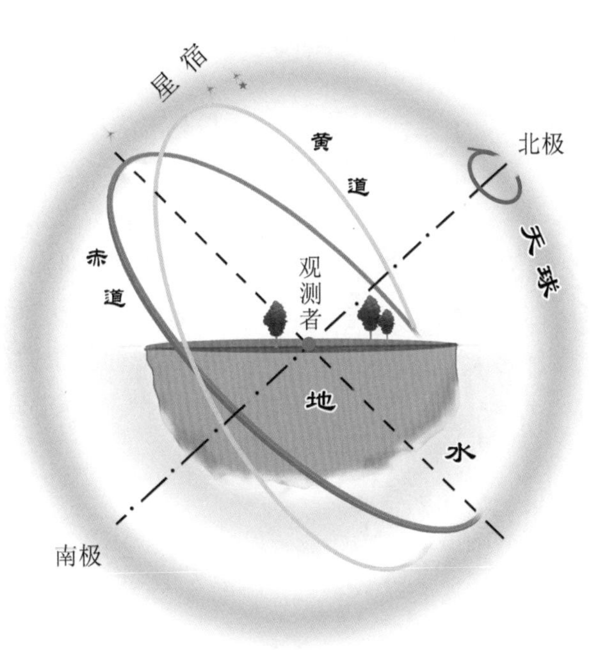

图 1-41　浑天说的天地水的示意结构

■ 托勒密 —— 天圆地圆

托勒密（约 90 — 170），古罗马天文学家。同张衡一样，也都用地心说解释天文现象（图 1–42）。不过对于地球的形状，它持“天圆地圆”的观点

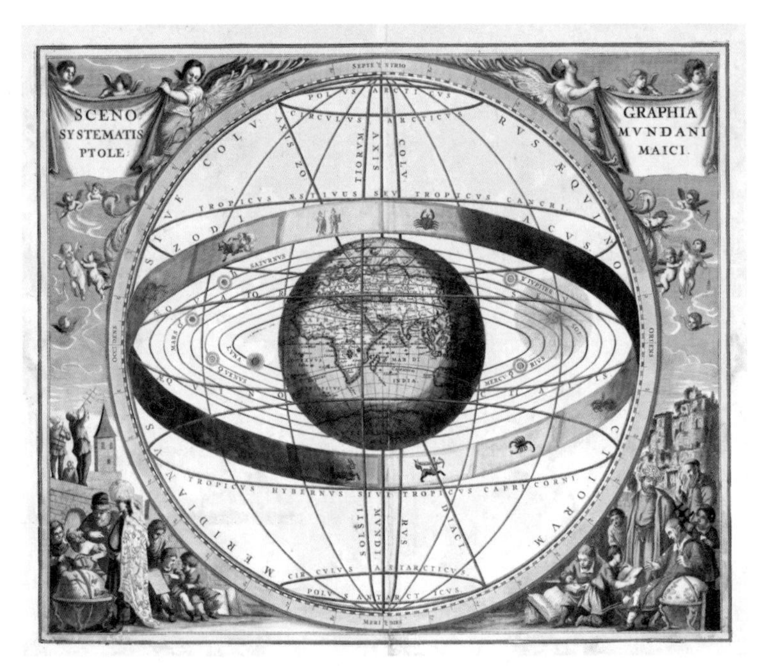

图 1–42　托勒密地球中心说的模型

在埃及亚历山大城，托勒密完成了世界巨著《天文学大成》十三卷，编制了星表，给出日月食的计算方法等，欧洲采用他的方法一直到16世纪哥白尼提出日心说为止。

他的另一项伟大贡献，是发明了仪器 —— 测量经纬度用的浑天仪星盘和测量角距的四分仪（图 1–43），利用它们做过实际观测。

图 1–43　托勒密手持件是四分仪，左下是浑天仪星盘

对地理的认识，迄今所知的最古老地图制于公元前 6 世纪（相当于我国春秋时代，前 770—前 476），那是在石头上雕刻的一幅巴比伦地图（图 1–44）。巴比伦位于中心，周围有 7 个岛屿，形成一个七角星，还有几座城镇和一些河流。最上方是今天土耳其南部的山地，四周环绕着“盐海”，标明了巴比伦、德尔、苏萨、乌拉尔图等地名。按照古埃及的观念，地球分两半：以东称为日出之地 Asu（即亚洲，Asia），以西则称日落之地 Ereb（即欧洲，Europe），分界线为尼罗河，埃及居中。丝绸之路在汉朝开通后，欧亚分界线在三国魏晋时便向东推移到了乌拉尔山：日出之地是大汉帝国，日落之地是罗马帝国，安息居中，牵手两方左右逢源。

图 1–44　公元前 6 世纪的巴比伦地图

天文学的巨大成就帮助了托勒密，他的“天圆地圆”观念显然更加合理。由此，他首创了用经纬度标注地理位置的科学途径，所发明的四分仪可用于船只的航海定位，他还率先用圆锥投影和球面投影法编制了 26 幅区域地图集，成为迄今的第一幅较为科学的并且标明了经纬度的世界地图。该图 1400 年在君士坦丁堡发现，1482 年重绘（图 1–45），极具历史价值。图中，东方的中国已经被明确地注明 Seres 字样。

15 世纪的天文学水平已经很高了，日月食能够预测，几大行星的运行规律也掌握得很好，但是人类生存的摇篮是什么样子？一片茫然。一句话，图 1–45 以外的情况始终无人知晓。

地理大发现

人类对地球的认识，要以 15 世纪晚期的文艺复兴为界。

在这之前，东西方是以不自觉的方式展开的。97 年甘英抵达古罗马边界、166 年古罗马特使抵洛阳，两大文明古国和周边邻国（安息，天竺）都试图沟通对方，开展贸易，陆路是仅有的通道。中世纪，中国已经发明了指南针，而且四分仪等测量工具和造船技术也发展了…… 正是有了先进的科学技术，人们对自己家园之外的探索才变成了可以自为的行动，海路为主。西方热血沸腾：航向中国，恍若航向拜占庭！中国翘首以待：出使西域，西天取经！

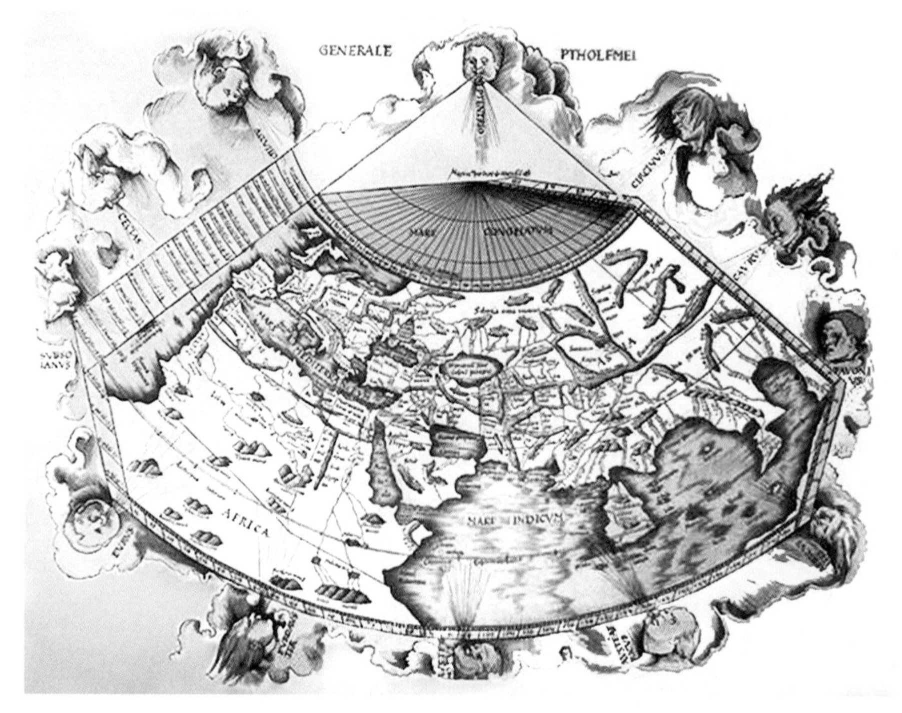

图 1-45　托勒密的世界地图，曾为哥伦布在 1492 年的航行所用

天涯若比邻，越远越接近天堂。在这个雄伟画卷里，双方邂逅了辉煌，东方的法显和郑和、西方的马可波罗和哥伦布堪称代表。

■ 东方的早期探索

260 年，三国末朱士行（203 — 282）从雍州出发抵于阗国，抄写经书 60 多万字，第一位西行取经者。

399 年，东晋法显（334 — 420）从长安出发，沿丝绸之路到达印度后，转至尼泊尔、斯里兰卡和印尼，历时 14 年，由南海、东海水路于 413 年抵山东崂山返回。第一位走完陆、海丝绸之路的人，著《佛国记》。

627 年，唐玄奘（602 — 664）西行印度 17 年，著《大唐西域记》。

754 年，唐鉴真（688 — 763）东渡日本，成日本律宗初祖。

图 1-46　法显（334 — 420）

“海上丝绸之路”自汉朝形成后，在宋朝（960 — 1279）达到鼎盛阶段。广州、宁波、泉州为三大主港，经印度、开罗港，抵希腊、罗马。沿途国家大规模的“海上贸易”，使它成为亚非欧三大洲最繁荣、最主要的贸易通道。对中国瓷器的极其大量的需求，也使中国的称谓由 Seres 过渡为 China（瓷器之国）。1405 年，明郑和（1371 — 1433）率船队七下西洋，抵达了非洲东海岸（图 1- 47）。翻译官马欢竟然成了中国首位朝觐穆斯林麦加圣地的官员，著《瀛涯胜览》。

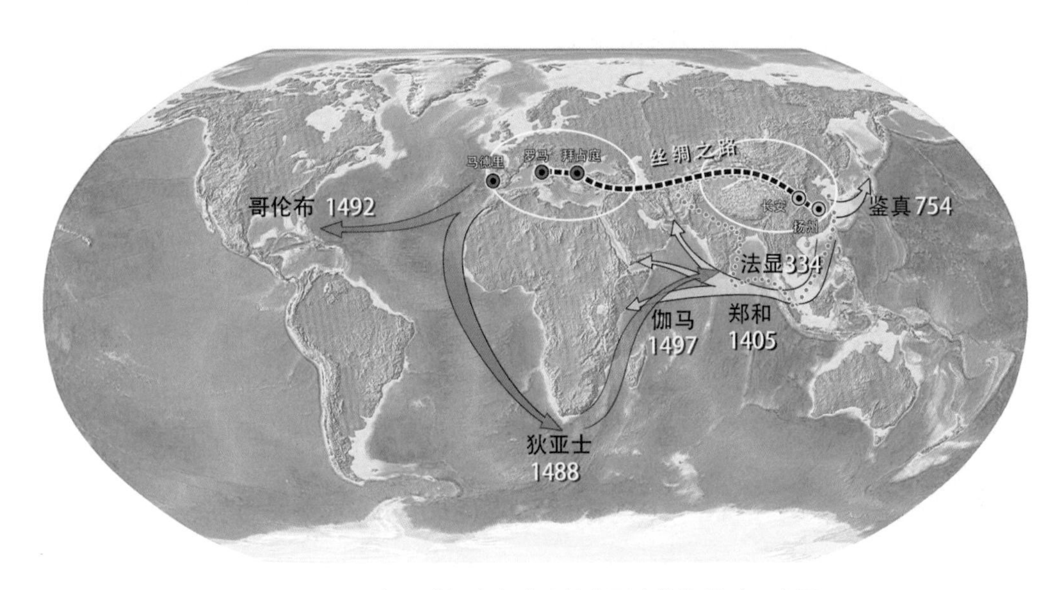

图 1-47　到 15 世纪末年为止的东西方航海线路示意图

1275 年意大利人马可 · 波罗（Marco Polo，1254 — 1324）的中国游记，为欧洲带去恍若隔世的童话。海上、陆上“丝绸之路”的富饶繁荣，大大刺激了探险家们的头脑。西方大航海时代于 15 世纪末开始，比郑和晚几十年。当时，提出了一个匪夷所思的观点：若把托勒密的平面地图（图 1–45）回归到圆球状的地球上，中国的东海岸便自然会与欧洲的西海岸非常接近！遥不可及的中华帝国，那个无论在精神上或地理上都是欧洲崇仰的目的地，岂不就在眼前，何须骆驼翻沙漠，沿途遭地震呢。执迷于这一憧憬的是位意大利青年，叫哥伦布（C.Columbus，1451 — 1506）。

■ 西方的探索

1488 年，葡萄牙狄亚士（B. Dias，1450 — 1500）第一个绕过了好望角。

1492 年，哥伦布反其道，向西航行。他坚信这是一条到达中国的最短之路，托勒密的地图和马可波罗游记就是他的根据。在西班牙女王的支持下，哥伦布带上了给中国皇帝的国书，率领三艘百十来吨的帆船出海……，七十昼夜后竟发现美洲新大陆！直到去世之时，哥伦布仍坚持：确实到达了托勒密地图上的亚洲东海岸。只不过，没见到中国皇帝（明孝宗）罢了。

1497 年葡萄牙的伽马(Vasco da Gama,1460—1524)绕过南非，到达印度。

无论如何，15 世纪的东西双方都已经完成了从原始认识进入古典科学的飞跃，并促进了麦哲伦（F Magellan, 1480 — 1521）于 1519 年的环球航行。神仙、上帝、天堂的五彩斑斓已经褪去了远古的万丈光芒，天上的神仙固然神圣伟大，地上的万物更加亲切可爱。古典科学的兴趣已经落到地球上，自己的家园究竟是什么样子，水旱和地震的灾害如何防范，今天的晚餐吃什么，一系列实际的问题更为社会所关注。这个时代的真理追求者们，已经可以张开双臂、自豪地对苍天厚土大喊一声：

人类的伟大摇篮，我们终于摸到你的脉搏、体会到你的温暖了。

原来，你并不遥远……

延伸阅读

查有梁，落下闳的贡献对张衡的影响．广西民族大学学报，13 卷，3 期，2007.

冯锐、俞言祥，东汉早期的地震活动．地震学报，35 卷，6 期，2013.

路军，横看全球史 —— 同一时空下的世界．国际文化出版公司，2009.

吴国盛，科学的历程．北京：北京大学出版社，658 页，2003.

古代的科学认识总会笼罩着神学、哲学、政治意识等社会理念。神学和科学的纠结，女娲耶稣、占星算卦登过舞台；哲学观念和专业研究的混淆，阴阳五行、矛盾对立发挥过作用；政治意识和客观规律的混淆，天谴观、罪己诏无所不用其极。因此研究科学的历史，需要先把它们剥离开来，直至显现出先进的科学内容。如列宁指出："科学思维的萌芽同宗教、神话之类的幻想有一种联系。而今天呢！同样，还是有那种联系，只是科学和神话间的比例却不同了。"(《列宁全集》38卷,275页)。

我们想起了阿基米德的名言："给我一个支点，我可以撬动地球"（图1–48）。它包含有两层含义：一要掌握自然规律，连最简单的棍子——杠杆都有它的力学规律，加大臂长必然能形成撬动地球的作用力；二要有生产工具，对付自然不能赤手空拳，需要"一个支点"来构成完整的工具。

张衡和托勒密完成了这个实践，他们在研究规律的同时还发明了先进工具，从而在大自然面前站立起来了。

图1–48　阿基米德："给我一个支点，我可以撬动地球"（伦敦《机械杂志》，1824）

第二章 张衡发明地动仪

10 地震皇帝的那些事

对比古代的科学仪器，诸如浑仪、葭莩津管、日晷、漏壶、相风铜鸟等等，地动仪实在是个顶天立地的庞然大物。若没圣上支持，肯定办不成。

封建社会里，朝廷对地动仪的研制有强烈的政治需要，它的问世不属于张衡的个人兴趣所为。幸好，当时的皇帝是汉顺帝，地震缠绕了他一生，他也是中国历史上独一无二的“地震皇帝”。

地震皇帝——刘保

东汉共12个皇帝，和地震打交道最多、也一直纠缠不清的，非汉顺帝刘保（115—144）莫属（图2-1）。

图2-1 汉顺帝刘保（115—144）

刘保11岁登基，在位19年，遇到的大小地震共12次。其中小地震7次（含3次余震），中强震5次，有震灾的3次。处置地震事件，他采取的对策要比所有皇帝的都全面，请看：

- 为地震改过2次年号（136年阳嘉

改永和，144 年汉安改建康)；

● 下过 6 次地震诏书（125 年、128 年、133 年、136 年，138 年，144 年）。其中有 3 次还是《地震罪己诏》，把 133 年、136 年和 138 年发生的地震都归罪于自己，诏布天下说什么“朕以不德，无以奉顺乾坤”“朕秉政不明”“内外怨旷，惟咎叹息”等，痛心疾首；

● 亲派过 3 次光禄大夫赶赴地震灾区，调查灾情，赈济百姓，宣畅恩泽；

● 2 次地震之后垂询地震对策。还有一次单独召见张衡，“引在帷幄”仔细商议对策；

● 在 4 次地震（133 年、134 年、136 年、138 年）之后，问责高官，罢免查撤 6 位，连最高职位的司徒、司空、太尉三公都无一幸免。甚至还把张衡逐出京师，贬谪到贫瘠的河间去任职；

● 对仅有的 1 次地震瘟疫（125 年），召集了众官商议处理办法，为此还任用了两位新官。

相形之下，顺帝遇到过的水旱风蝗灾共有过 9 次，灾情都限于当年和局部地区，比如 132 年“冀州水涝”尽管严重，但同时又在中原一带出现了“京师干旱”，损失的严重程度自然不能与地震同日而论。因此，顺帝对这些天灾的处理是以祈雨、减赋、禀贷（官方借给百姓粮食）等简单方式，而对地震的处理则非比寻常，办法也多，力度也大。比如：

● 继承了汉宣帝以来的一系列的祭天祀地的全套礼仪；

● 学习了邓太后调拨粮食、减免税赋、赈灾济民的大力度做法。对 4 次地震灾区（126 年、128 年、138 年、144 年），采取了“收敛被害、免收租赋、赈济贫人；赐死者钱，人二千；放粮鳏寡孤独，人五斛；贞妇帛，人三匹”等措施，都是前几个王朝没有做到的新政；

● 针对 121 年冀南－鲁西地震后余震不停的情况，兑现了先帝（汉安帝）生前“赐死者钱，人二千”的承诺，取信于民，稳定了社会；

● 128 年地震后，在人、财、物方面支持了张衡地动仪的研制；

● 鼎作为彪炳青史的国之重器，顺帝共铸过二鼎：一曰“鱼鼎”，132 年冀州大水后置于伊水（洛河支流之一，龙门石窟在其岸边），高四尺，三足。另一鼎，则是在地动仪 134 年成功测震之后特准铸造，上面镌有地动仪图形。

综上所述，汉顺帝确实是一位月明星稀的“地震皇帝”，如此殚精竭虑的对付地震，没有哪个皇帝能望其项背。暮气已深的东汉王朝，竟有徐徐新风不时吹起。

始于地震，终于地震

东汉初，以稳定政权、休养生息为本。自和帝之后，一直是年幼的娃娃皇帝上台，遂开始了外戚和宦官的第一次激烈较量，东汉政治步入下坡路。105 年和帝卒，襁褓中的殇帝仅 8 个月又亡故。107 年 12 岁的娃娃安帝刘祜（hù）匆匆即位，岌岌可危的朝纲只好继续由邓太后苦苦支撑，长达 16 年。

121 年 3 月邓太后病故，安帝开始了政治清算。三公被免掉，造纸术发明家蔡伦被逼而死（《后汉书 · 蔡伦传》），张衡也被调任公车司马令搞行政杂务……东汉王朝出现了第二次宦官与外戚的激烈斗争。张衡对朝政风云素不敏慧，此时竟给邓骘一信："蓬莱（指东观书院），太史之秘府，道家所贵。衡再得当之，窃为幸矣"（张衡《与特进书》），仍企盼重返太史令做文章。殊不知邓骘早已被列为诛翦对象，几个月后便被迫与儿子绝食身亡（《后汉书 · 邓骘传》）。新的权贵佞臣更加腐朽暴虐，汉廷由盛变衰。幸而安帝亲政短暂，于 125 年 3 月卒。

刘保的上台，地震帮了忙。他本在 120 年已经被立为皇太子，但被安帝于 124 年贬为济阴王，逐出京城。安帝死后的半年多，鸟无头国无主，腥风血雨的皇权斗争一直涌动在风雨飘摇的朝廷后院。就在这个节骨眼上，发生地震了。史载"延光四年十一月丁巳（125 年 12 月 15 日）京师及郡国十六地震"，后宫上下都在忙着躲地震，一片混乱。宦官孙诚等 19 人趁月黑风高之夜，当即发动政变，追杀了先皇佞臣。是夜，11 岁的刘保便黑灯瞎火地匆忙登基，宣布为顺帝。

此后，受压遭贬的旧臣遗少抬了头，邓太后的政令开始恢复，朝纲得以稳定。张衡正忙于 125 年地震瘟疫的行政杂事，恰遇编纂汉史《东观汉记》的刘珍等二人相继去世，他们生前曾推荐由张衡续史。鉴于地震、瘟疫和修史三件紧迫大事都涉及到太史令之职责，顺帝在 126 年下诏张衡重任史官。这虽然了却张衡的夙愿，但也会导致他 10 余年的官位和俸禄得不到晋升。当时，张衡表明了如下态度：

> 人生在勤，不索何获……
>
> 君子不患位之不尊，而患德之不崇；不耻禄之不夥，而耻智之不博。
>
> ——《应间》

高风亮节 34 个字，气宇轩昂。这对于根基不稳的汉顺帝来说，不啻及时雨。张衡赢得朝堂百官的赞誉，也清风扬帆重返了灵台。地动仪的研制能得到朝廷的全力支持，与这个背景有着直接的关系。

地动仪 132 年问世后，张衡一改前几年默默无闻的态度。在 132 年和 133 年这

■ 太后邓绥

历史上对太后邓绥（81 — 121）的评价一直很高，誉为“皇后之冠”（图2-2）。她汲取了前朝外戚有过被刘氏皇族追杀的教训，采取低调、开明和积极的态度，社会相对稳定，经济持续发展。每遇灾变，能亲颁诏令，遣员赈济灾荒，加强了对水旱蝗地震灾害的赈济、禀贷的力度。禁绝各类珍玩宝物、郡国进贡，使宫廷的奢靡之风得到遏制。责令把上林苑豢养的鹰犬全部卖掉，也不再征调蜀郡、广汉郡的金银装饰的九带佩刀。太后喜欢读书，曾请班固的妹妹班昭入宫作老师，教授经书、天文、算术。

图 2-2　东汉邓太后戒饬宗族图（清，焦秉贞《历朝贤后故事册》）

105 年蔡伦将他发明的第一批纸送上，备受她称赞，遂下令广为生产推广。109 年，她让哥哥邓骘招募了杨震和张衡等诸学者名流入朝，张衡才得以就任郎中（111 年）和太史令（115 年）。张衡的诸多天文和机械成果、许慎的《说文解字》、班昭对班固《汉书》的最后修订、史书《东观汉记》的编纂、《九章算术》的成书等等大部分文化成果，都出自邓太后执政这一时段。

两年间，连续上书《阳嘉二年京师地震对策》《论举孝廉疏》《请禁绝图谶疏》，议论朝纲，严词批判谶纬之说。地震，已然张衡谏言善政的一张王牌，言必提地震，语必讲对策。顺帝当然心知肚明：地震帮过他大忙，自然听得进去。

不过，顺帝刘保生性无主见。特别是经历过一番贬黜江湖之远、复居庙堂之高的人生坎坷，切肤之痛非比寻常。往事的刀光剑影，无不浮现在地震呼啸之中：

120—121年闹地震——邓太后亡故，朝廷换血；

123—124年闹地震——自己被废黜，谪居江湖；

125年12月再地震——安帝驾崩，黑夜政变。

于是，张衡的忠告不可小觑，董仲舒天人感应的警钟震耳欲聋。上天告诫一旦罔顾，江山必垮，社稷必丧。小皇帝对于地震的发生，实在是五味杂陈，亲不得恼不得。处处赔着小心，事事诚惶诚恐。常言道：不是冤家不聚头，地震偏偏缠着他！而且又总是闹在春节前后，搞得人仰马翻：

136年2月，京师地震，闹在大年三十；

138年2月，陇西地震，发生在二月初三；

143年9月一直到144年的春节，陇西地震竟然没有停止过，大大小小累计180多次……

就在歌台舞榭的盛宴还未散尽之时，愁眉锁眼的刘保已心猿意马无心眷顾了，只缘地震又重来！为136年、138年的地震，他已经两下罪己诏了。这次，144年的大年初三，只好黯然伤神地再次下诏："自去年九月已来，地百八十震。山谷坼裂，坏败城寺，杀害民庶，夷狄叛逆，内外怨旷，惟咎叹息……遣光禄大夫案行，宣畅恩泽，惠此下民，勿为烦扰。"这次地震造成了陇西、汉阳、张掖、北地、武威、武都等六个郡的严重损失。先祖所料"异不空设，必有所应"恍若晴天霹雳，吓得顺帝朝不虑夕，人命危浅。尽管这份诏书不同以往，是他登基以来最诚挚、最认真的一次。

忧心忡忡的顺帝恐大限将至，遂于4月份匆忙立下皇太子、大赦天下，满目凄然地安排了后事，病榻之前还把汉安的年号改成"建康"，祈福吉祥。8月份，撒手人寰。年仅30岁的刘保终于结束了萦绕一生的噩梦，摆脱了那个曾经让他登上宝座，却又让他始终读不懂、扔不掉的天下大事——地震。

11 灵台——世界最早的科学机构

无论怎么说，董仲舒都是一位聪明绝顶的学者、优秀的宣传家。他的文章既有孔子的哲理，又有孟子的想象；没有艰涩隐晦的辞藻，反而充满接地气的通俗，不同阶层的人群都容易理解和接受。天谴观的矛头指向了帝王，却又能让他们心悦诚服。他娓娓道来：

> 古之造文者，三画而连其中，谓之王。三画者，天、地与人也，而连其中一者，通其道也。取天、地与人之中以为贯而参通之，非王者孰能当是。
>
> ——《春秋繁露》卷十一

"王"字就意味着对"三划"追加一竖道，"通其道也"——沟通天地人，唯君王独有的特权。只有做到这点，才能通达神祖意志，统领天下。如此简明的解释，立刻把皇帝的积极性给调动起来了，乐此不疲地建造高台、设机构、观天象……东汉灵台就这样发展起来了。

东汉灵台

东汉灵台可能是世界上最早的科学机构。

公元46年河南南阳发生6½级地震，42个郡国有感，汉光武帝在震后遂下罪己昭、免田租、减死罪、赈济钱粮衣物等。随后，信奉图谶的光武帝得一奏章："自古受命而帝，治世之隆，必有封禅，以告成功"，便在去世前的一年（公元56年）慌忙东赴泰山封禅，大赦天下、改年号为中元、"初起明堂、灵台、辟雍及北郊兆域，宣布图谶于天下"（《后汉书 · 光武帝纪下》）。谶纬之学从此被奉为国教，强化了迷信观念，与此同时在京师修建灵台等建筑。

■ 灵台的历史

相传在夏代已有清台，商代称神台，周朝至春秋战国也均有灵台（又称渐台、云台、天台）。

最早的文献记载是周文王西伯昌在都城丰京（今陕西西安东北）建设的灵台。《三辅黄图 · 台榭》曰：“周文王灵台，在长安西北四十里……高二丈，周回百二十步。”《诗 · 大雅 · 灵台》还有“经始灵台，经之营之。庶民攻之，不日成之。”等，院内湖水环绕，山石嶙峋，豢养麋鹿鱼鳖，乃观赏游乐之处。春秋战国的卫侯也建过灵台，与周灵台的功能相近，只是无法确认为天文观测之用。西汉的史料并没有提及建设灵台之事，王莽奏书中提到过灵台，但究竟有无，一直存疑。汉末也建过高台，比如曹操（155—220）击败袁绍后，曾于210年在邺城（今河北邯郸临漳）修建过铜雀台，上有楼阁，置大铜雀一丈五尺高，故名。由《铜雀台赋》“从明后而嬉游兮，登层台以娱情”（曹植）“东风不与周郎便，铜雀春深锁二乔”（杜牧）可知，它与周灵台相近，亦属游乐之处。

真正作科研的观象台，还是汉光武帝公元56年在京师洛阳建设的东汉灵台。

古代有“天南地北，日东月西”的理念。故而南郊的明堂是祭天祀祖、颁布政令、接受朝觐的建筑；北郊的兆域是主祭地祇（即地神）的建筑；辟雍是行典礼、乡饮、大射的场所，它们与灵台一同在当年破土动工。灵台的台体为一方形夯土台，大约

图 2-3　东汉灵台的复原图（建于公元 56 年）

30 米见方，高约 20 米，最顶层是平台，没有任何房屋。灵台周围有两层平台，下层平台四周围绕回廊，上层四面每面有房屋五间。四边的廊房东南西北各司其责，内壁分别涂有青、红、白、皂色，对应青龙、朱雀、白虎和玄武。(图 2-3)。从此，灵台才第一次被东汉纳入国家礼制建筑，成为官方观象的科学机构。

灵台具有天文观测和辨别凶吉的双重责任。《易 · 系辞上》云“天垂象，见吉凶，圣人则之。”《易 · 象 · 贲》有“观乎天文，以察时变；观乎人文，以化成天下。”时变，指吉凶之兆。东汉经学家郑玄（127 — 200）解释得更清楚，曾对《诗经 · 大雅 · 灵台》作笺：“天子有灵台者，所以观祲象、察妖祥也。”祲，阴阳相侵。《晋书 · 天文志上》有：“灵台，观台也。主观云物，察符瑞，候灾变也”。这里讲的凶吉祸福，系指战争胜负、年岁丰歉、灾异兵变、王朝兴衰、帝王安危等大事，并非个人生辰的星座属相，而且愈当兵凶战危之时，灵台观天愈为急务。

不难理解，北京明清时代的天坛和地坛也属于这种礼制建筑，一个在城南祭天，一个在城北祀地，日月二坛分列城市东西两侧，都为天下太平、江山永固的祈福之用（图 2-4）。豢养麋鹿鱼鳖的风俗，也在紫禁城内保留下来。

图 2-4　北京古代观象台（明 1442）

公元 59 年灵台正式启用，并有首次记载：“宗祀光武皇帝于明堂，以配五帝。礼备法物，乐和八音 …… 事毕，升灵台，见史官，正仪度，望元气，吹时律，观物变。”(《后汉书》)。还有记载：“日将蚀，天子素服避正殿，内外严警。太史登灵台，伺候日变，便伐鼓于门”(《晋书 · 天文志中》)，以后还有“宗祀明堂，登灵台，大赦天下”(《后汉纪》)等，灵台显然是个忙不迭休的神圣境地。

图 2-5A　河南登封古观象台（元 1279）

灵台作为世界上最早的科研机构，科学和神学是纠结在一起的。古代的唯物观测和宗教崇拜混为一体，探索自然的努力和凶吉占卜糅合在一起，这是各国古观象台的共同特征（图 2-5）。灵台主持人——太史令，本身就是占星术家、科学家和朝廷命官的结合体，承担着观测自然、辨明凶吉的任务，对天地合一的灾异能实现神圣的知晓、明示甚至解脱。

从目前的材料看，谁是灵台的首任不得而知，但张衡肯定是任太史令时间最长的（前后共 14 年），他的大量科学成就也都在此期间完成。他既把地震视为“天人之应，速于影响”，又坚信“天道虽远，凶吉可见”，同时探索地面震动的特点和天然结构的反应特征。地动仪就是在这种纠结的思想理念下诞生的。

图 2-5B　墨西哥古观象台

图 2-5C　印度斋浦尔古观象台（1728）

■ 灵台的后期发展

东汉以后，灵台的发展更加稳定。名称扩展称“瞻星台、观星台、观象台”等，皇家还建有御用的“内灵台”，由宦官掌握，专供后宫祈祷之用，官吏的职衔上还要冠以“灵台”之名。比如唐 · 司天台，有灵台郎 2 人、五官灵台郎 5 人；宋 · 太史院，有灵台郎若干；元 · 观象台，有五官灵台郎 8 人；明清 · 钦天监，也有五官灵台郎 8 人。

灵台对于地震的记载内容也逐渐有了扩展，会涉及到一些地震前兆现象。比如北魏 474 年山西雁门郡地震时，记载了地声现象。唐 650 年地震前还发现了动物异常。清 1739 年发现地下水异常。对地震前的地光、气象、阵风、地热异常也都留有大量记载。

现代的地震台、气象台、天文台也会沿袭“观象台，测候台”的称谓，并不需要巨大的土台子，而且占卜算卦已变成监测预报。

灵台科学活动的特点

■ 天文为主的综合观测

灵台配置人员 42 人，职责很明确：“十四人候星，二人候日，三人候风，十二人候气，三人候晷景，七人候钟律，一人舍人”(《续汉书· 百官志二》，刘昭注)。候，监测的意思。即天文观测（侯星、侯日）任务要占 40%，气象观测（候风、侯气）约占 35%（图 2–6）。除这两个大项之外，还做计时监测（晷景即日晷仪，要做日影并配合刻漏的观测）、调理钟律，以及地动仪的监测。行政杂务只配备“舍人”一位。

图 2–6　左为日晷，右为相风铜鸟（山西浑源）

儒家典籍《周易·系辞下》有“古者包羲氏之王天下也，仰则观象于天，俯则观法于地，观鸟兽之文与地之宜，近取诸身，远取诸物，于是始作八卦，以通神明之德，以类万物之情”和“仰以观于天文，俯以察于地理”的论述，后来被简约为“观物取象”四个字。中国的传统理念“国之大事，在祀与戎”(《春秋左传·成公十三年》)，通天通神、攘外安内，系国家大事。因此，灵台必配有诸如鼎、钟、鼓之类的祭祀礼器，凡能进行监测的手段都会集中于此，解释分析上也有统一的思想。

■ 仪器模仿和缩微自然现象

浑仪的三重圆环，缩微了日月运行轨道；浑象圆球上的星星，标注着星宿的位置；候气的葭莩律管，模仿对干湿空气的反应和灰飞现象；日晷投影，完全是对表竿阴影的微缩；计时的漏壶，借用水滴掉落的等时特点（图 2–7）；地动仪的都柱在模仿悬挂物对地震的反应；候风用的相风铜鸟，类比着风吹时的旌旗飞舞……所有的这些设计思想，都来自于对常见的、稳定的、具有特征性现象的观察和启示，再根据仪器对现象的重演、复现来达到《周易》的“以象验天”之目的。这就是中国古代“法象为器，制器尚象”的制作原则。除却张衡做新仪器的研制，灵台并没有开展过实验类型的研究，属于实用性的科学体系。

图 2–7　古代的表竿和计时的漏壶装置（西汉中阳）

■ 官方性质

通天之事关乎政权的稳定与否，因此灵台的人员、机构、经费、仪器和任务都由朝廷直接管辖。负责人为太史令（亦称史官、太史），由学术造诣最好的学者担任，如西周·伯阳父、西汉·司马迁、东汉·张衡和蔡邕、北宋·沈括、元·郭守敬等，颇有科学院院长的味道，“掌天时、星历。凡岁将终，奏新年历。为国祭祀、丧娶之事，掌奏良日及时节禁忌。凡国有瑞应、灾异，掌记之。”（《续汉书·百官志二》）东汉太史令衙门所属的官员有明堂承、灵台承各一人，太史持诏和灵台持诏各几十人。观测结果只报告天子。民间的观象，或视为窥窃天机、觊觎王权，或斥为妖魔巫术、兴风作浪；技术发明，贬为“雕虫小技”。这是中国封建社会的一个特有现象。

从地动仪的研制来讲，正是有了灵台这样一个稳定的官方机构和经费支持，张衡才有条件潜心钻研。仅从青铜材料的投入量上看：由灵台地基推算出的地动仪总重量大约为数吨。若以东汉五铢钱（直径2.5厘米，标准重3.5克）来估算，仅仅青铜耗材这一项就至少要用掉100万余枚五铢钱，而公元121年、128年地震的赈济款也不过“赐死者钱，人二千”。显然，朝廷出于政治需要对研制工作给予了极大支持，“中央集权的社会秩序体制，对早期实用科学的发展提供了有利条件”（英·李约瑟《中国科学技术史》）。

九州与天文分野

现代人很费解：仅凭京师灵台一个点的星象怎么能判断出哪个州的兵变灾祸？只用一台地动仪怎么能知道地震在哪？ 这种困惑主要是没有理解古人“定位”的含义，套用了现代观念。其实，明白了“九州和天文分野”的基本概念后，问题不难解决。

■ 九州来历

远古，几个文明古国都认为自己是地之中心。只不过中国有个标准：八尺表竿“日至之影，尺有五寸”（《周礼·地官大司徒》），即8尺高的表竿（图2–7）在夏至时影子长度为1.5尺的地方才为大地中心，它在北纬34度附近的中原一带。由此，引出了“九州”的称谓。

战国时的魏国人撰著《尚书·禹贡》篇1193字，记载了大禹治水后曾把洪水横流、阡陌破败的家园重新规划，中原的豫州为“地之中心”，天下分冀、兖、青、徐、扬、荆、豫、梁、雍共九州。九州的田地又按着肥沃程度，分上中下三等，每等再分上中下（如中下、中上等等），共九级。于是，古诗词就用“九州”一词代表华夏；

围绕豫州的八个州就代表着全方位、全空间。后世常用“八方支援、八方诸侯、八面玲珑、八面威风”来表示“所有方面”，切忌用初中几何的 ±45° 、±90° 作解。

当然，豫州有着与各州直接交往的边界和通道，便于中央集权，这样的行政区划也是世界仅有的（图 2-8）。

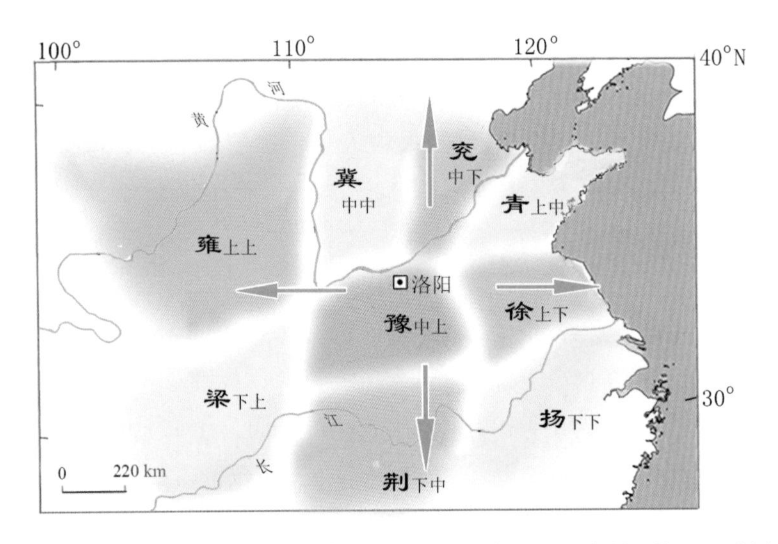

图 2-8　中国最古老的《禹贡》九州示意地图。豫州为中心，八个州围绕，田地划分九等

■ 天文分野

地上有了九州，天空也要做同样划分：天之中心在璇玑（北极星四周），二十八星宿也划分为 8 个区位（间隔不完全相等）。于是，天地合一了：“天则有列宿，地则有州域”（《史记·天宫书》），列宿配州域即“天文分野”。

春秋战国的占星术——“以星土辨九州之地，以观天下之妖祥”（《周礼·春官·宗伯》），就是根据某区位的星宿出现变异，便可占卜所配州郡的吉凶祸福。

苏州石刻天文图（南宋，1247 年）是世界上现存的最古老星图（图 2-9）。星宿的区划已从 8 个细化成 12 个。但天文图的编制仍然要以北宋开封府（即北纬 35 度）为准，共刻有 1434 颗星。在 12 个扇形区的最外圈便刻有对应的古老州域名称，即扬、荆、益、徐、冀、幽、兖、豫、雍、青州等，各州的相对方位也未变，严格恪守祖先的律历典籍。

太史令本就是一个神权政治的官职，张衡对天文分野有过具体解释：“在天成象，在地成形；天有九位，地有九域；天有三辰，地有三形。有象可考，有形可度”（《灵宪》）。今天仍可以看到的汉代栻盘就是一种分野的设计（图 2-10），地盘上标出了天干地支、8 个分区和州域的位置，可旋转的天盘上也标注十二地支、时辰，于是就可以对任何时刻的观象异常确定出星宿区位，从而占卜出州域的凶吉。比如公元 125 年发生了日食，“朔日有蚀之，在胃十二度”(《后汉书· 五行志六》)，“胃”是一个星宿的名称，相应的地域是雍州秦地和冀州晋地一带。张衡遂

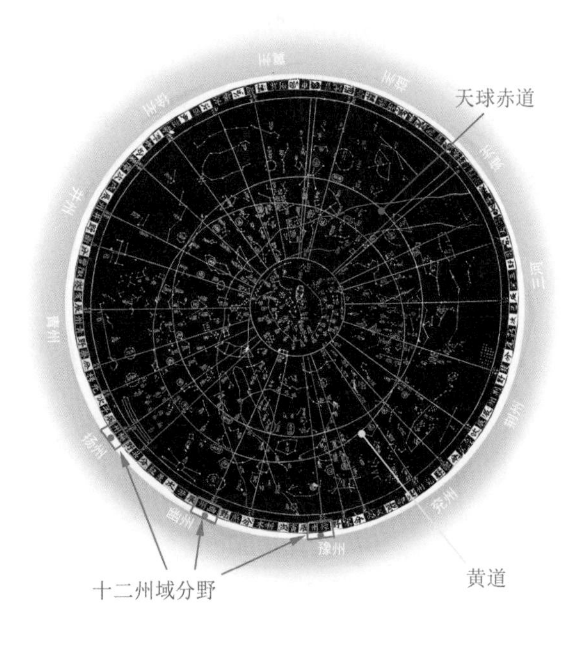

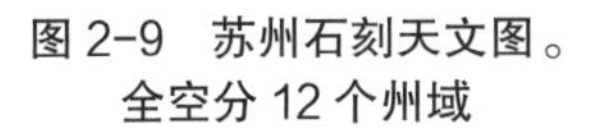
图 2-9 苏州石刻天文图。全空分 12 个州域

按着分野观点占卜了灾异在河套地区的朔方郡，提出“可敕北边，须塞郡县，明烽火，远斥候，深藏固闭，无令谷畜外露”(《日食上表》)。

在灵台的观象中，天文图、浑天仪的地平环和地动仪的方位划分是严格对应的，都分成 8 个扇形区位。只不过浑天仪还要进一步把八天干、十二地支精化成 24 个地平方位罢了。对灾异位置的推测，古人一直遵从天文分野观点。所以古文的“寻其方面”，不是指初中几何的 360 度

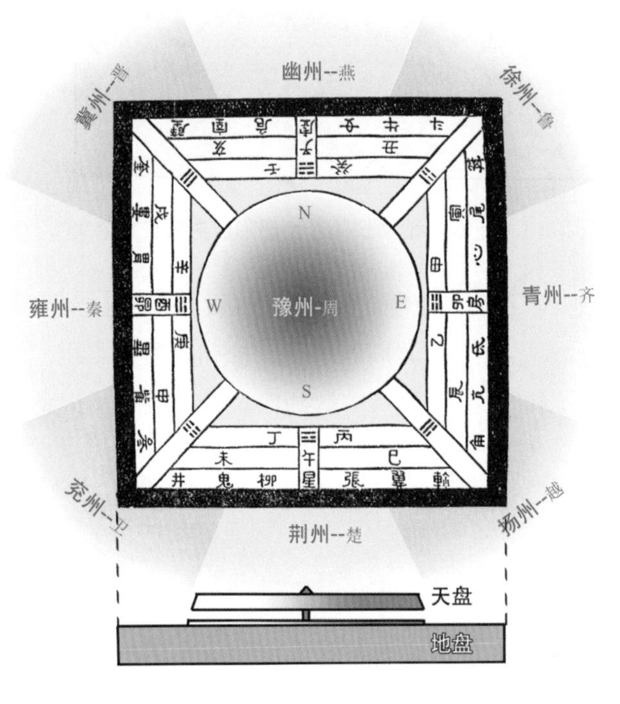

图 2-10 春秋战国的分野，外圈二十八宿、内圈八天干、十二地支，外区配州－地（根据《吕氏春秋》）

的“方向”，而系 8 个均为 45 度的扇形区位；“震之所在”乃指与该扇形区位相对应的地理州域（图 2-11）。这就不难理解，仅在灵台一个点进行的候气、候风、候日、候星、地震等观测，为何一旦发现某一扇形区位里的异常，就能由中央推测全国各州域的凶祸灾变，这可能是广义上的“寻其方面，乃知灾之所在”的原始本义。

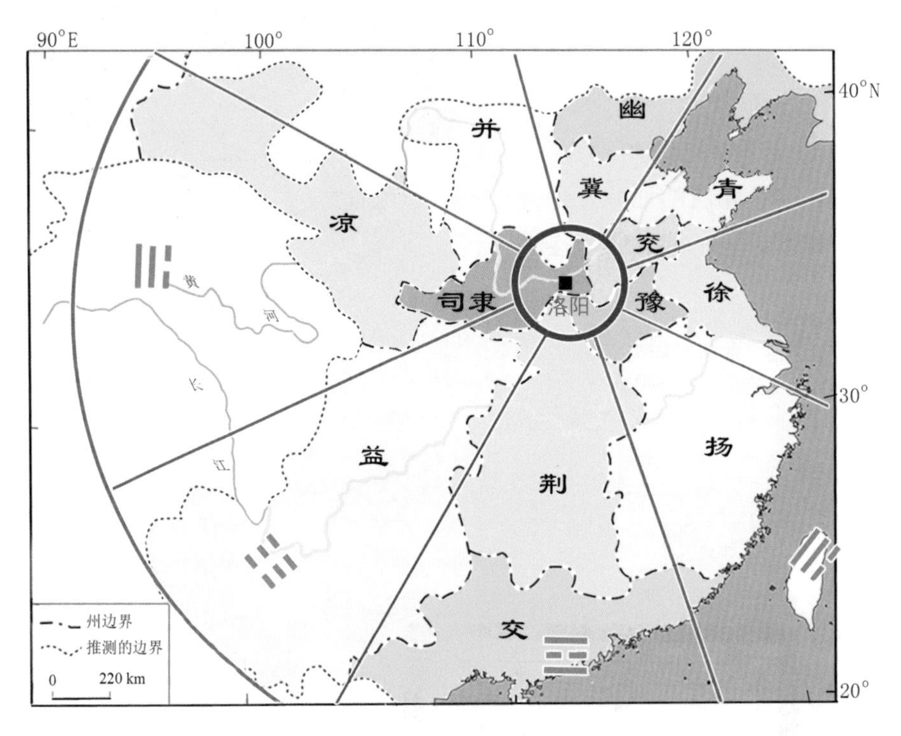

图 2-11　东汉的分野。司隶校尉部为中心，地动仪的 8 个扇形区对应着 8 个州域

还应看到，汉代对地震的认知水平尚处朦胧阶段。震灾的位置一般是用行政上的州域、或者有感郡国的总数来表述的，如“荆州地震、凉州地震、郡国三十八地震……”等，都属于地域的概念，区分不出震源区和波及区的差异。因此，在解读古文时，不要把它们和现代意义上的震中概念相混。

12 张衡和地动仪

张衡是圣人，也是凡人。学术成就举世瞩目，但个人情况和发明过程却几乎是历史上的空白，托勒密和孔子也是这种情况。酒后的李白可就直言不讳了：

> 将进酒，杯莫停。会须一饮三百杯，但愿长醉不复醒。古来圣贤皆寂寞，惟有饮者留其名。
>
> ——《将进酒》

其实，圣贤也只是酒席宴上觥筹交错的寂寞者，创新道路上绝非长醉不复醒之人，不会违背“实践出真知”的规律。

当后人把史料结合到社会实践之后，他们科学思想的物质基础就比较清晰，张衡会从圣坛上走下来，是位有灵魂的顶天立地之人。

张
衡
张衡（78—139），
我国东汉时期伟大的天文学
家，公元132年发明地动仪

图2-12　张衡铜版画
（王培波，2009）

张衡的身世和学术成就

张衡（78—139），字平子，生于南阳西鄂，今河南南阳石桥镇。

曾祖父是西汉王莽时代（公元前45—公元23）的大地主。

祖父张堪对东汉的建立有过战功，历任蜀郡和渔阳（今北京附近）太守。曾率兵击破匈奴万名骑兵攻打渔阳，又助民开稻田八千余顷。百姓歌曰：“桑无附枝，麦穗两歧，张君为政，乐不可支。”张堪为官清廉，解职时乘坐的只是一辆断辕的破车，外加几件布被包袱。死后，妻儿的生活竟然一直贫寒（《后汉书·张堪传》）。

张衡的童年并没有享受过祖辈的荣华富贵，父亲也是个家贫为学的读书人，曾经接受过朱晖的多次接济。张衡清廉正派，去世时家境依然清贫。后事都是靠朋友崔瑗处理的。张衡的子女，史上无名。目前仅知西晋的张辅（？—305）是张衡的一位后代。张辅曾任过秦州刺史，年轻时颇有才干，著文评史，并有惩治豪强、肃清朝风的事迹（《晋书·列传第六十》）。

青年的张衡，自学过西汉杨雄（前53—18）《太玄经》等天文历法。以后就结识了一批著名学者和优秀青年，如大学问家贾逵（30—101），晚年成为经学大师的马融（79—166），日后写出《潜夫论》的王符（约85—约163），还有同龄的挚友、写《草书势》的儒学名宿崔瑗（78—142）等多位重要学者，其中的文学家崔瑗和史学家刘珍（？—126）对他影响最大。邓太后当政时的111年，张衡应诏入朝廷任郎中，115年升任太史令，121年安帝亲政时改任公车司马令，126年顺帝上台遂复任史官，136年被调出京城任河间相。张衡的成就完全靠自学、勤奋和实践所取得。

■“守信笃义”的故事

中小学的作文阅读里，有篇著名的“守信笃义”的故事，取自《后汉书卷四十三·朱晖传》。

张衡小的时候，家境困难。一位叫朱晖(约5—89)的人，为人正直忠厚，伸手相助。

张衡的祖父张堪，生前地位很高。曾对尚在太学读书的一位后生朱晖十分赏识和器重，经常给予帮助和鼓励。张堪病重的时候，曾拉住朱晖的手对他交待：“我的病可能不会好了，我死后就将我的妻儿老小托付给你啦。”朱晖觉得，张堪这样的名流怎能对我等无名小辈如此信任呢，未敢回应，随后二人多年未见。

张堪去世后，当朱晖得知张衡父母一家十分贫困，便千方百计地找到了他们，关照其生活，经常接济钱财衣物。自己儿子责怪他，朱晖解释道：“张堪大人对我有过知遇之恩，知己之言，我必须讲信用。”

“守信笃义”由此而来。后人还把“情同朱张”视为朋友间重情义、讲信用的代称，作为《三字经》中“曰仁义，礼智信”的典型材料教育儿童。

张衡的学术成繁花似锦，仅流传于今的科学、哲学、文学著作就有53篇。文学造诣亦很突出，写出如《二京赋》《南都赋》《应间赋》《思玄赋》《四愁诗》等名篇。在机械方面，制作过指南车、记里鼓车、独飞木雕、土圭等。上述方面的介绍材料很多，此不详述。

■ 张衡的天文学成就

117 年制漏水转浑天仪。

118 年作《灵宪》，探究了天地起源和演化问题。认为宇宙是无限的，“宇之表无极，宙之端无穷”，统计出了目视星宿约 2500 颗，与现代六等以上的亮星 2500 ~ 3000 数目接近。

119 年作《算罔论》，发展了比较完备的浑天说，坚持“天以阳回，地以阴浮，是故致其动”“天成于外，地定于内”，认为天体附着在周日旋转的天球上，会转入地下或地的背面，极轴与地斜交，地处在天球的中心。否定了传统的“天圆地方”观，也批驳了盖天学说——天体只在地面以上围绕一个中心旋转的观念。

对于日食，西汉 · 刘向（约前 77—前 6）已作过解释：“日蚀者，月往蔽之”（《开元占经》卷九所引）。东汉 · 王充的《论衡 · 说日篇》亦有“日食者月掩之也。日在上，月在下，障于日之形也”。张衡首先解释了月食：“月光生于日之所照，当日之冲，光常不合者，蔽于地也，是谓暗虚。在星则星微，遇月则月食”。他测出日月的角直径是周天的 1/736（即 29'24"），接近其平均值。

对行星视运动的快慢，发现“近天则迟，远天则速”的特点，用距离地球远近的不同来解释。

复原出失传的耿寿昌的浑象，进一步把浑象和计时漏壶联系起来，使其均匀旋转。《晋书 · 天文志》载：“张衡又制浑象，具内外规、南北极、黄赤道、列二十四气、二十八宿中外星官及日月五纬，以漏水转之于殿上室内，星中出没，与天相应。因其关捩，又转瑞轮蓂荚于阶下，随月虚盈，依历开落”。

地动仪的发明

张衡对地震的关注大约是从 119 年开始的。

119 年 3 月 10 日张衡的老家——南阳地区发生 6½ 级地震（图 2-13），洛阳南约 200 ~ 300 千米远。史载“京都、郡国四十二地震，或地坼裂，涌水，坏败城郭、民室屋，压杀人。”中原地区的地震，影响极大，有感郡国的数量接近全国一半。据《后汉书 · 五行志》和《后汉书 · 翟酺传》所记，余震也比较多，从 120 年至 121 年一直有震情，诸如“灾遣频数，地坼天崩，高岸为谷”等记载，还出现了日食，

不过朝廷并没有采取任何应对措施。从情理上讲，家乡故土的深重震灾，不会不强烈冲击张衡的心灵。

121 年 10 月 10 日又遇冀南－鲁西地震，6½ 级左右，洛阳东约 300 千米。届时张衡刚转任公车司马令，与全国邮传系统联系密切，负责汇总各地呈文、接待上书贤士，从此与地震结下不解之缘。一方面，京师洛阳有感，烈度约Ⅲ度，人无震感而悬挂物已摇晃摆动，并没有破坏亦无中等强度的震害。而他得到的呈文“郡国三十五地震”，却表示全国有 1/3 的郡国发生了地震！另一方面，这次强震的余震活动持续时间长，至少延续到 128 年。因此，张衡会多次感受到地震，并且有机会多次看到那些能够重复的、十分敏感的现象，比如地震时分地面的摇晃，悬挂物的摆动等。此时的宫城和民居，均没有遭到破坏。

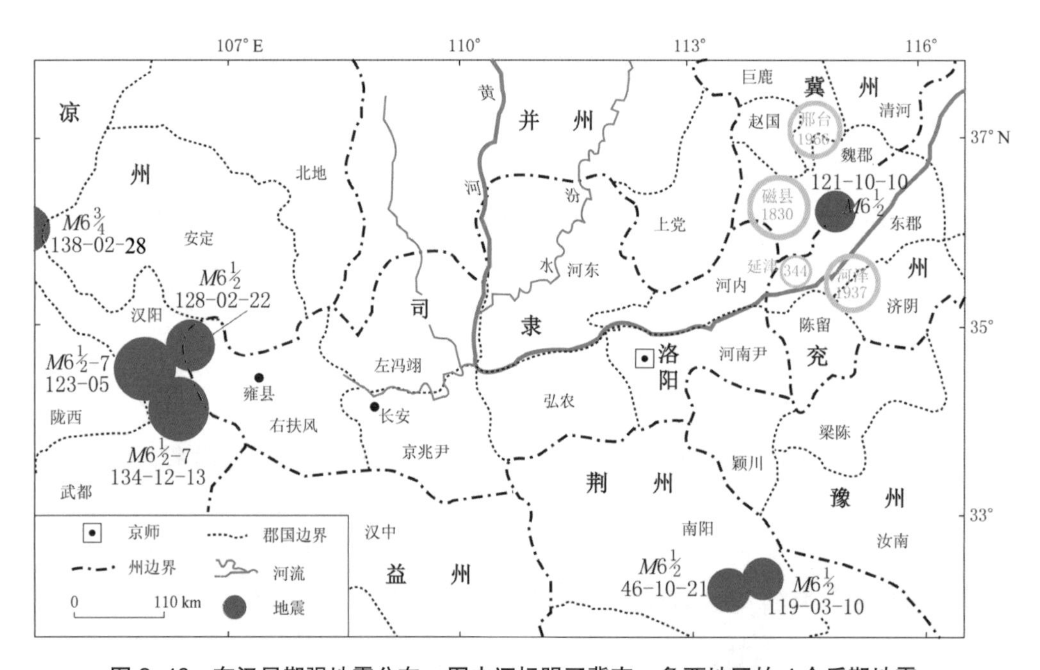

图 2-13　东汉早期强地震分布，图中还标明了冀南－鲁西地区的 4 个后期地震

123 年 5 月凉州汉阳又发生强震，这次地震发生在洛阳西约 600 千米。

124 年 3 月，安帝率领众官到泰山地区狩猎，张衡全程跟随。他曾作《东巡诰》：“率群宾，备法驾，以祖于东门……观礼于鲁，而休齐”。即皇帝率众高官，备好车轿，祭祀路神，从洛阳东门出发，沿着东方道向东行，先到了鲁国（泰山之阳的）曲阜观礼仪、斋戒沐浴、祭拜孔子，泰山封禅。然后达到齐国（泰山之阴的）营丘（今临淄附近）。一行人的路途必然经过鲁西，那里恰恰是 121 年 10 月 10 日强震的余震活动区域。从记载的东巡时间和地点上看，他们会亲历当地124年的余震，也会见到一些震后现象。即便东巡结束，回驾经过洛河、伊水之间的田野继续巡狩之后，鲁西和汉阳地区的余震仍然没有停止，延续到125年的冬天还在继续活动。

■ 地震类型

地震，基本上可分成三类：孤立型、震群型、主震型。

前两种类型的地震，无论偶发一次的还是似阴雨绵绵的断续性地震，强度都不大。

主震型是我国地震的主要类型。绝大多数没有前震（比如唐山和汶川地震），余震呈衰减态势。有些地方的余震活动期很长，系由构造应力集中、断裂发育所致，比如冀南－鲁西一带就属这种地区。

东汉121年10月10日的地震之后，余震不断。据史料记载，仅122年就在5月22日至6月20日、8月19日、10月23日发生地震，一直持续到124年至125年12月15日，甚至128年前后的地震事件都可能属于它的余震系列。该区以后发生的地震，比如延津344年地震、菏泽1937年地震、磁县1830年地震、邢台1966年地震（图2–13），无不具有余震持续期很长的特点。邢台地震的余震活动，一直延续30余年之久。

频繁的地震，导致洛阳爆发了地震瘟疫。《后汉书·顺帝纪》有载："十一月丁巳，京都及郡国十六地震。十二月京师大疫。"时任公车司马令的张衡负责了地震瘟疫的处理，并有上疏："月令仲冬，地气上泄，是为发天地之房，诸蛰则死，民必疾疫"（《大疫上疏》），曾邀顺帝亲顾。古代对地震瘟疫的处理，一向十分困难和危险，西汉景帝公元前143年5月就发生过一次，"丙戌，地大动，铃铃然，民大疫死，棺贵，至秋止"（《汉书·天文志》）。可以想象，张衡在125年和126年间也会投入很大的精力。

综上所述，张衡在126年重任史官之前的八年间，一直在与地震打交道，积累了实践经验。

对于地震，他既在情感上感同身受于家乡父老，又在职务上汇总过各地的地震呈文，还在京师亲身体会过地震，见过各种天然物对地震反应情况。史料表明，地震是发生在京师不同方向的，地域都非同小可：东为万世师表孔子之地，西乃人文始祖伏羲之源，南是自己的故土家乡。他124年途经了鲁西地震的灾区，亲历过当地余震。既遇到过日食地震这类伴随的现象，也亲自处理过地震瘟疫的事宜……

当然，他也目睹了汉安帝诛翦外戚的残酷政治，无视地震灾民的奢靡生活。这些实践，理所当然地会成为他科学思想的物质材料、研制地动仪的动力。

真正改变张衡人生轨迹的，是 128 年 2 月 22 日凉州汉阳（即天水地区）6½ 级地震。当时顺帝已稳定了政局，张衡重回灵台也有两年。

这次陇西地震的灾情相当严重，京师有较强震感。顺帝曾在震后迅速下诏："京都地動，漢陽尤甚，加以比年饑饉，夙夜怟懍。群公卿士，其深思古典，有以消災復異，救此下民，忠信嘉謀，靡有所諱"（《后汉纪》）。随后，派光禄大夫西行，先处理了汉阳灾情；又 180 度转向东行，赴魏郡、东郡一带，那是 121 年冀南－鲁西地震的老震区，仍有余震活动。两年后，张衡对顺帝的提问作了回应，首次阐述自己的地震观点：

> 前年京师地震土裂……阴阳未和，灾眚屡见。神明幽远，冥鉴在兹……天道虽远，凶吉可见。
>
> ——《上陈事疏》

谓 128 年的地震是阴阳矛盾所致，属常见之灾害；神灵潜藏远处，仍在暗中盯着人们；天地规律虽深奥不可测，但搞清地震的吉凶祸福还是有办法的。根据此文，估计研制地动仪的时间是在 128 年汉阳地震后不久。

132 年 8 月，地动仪诞生。短短的 4 年，他完成了试验、设计、制模、铸造、安装和调试等大量工作，即便在今天条件下也是极度紧张、异常繁忙的。审视张衡第二任太史令的整整七年，他既无诗赋华章，又无奏章上表，与第一任期间的情况相比，判若二人。这 4 年间，他仅办了地动仪这一件大事，可谓呕心沥血不遗余力。这样巨大的成功当引起朝廷上下一片欢喜，遂载入正史："来观之者，莫不服其奇。……自古所来，书典所记，未常有也"（《续汉书》）。

133 年，张衡荣升侍中，位同三公。"帝引在帷幄，讽议左右……赞导众事，顾问应对"（《后汉书》卷三六），中国几千年历史上唯一的能在皇帝左右随时发表政论的科学家。

134 年，地动仪成功测到陇西地震（图 2-14）。顺帝特准为其铸鼎，彪炳青史，昭示万嗣。社会影响之大，竟与汉武帝封禅铸鼎、王莽建国铸鼎、汉光武帝登基铸鼎等国之大事而相媲美，四百年汉朝惟一享此殊荣的发明。

图 2-14　张衡地动仪成功测到陇西地震
（吴冠英，2015）

13 一件仪器两种反应

测个地震就给铸鼎？有人在网上感叹：

如果妈妈在二千年前生我，也可以发明地动仪啊。桌上放个乒乓球、地上立个啤酒瓶，地震一来不照样有反应吗？

看来，我们的朋友全然不理解其中的难点，不明白地动仪在科学史上的重要价值。说得深一点儿：关键是不了解地面运动的特点，所以不知道地动仪要测什么、不测什么。

现在，我们来分析一下地动仪的科学道理，把问题说清楚。

一个难题，两类仪器

我们脚下的大地从来就不平静。除地震外，能引起地面振动的因素非常多，同样会造成人员的震感。比如山体滑坡、地坼地陷，都不是地震。但山石滚落、地面塌陷之时，地面仍然会有强烈的振动。害怕吗？害怕；是地震吗？不是。

更常见的非地震的振动还有很多，诸如人员活动、车马行走、河水流淌、雷电雨雹、风吹树摇、盖房挖渠、打夯筑路等都会无时无刻地引起振动。现代社会的非地震干扰源更多：汽车火车、开山爆炸、工程作业、体育比赛、鞭炮锣鼓、大妈跳舞……所有的这一切的地面振动，都是控制不了也屏蔽不掉的。无论白天黑夜、东西南北，即便关闭门窗、密封仪器，哪怕你蹑手蹑脚、屏住呼吸。它们都在振动，但都不是地震！

一个难题来了——怎么观测地震？

如果设计一个装置，不管它是不是地震，凡有振动都能反应，那当然非常好办！比如：

- 把一根细棍竖立在地上；
- 圆球放在尖顶上，或靠在桌面边上；
- 四个鸡蛋摞在一堆；
- 空啤酒瓶倒立起来（图 2-15）；
- 筷子架在碗边上；
- 在墙皮裂缝上订个小纸条等。

图 2-15　倒立的啤酒瓶子不能用于测震

亲爱的朋友，借问一句：有用吗？实践告诉我们：什么用处都没有，除了混乱！

原因很简单，不是它们的灵敏度不高，也不在于制作的简陋粗糙，而是基本思路不对。致命的弱点在于：所有这些装置都不具有自动区分地震还是非地震的本领。故而被统称作“报警器”。

我们所需要的，是另一种特殊的仪器：它不怕干扰，凡属非地震引起的地面振动，不论它多么强烈，一律没有反应，只对地震有反应，即“不是地震它不动，只有地震它才动”的装置。学术界有个专有名词“验震器”——检验发生了地震的仪器。

■ 报警器（Alarm）

是一种极其简单的装置，一般按照不稳定平衡原理构置。只要有振动，不论其原因是什么，均有反应。汽车报警器是个类似的典型，购置的原本目的在于防窃，实际上对打雷、鞭炮、狗叫它都会“报警”。因此，不具有检测特定信号的功能。

中世纪以后，国际上设计过太多的报警装置，它们要么只反应干扰不能测震，要么无论是否地震一律报告。于是，都昙花一现，过眼烟云，全被淘汰掉。

■ 验震器（Seismoscope）

具有特定功能的装置。对于非地震引起的地面振动，比如山体滑坡、雷电雨雹、广场跳舞，它是没有反应的；一旦发生地震，哪怕震感很微弱，它就立刻出现反应。张衡地动仪就属于验震器，它的出现是世界科学史的创举，现代地震仪是按照这个思路发展起来的。

张衡发明的伟大之处，是在这里。

世界上的这类发明并不多，欧洲在 18 世纪以后才出现。诸如 1703 年 Feuille，1751 年 Bina，1837 年 Cavalli，1848 年 Caccitore，1852 年 Mallet 和 1880 年 Gray 也都制成过这类仪器。

地震和非地震的区别

非地震的典型代表、能引起最严重的地面振动者，不外乎“山崩地裂”。古代统称地裂或土裂。

史料表明，地动仪问世之前，张衡已经有了一个重要的朴素概念——地震和地裂必须明确地区分开。他是同时代唯一认识到这点的人，并在文章中独特地使用了“震裂”一词：

- 京师地震土裂。裂者，威分；震者，民忧也　　（《上陈事疏》，130 年）
- 自改试以来，累有妖星震裂之　　（《举孝廉疏》，132 年）
- 妖星见于上，震裂着于下　　（《阳嘉二年京师地震对策》，133 年）

其中“裂者，威分；震者，民忧也”的占卜含义是：地裂，昭示皇威削弱、大臣异心；地震，预兆百姓骚乱、四处逃难。这个独特的观点被视为警世名言，同《易经》里的其他占卜经典一起收入唐·《开元占经》和北宋·《灵台秘苑》中，流传千年。

东汉的京师洛阳，北依邙山、南临洛河，山体滑坡与河岸垮塌经常发生，史料大量记成“山崩、地坼、地陷、土裂”，属于独立的地质现象，并无地震。如果是地震造成了土裂，史料会在描述地震时补加次生现象。比如公元前 780 年地震，“泾洛渭三川皆震，三川竭、岐山崩”；121 年的地震，“郡国三十五地震，或地坼裂，坏城郭，压杀人”；144 年地震，“京师及太原雁门地震，三郡水涌土裂”等。张衡之后，“地震”与“地裂”便一直是作为两种独立的地学现象并列记载于史书，决不混用。

问题摆到了桌面上：

地震和地裂都能引起地面的振动，二者振动上的差异是什么？

其实，地震以水平运动为主的特殊性，早为古人普遍认识到。史书也一直用“地摇京师”“地动摇尊”“地动山摇”“旋又地坼”“如波浪愤沸，四面溃散”等词汇来描述地震现象，但凡涉及地裂现象时，决无这样的文字。清·蒲松龄亲历过 1668 年 7 月 25 日山东郯城 8.5 级大震，在《聊斋志异·地震》里也对地震的水平运动有过生动的描述。

汉顺帝企盼解决的是“地震对策”，投入的经费是“监测地震”的仪器。绝不会本末倒置，监测那些看得见、摸得着、影响小的“地裂”现象。按照大汉帝国的权威观念：皇威的削弱（地裂），可以用察撤官员、诛灭反叛来解决；而百姓的骚乱逃难、流离失所（地震），则是动摇社稷、无法控制的。

地震和地裂的振动差异

地裂、地陷的地面振动，都会出现以垂直方向为主的颤抖、颠动，影响范围小，比如山体滑坡垮塌（图 2–16）、地表坍塌陷落（图 2–17）。

图 2–16　地裂 —— 山体垂向滑塌

图 2–17　地裂 —— 地面垂向陷落

地震的地面振动，均出现以水平方向为主的摇晃、摆动，强度极大。道路会发生严重的水平扭曲和位错变性（图 2–18），而地面几乎毫无上下变化、平整如故（图 2–19）。

图 2–18　地震 —— 铁路水平扭曲

图 2–19　地震 —— 公路水平错位

总之，二者差异的要害在于振动的方向，不是振动的强弱。这是地震与所有非地震运动的关键性区别，源于产生波动的力学机制不同。

不是地震它不动

有人提出反诘：张衡区分地震和非地震的科学思想固然可贵，问题在于：这是否指导了他的设计？或者说，这究竟是后代的人为拔高、描眉贴金呢，还是史料的原始本意？

这个质疑，提得有质量，我们也需要从逆向思维来讨论之。

检查地动仪是否“不是地震它不动”，可以从古文含义、灵台条件、史实检验三方面做审核。

■ 古文含义

根据《续汉书》《后汉纪》《后汉书》的记载：

> 如有地动，地动摇尊，尊则振，施关发机……寻其方面，乃知震之所在。

显然，这段文字记述了仪器“对地震的反应”。已经厘清了“如有地动”的前提，限定了“地动摇尊”的水平运动特征，说明了“施关发机”的牵连性机械动作，强调了能判断“震之所在”（而不是“地裂”）的结果。

对常态的，即非地震运动情况（地裂、山崩、地面颤抖等），古文没有写地动仪的表现。

众所周知，在史书全凭人工抄写的二千年前，文字惜墨如金，对现象的记述是有规矩的。只写“有运动有变化”的正面情况，一旦厘清讲透，则对于反面情况——无地震、无反应的状态，就不会再费墨赘述，画蛇添足。“不写则不动、未讲则未变”是为原则，不言自明。

上述古文的反面即为“如无地动，地不摇尊，尊则不振，关不被触，机不发动……”即，地动仪无反应。否则，地动仪的牵连性动作便会与“如有地动”的前提、与“地动摇尊”的水平运动特征、与“寻其方面，乃知震之所在”等一系列描述全部矛盾。对这一点，几百年间还没有人桀骜自恃的提出过异议，即便日、英、美、荷学者的论文也都没有出现过误读。

结论：一段古文两层含义，一件仪器两种反应，是一条不能逾越的底线。古人可以不言而喻，后人不可弃之不顾，必须用十分明确的解读来全面理解史料。

■ 灵台条件

根据现场的地震地质考察，灵台的测震条件、地质地理环境相当不好（图2–20）。

灵台的台基建在洛河南侧的河漫滩上，没有基岩露头，天然噪声的干扰背景值相当高；洛河河水的流动，人员过桥引起的干扰都很强烈；毗邻的明堂、辟雍多有朝觐和祭祀活动；太学也不过1千米远，公元126年太学重修扩建了一年多，2400栋房屋、1850间房子、3万多人，要比今日清华北大的校园还嘈杂……

这些人为干扰的强度都已经远大于中等地震的纵波信号了。地动仪必须具有极强的抗干扰性能，否则不可能测到陇西地震。

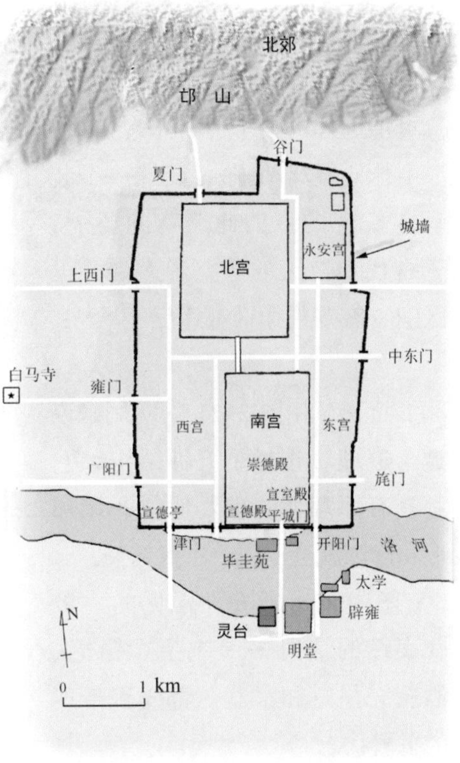

图2–20　东汉京师和灵台的地理环境

■ 史实检验

132年8月地动仪安装后，洛阳“屡有山崩、火灾、地陷之异”的干扰事件，非地震所为；

133年7月22日，“洛阳宣德亭地坼，八十五丈，近地郊”(《后汉记》卷十八,《后汉书》志十六)，近300米长的大塌方，发生在距离灵台不到2千米处；

167年6月，“洛阳高平永寿亭地裂”；

169年6月，“河东地裂十二处，裂合长十里百七十步，广者三十余步，深不见底”(《后汉书》五行志四)，造成最为严重的干扰振动。

对所有这些非地震性质的强干扰，灵台人员肯定会有感，洛河的震荡也必然发生。但是史书上从来没有出现过哪怕一次的地动仪误触发的记录。

相比之下，134年12月13日的陇西地震时候，洛阳“人不觉动，京师学者，咸怪其无征”，地动仪却吐出了铜丸。

上述分析说明：地动仪确为人类第一台“一件仪器有两种反应”的伟大发明——不是地震它不动，只有地震它才动，即验震器。

悬挂物测震

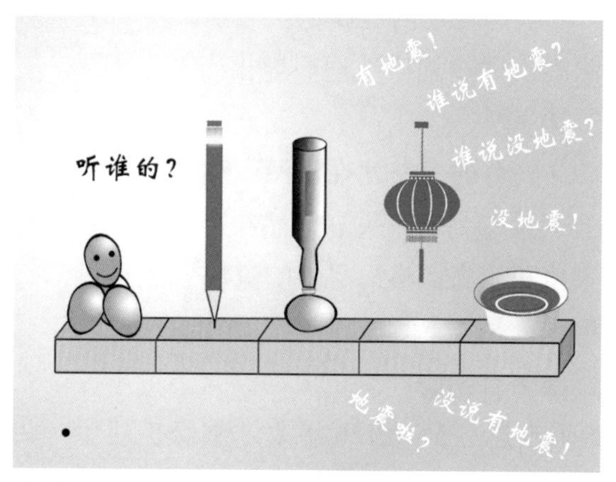

要做到“不是地震它不动，只有地震它才动”，绝非易事。

可供选择的技术道路非常狭窄、极其有限，远不是随意设计一个装置就能实现的。如此严苛的要求，对于古代和今天的研究者来说并没有区别，客观规律谁都违反不了。

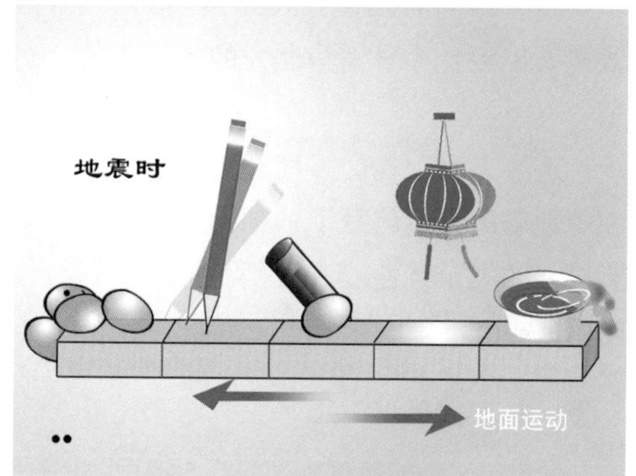

下面，就用图 2–21 的实例来说明这个道理。选择了五种结构，它们都具有原理性的重要地位，稍加变形和修饰就会变成一个仪器。

• 图中列出了五种常见的、极具代表性的结构——鸡蛋、铅笔、啤酒瓶、吊灯和水盆。都先置于理想的平衡状态。

•• 地震时候，地面以水平运动为主。所有的结构都会出现反应，差异仅仅是灵敏程度不同而已。既然它们都能对地震出现反应，就不存在本质上的区别。

∴ 非地震时候，地面以垂直运动为主。比如发生地裂、坍塌、滑坡等等的干扰，地面在不停的颠簸。

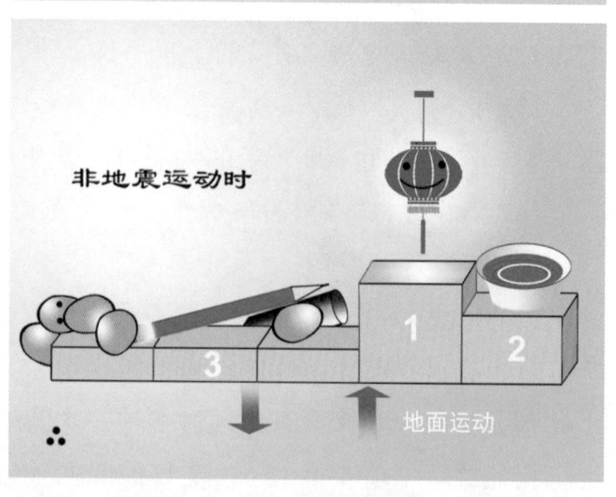

图 2–21　五种日常结构对地震和非地震的反应

唯有吊灯和水盆里的液面能够维持不动。

鸡蛋、铅笔、啤酒瓶这三种结构仍然不改初衷地、毫无区别地、继续表现出倾倒、垮塌和散落。也就是说，它们不论在地面呈水平抑或垂直运动时，仍然有反应。不具有自动区分地震与非地震的物理属性。

在人类几千年的实践中，提出过千千万万种验震装置，但只有两种天然结构——悬挂物和水面表现出“不是地震我不动，只有地震我才动”的固有特点，迄今还没有第三条道路。这个情况，同不存在第一类、第二类永动机一样，都不赞同年轻人走回头路，寻找什么第三条道路。

世界上，最先走通前两条道路的有两个人：东方的张衡，132 年用悬挂物验震；西方的弗瑞勒，1703 年用水银液面验震（图 1–25）。

14 天然验震器

古人对自然规律的掌握是通过观察现象而实现的，如《易经》讲：

圣人之道四焉：以言者尚其辞，以动者尚其变，以制器者尚其象，以卜筮者尚其占。形而上者谓之道，形而下者谓之器。

“尚”是尊崇、追求之意；“象”系外部的现象和变化，“制器尚象”一直是中国古代研制仪器的基本原则，或者说诞生科学思想的物质基础。史书说的地动仪“验之以事，合契若神”，就是“从实践中来，到实践中去”的认识过程。

科学思想的物质基础

中国传统科学是实用性的，表述是现象学的，分析是哲理性的，这使得古人的科学认识不大可能或很难通过史书准确、完整地传递下来。史书能把现象描述得准确就很不简单了：

中有都柱，傍行八道……如有地动，地动摇尊，尊则振，施关发机……

（《续汉书》《后汉纪》《后汉书》）

这表明，仪器中间有个沉重的柱状体“都柱”，平时是可以侧向移动（“傍行”）的，尊体框架和都柱之间存在水平向（而非垂直向）相对运动的自由度。这段文字的要害在于，恰恰在地震之时只见到了“尊体”发生摇晃和反复振荡，反而没见到“沉重的、能够傍行的都柱”出现任何动作！意味着：都柱在地震之时是静止不动的。

从现代科学来讲，这就是典型的惯性现象。都柱越沉重、惯性越大，现象就越明显。

于是，一个没有动作的“都柱”便相对于摇晃的“尊体”表现了差异——二者间出现相对位移。地震时摇动的尊体处于非惯性状态，由都柱所显现的惯性力便会“施关发机，龙首吐丸”。据此，国内外学术界认定：张衡在世界上最早利用了悬挂物体的惯性，地动仪是科学的。

在迄今的百余年研究中，推断都柱呈悬挂状态有着多方面的考虑，也是学术界最普遍接受的基本判断。有关的理论和试验研究，将会在本书的后半部做详细介绍，这里先开个头。

悬挂物是一种天然验震器，它具有普遍性、高灵敏和易观测的特点，尤其不怕非地震性振动的干扰。

悬挂物大量存在于百姓的日常生活中，一旦动起来，会像秋千般地晃个不停，远远超过地震的瞬间。人对地震的感觉并不敏锐，要在烈度Ⅳ以上才能察觉到，而悬挂物不然，可以在Ⅲ度、甚至Ⅱ度即人员全然无感的低烈度状态下就出现反应。加之悬挂物一般在高于人的位置上摇晃，易于观察，它所造成的心理恐惧会给人们留下深刻的印象。于是“地震发生”与“悬挂物摇晃”二者间反复出现的、大量的、稳定的对应关系，就会被群众察觉，从而成为诞生科学思想的物质基础。

■ 对于悬挂都柱的初步判断

- 造型上——“形似酒尊，其盖穹隆”，工作原理决定外形，高耸收窄的顶盖必有用处；
- 动作上——能“傍行八道”的“都柱”，震时却处静止态，都柱在结构上必有措施；
- 次序上——“尊则振”在先“龙机发”在后，地震时的仪器框架必与都柱有相对位移量；
- 功能上——能测到陇西地震，必须抗干扰能力强、灵敏度高；
- 工艺上——“以精铜铸其器”，铜的比重 8.9g/cm^3 很大（铁的比重为 7.8g/cm^3），铸造上不需要对都柱形状有高精度要求；
- 思想上——“验之以事，合契若神”，是模仿常见的、能对地震反应灵敏的天然结构。

汉代的悬挂物

悬挂物在东汉非常普遍（图 2-22），吊桶、吊篮、吊灯、吊绳、秋千、编钟、编磬、悬垂、流苏、纺线锤、吊锤、方胜，庖厨的吊肉，室内悬挂的字画，案头笔架悬挂的毛笔，青铜的人形吊灯，提链吊壶，青丝穿吊的铜钱串等等，不胜枚举。

图 2-22 汉代的各种悬挂物

西汉《淮南子》还记述了汉代有悬钟、悬鼓、悬磬、悬铎等。古代城池一直有建设钟楼和鼓楼的文化传统，以“晨钟暮鼓”的方式宣告集市的开张与结束。从史料和汉画像石所见，汉代的钟、鼓都是悬挂的，《淮南子·氾论训》有“禹之时，以五音听治，悬钟、鼓、磬、铎，置鞀，以待四方之人士。”只有“置鞀”为拨浪鼓，不是悬挂的。《后汉书· 灵帝纪》有“梁下有悬鼓，我欲击之，丞卿怒”等文字记载。《洛阳伽蓝记》也有“上有二层楼，悬鼓击之，以罢市”。此外，悬鼓的文字记载状态也与汉代壁画的情况是一致的（图 2–23 ）。

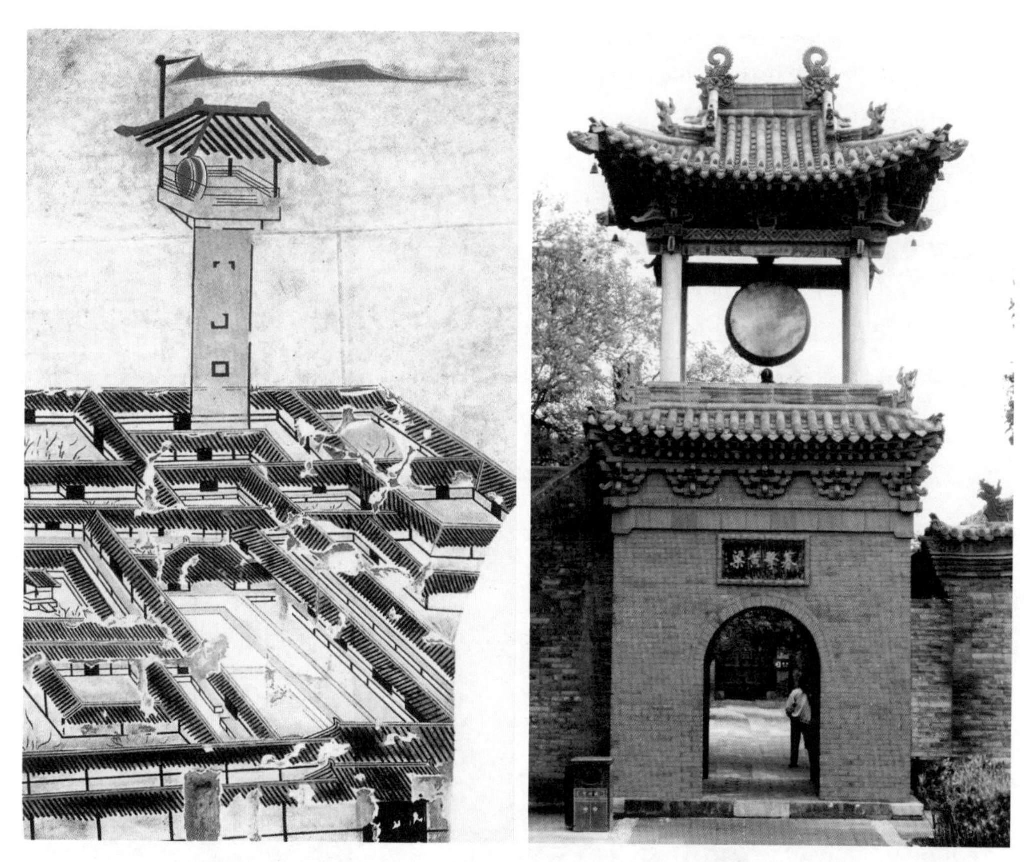

图 2–23　汉代壁画中的悬鼓楼（左），山西平遥的鼓楼（右）

特别有趣的是，汉代还有好居楼房的社会风气。古文有载：“造起大舍，高楼临道”“起庐舍，高楼连阁”和“仙人好楼居”，均成时尚；谯楼、市楼、仓楼、望楼和碉楼等三四层高楼建筑相当普遍；汉代的天禄阁、石渠阁，以及建在夯土台上的未央宫、九庙、灵台、辟雍等大型高台建筑群，也屡见不鲜地耸立在京师和各郡国都城里。地震时，高层建筑的摆幅更大，悬挂物的摇摆也就更明显。

汉代阁楼

阁楼的建筑形式始于汉代，通常是二层木结构，外有走廊。女孩子当然很熟悉阁楼，那是出阁之前练习抛绣球的地方。不过对地震而言，楼阁并不好住，高层建筑的响应振幅会大大超过地表，出现谚语说的“一楼睡觉，二楼摇晃，三楼四楼又跑又叫”的现象。地震时，阁楼上悬挂物的摇晃将更加强烈和持久，老百姓肯定会普遍注意到。

南北朝的《木兰诗》说，花木兰从军回家后便“开我东阁门，坐我西阁床”，说明木兰姑娘当时是住阁楼的。不过《木兰诗》里没有提到地震，毋庸赘述，木兰姑娘肯定不怕地震。

图 2-24　汉代阁楼（出土陶俑）

我国自东汉始，房屋建筑上出现了一个特殊的东西——在两侧山墙的最高处要专门做一个悬挂物，以示房主奉公守法、清廉拒腐的高尚节操（图 2-25）。以后固定化了，古建筑学给了个专有名词——悬鱼。政务活动中，也把“悬鱼”作为廉洁的代名词来应用。

图 2-25　房屋山墙的悬鱼结构和艺术图案

感兴趣的读者还可以欣赏北宋张择端的《清明上河图》，该画作描绘了京城汴梁（今开封）以及汴河两岸的自然风光和繁荣景象。图画中的官员住宅和大堂就有悬鱼结构，至少能找到三四处。在天水麦积山 140 窟的壁画（北魏）、敦煌 148 窟壁画（唐）、《营造法式》的图案（北宋），甚至日本奈良法隆寺的金堂都有悬鱼结构。

后世的一些建筑即便不悬挂实体悬鱼，也常常会在山墙的这个位置上画出一个悬鱼的美丽图案。

■ 悬鱼的由来

《后汉书》中有个趣闻：防腐倡廉有绝招——悬鱼。

有个叫羊续（141—189）的南阳太守，兖州泰山郡泰山平阳人，为官清廉，车马简陋。有一位府丞送给他当地有名的特产——白河鲤鱼。他拒收不成，便公开地悬挂在屋外庭院中（图 2-26），风吹日晒，成为鱼干。后来，这位老兄又拎来条更大的白河鲤鱼。羊续把他带到屋外的柱子前，指着柱子上悬挂的鱼干说："你上次送的鱼还挂在这里，已晒成了鱼干，请你都拿回去吧。"行贿者自愧不敢再来了。

图 2-26　汉画像石中的悬鱼

此事传开，赞声鹊起，纷纷仿效，流传下"羊续悬枯（指死鱼）"的典故。明朝于谦曾赋诗："剩喜门前无贺客，绝胜厨内有悬鱼"，清朝蒲松龄的文章也赞扬过"羊续悬鱼"的高尚品德。

羊续的老家——今山东邹城市石墙镇羊续村，至今引为自豪，村里普遍挂悬鱼。

西方的悬挂物

对于悬挂物的地震反应，早在中世纪的欧洲，比如意大利和希腊的老百姓也普遍注意到了。

伽利略吊灯

1583 年，年青的伽利略在比萨大教堂发现了悬垂摆的等时性——摇摆一周的时间恒定，与振幅大小无关，他是用自己的脉搏测量的（图 2-27）。圆顶教堂紧挨着比萨斜塔，吊灯的晃动很有可能是频发的意大利地震所引起。他的学生和亲密助手维维亚尼（V. Viviani，1622—1703）曾写过详尽的《伽利略传》，但未说明引起吊灯晃动的原因。后人试验过，教堂内部偌大的铜吊灯肯定不是风吹动的，现在已成了观光的重点。从伽利略 1602 年的一封信来看，他的确做过悬垂摆的实验，不过等时性的结论是他后来确认的。

图 2-27　意大利比萨圆顶大教堂的“伽利略吊灯”

西方建筑对吊灯的采用非常普遍，属于文化传统（图 2-28），美国白宫的大门口就有个醒目的吊灯。于是观察教堂和宫殿内的吊灯晃荡，很早就成为公众判断地震的基本常识。1755 年的里斯本地震正值万圣节，参加宗教仪式的许多人就已经注意到，吊灯的晃动十分醒目。

图 2-28　西方社会普遍观察大厅吊灯的晃动来判断地震

意大利人有过用观察水盆液面的变化来验震的经验，现代社会里也有人根据游泳池水面、水库水面、湖水水面的摇晃来验震的。只是这种方法不普遍，不仅因为灵敏度比较低，主要是不像观察吊灯那么方便易行，到处都能看到。

张衡地动仪的发明存在历史的必然。

皇帝的地震对策是被动应对，祭天地、改年号、撤高官，充其量免租赋、搞赈济、下诏书。既未终止地震活动，也未转祸为福。张衡走上了另一条道路，发明仪器，主动地探索它的客观规律。从此，禁锢的思想获得解放，地震不再波谲云诡，如日食月食一样是可以观测、探索和解释的。

地动仪的问世深化了人们对地震的认识，明确了地震和地裂的差异。

地震时悬挂物的摇晃属于客观存在。“地震没地震，抬头看吊灯”是一种非常简单、极其科学的判断地震的方法，也是各国人民从千百年实践中确认的有效途经。

汉朝以后，人们对地震的摇晃特点更加明确，便在房屋设计上采取合理对策。比如在木架结构上采取榫卯构件，加强整体性；立柱下端自由地立于“柱础石”上，隔断了地震的水平剪切力对上部房屋的破坏，起到了良好的减震隔震作用。这些传统抗震办法，一直在国际上享有赞誉。

延伸阅读

北京天文馆，中国古代天文学成就．北京：北京科学技术出版社，1987．

陈久金、杨怡，中国古代的天文和历法．北京：商务印书馆，190 页，1998.

杜尚侠、张庆利，正说汉朝二十四帝．北京：中华书局，308 页，2005.

冯锐，中国地震科学史研究．地震学报，31 卷，5 期，2009.

中国社科院考古研究所洛阳工作队，汉魏洛阳南郊的灵台遗址．考古，1 期，1978.

第三章 地动仪的失传

15 本朝论的兴衰

上层建筑是为经济基础服务的。安居乐业的日子突然来了个地震，弄得家破人亡，总得有人承担责任吧。天谴论，就是为了解决思想上的这个疙瘩才应运而生的。

至于谁该承担责任，皇帝还是教会？真不好说。反正遭难的民众百姓没责任。

东汉早期，责任是由天子承担。但是，地震并不为诏书而停止，也不因地动仪而转祸为福，就在天谴大厦摇摇欲坠之际，有人为它塞进了一块补救的砖头——“本朝论”。文武百官挨砸了，地动仪被冷落了，中国又开始了下一个时代……

李固帮倒忙

话说132年8月地动仪问世了，张衡一改“在朝而游离于政”的态度，强调对地震要遵从礼制，“国之大事在祀，祀莫大于郊天奉祖，取媚神祇，自求多福”等。

可巧，133年6月18日京师感到了一次地震。

这次地震本没什么不得了，震感不强，又无灾情。只是地震后不久，在7月22日洛阳城南的宣德亭发生了河堤塌方，可能是地震把河岸的土质条件震松了。其实，雨季出现塌方也算不得什么大事，地动仪都没反应嘛。不过，地震皇帝刘保的心理压力十分巨大，草木皆兵，生怕后面还会闹出个什么社稷不保、血洗朝廷的大事。按照张衡“取媚神祇，自求多福”的忠告，顺帝刘保在地震后的第二天（阴历五月初一），竟然当真地第一次下了份罪己诏："朕以不德，统奉鸿业，无以奉顺乾坤……灾异不空设，必有所应"（顺帝《地震求直言诏》,《全后汉文》卷七），恳求天下良士提出地震对策，直言勿讳。

图 3-1　张衡文稿《张河间集》中的地震对策和水灾对策

马融（79 — 166）和张衡二人迅即上书，一般性地坦言善政。张衡的《地震对策》讲："臣闻政善则修祥降，政恶则咎征见。苟非圣人，或有失误……修政恐惧，则转祸为福矣。"不过是些浮言泛语，劝慰几句罢了（图 3-1）。

李固，当时尚在家乡南郑，还未出山。对地震这个比较超脱的问题，一些公卿大夫推举他建言献策，也算是月明云开，雏凤初啼吧。岂料，少有城府的李固横空一出世，提出个"本朝论"，却把地震警诫的矛头指向了当朝高官。犀利地提出应该削夺外戚梁冀的势力、铲除宦官之害、弹劾受宠的乳母宋娥、禁绝中常侍的子弟为吏、严把用人资格的审查等。直言不讳地讲道："本朝者，心腹也；州郡者，四支也。心腹痛，则四支不举。故臣所忧在心腹之疾，非四支之患……先安心腹，厘理本朝，虽有寇贼、水旱之变，不足介意也。"（《后汉纪·顺帝记》卷十八）寥寥数语，掷地有声。顺帝见状，深感李固切中要害、正合心意，宣布他的上书为第一名！斩钉截铁地下了决心：

- 李固，立刻任议郎（虽然仅是一个顾问应对的小官），品秩 600 石；
- 马融，从校书郎中升为议郎，品秩 600 石；
- 张衡，从太史令升为侍中，品秩升为 2000 石；
- 乳母宋娥，当日搬出皇宫；
- 太尉庞参和司空王龚，"以地震策免"（《后汉书·王龚传》,《后汉纪》卷十八）。

顺帝一小步，历史一大步。中国五千年历史上第一次因为发生地震而惩治官员。自汉武帝之后，又开启了一个思想观念的新时代——本朝论付诸实施。

这个晴天霹雳直搅得周天寒彻，吓得满朝文武"诸常侍悉，叩头谢罪，朝廷肃然"（《后汉纪》）。上下左右无不怒发冲冠，横眉冷对小小的李固，恨不得一口吃了他！众公卿大夫则哑巴吃黄连，悔之莫及。

■ 李固

李固（93—147）汉中南郑人。年轻时学识渊博，通晓典籍，屡次不受辟命。127年，写给黄琼信中的一句话（《后汉书·黄琼传》）：

> 侥侥者易折，佼佼者易污。阳春白雪，和者盖寡。盛名之下，其实难副。

竟成千古格言，常被志士仁人引为自律。他的话很有道理，只是自己常常忘掉。

他从政以后，言辞犀利，鞭挞时弊，一生跌宕起伏。出任过荆州刺史、太守、大司农等职，144年升任汉冲帝的太尉。在汉桓帝147年时冤死狱中，“露尸于四衢”，株连他二子皆受害（《后汉书·李固传》《后汉纪·桓帝纪》）。

图3-2 李固（93—147）

想当初，董仲舒的“天谴论”仅把地震咎于天子失察；看如今，李固的“本朝论”把矛头直指当朝权贵、心腹宠臣，整个的180度大掉头；展未来，有无地动仪已经无关紧要了，纵有地震也属于“不足介意也”的小事。从此，地震和查撤高官被绑到一起，无人能幸免，这个荒唐无稽延续了千年。

张衡卷入麻烦

倒霉的是，刚过一年，134年12月13日陇西就发生地震，而且地动仪出现了良好反应，祸起萧墙了。

按照李固理论，心腹之疾尚未消弭，说明133年对三公的查撤不彻底，仍有养虎遗患之虞！顺帝遂不再下诏自谴，也不再祭天祀祖了，直接召见张衡于帷幄，单刀直入：究竟谁是天下最痛恨的人需要惩治。史书写道：

> 帝引在帷幄，讽议左右，尝问（张）衡，天下所疾恶者。宦官惧其毁己，皆共目之，衡乃诡对而出。阉竖恐终为其患，遂共谗之。
>
> ——《后汉书·张衡传》

张衡顾左右而言他，尴尬退下。官员们风声鹤唳，生怕遭受不白之冤，遂对张衡恶语谗言，群起攻之。很快，又有两位三公——司徒刘崎和司空孔扶因这次地震遭罢免。

就这样，公元133年和134年两年间共有四位权倾朝野的高官尊爵“以地震免”。新时代，已然明确。

汉高祖建国立业三百年，虽曾因水旱之灾、日月之异罢黜过高官，但从不会因为地震这个看不见、摸不着的坏家伙去追究众人。在东汉“三公九卿”制度里，最高是“司徒、司空、司马（太尉）”三公，分任总管、内政、军事之责。九卿，是“太常、郎中令、卫尉、太仆、廷尉、典客、宗正、治粟内史、少府”九个官职。皇帝动辄因地震查撤三公，吓得官场终日不宁，叫苦不迭。

■ 134年陇西地震的官场余波

● 刘崎（70—135），气死了。他本是汉高祖第十四世孙，东汉200年里53位司徒中唯一的连任达6年者。这次遭策免，居然又被追加了两条罪过：一是河南和三辅地区天旱了；二是任职的6年间没有听到他忠言逆耳的进谏（《后汉书·周举传》）。刘崎气得暴毙，史上无传。

● 孔扶，挺冤枉。他是孔子的第十九世孙，刚上任司空一年，就被赶回了山东老家。

● 张衡，倒霉了。多年在朝而游离于政的学者竟成众矢之的，地动仪被视为煞星。人生道路逆转，受冷落、遭贬谪、逐出京城。

● 李固，成丧门星。官场的老鼠遭白眼，很快被贬谪为穷山恶水的广汉郡雒县令。李固怒从心头起，恶向胆边生。走到广元青川县的白水关，气得把印绶扔到山沟沟里了，转道而北，藏到南郑老家，再不涉人事了（《后汉书·李固传》卷六十三）。

本朝论的祸害与终结

天谴论的矛头在皇帝，从公元前131年汉武帝的地震诏开始，“罪己诏”共出现过21次。本朝论的矛头在高官，从133年顺帝的问责开始，“以地震免”共发生16次，成为唐宋以后处理地震事务的主流观念。汉代情况详见表1。

表 1　汉代因为地震，皇帝下“罪己诏”、高官被撤和改年号一览表

编号	地震年份	皇帝，旧年号	皇帝下罪己诏	撤查高官	被免的官员	地震后的新年号
1	公元前 70 年	汉宣帝，本始	●			地节
2	公元前 67 年	汉宣帝，地节	●			
3	公元前 48 年	汉元帝，初元	●			
4	公元前 47 年 4 月	汉元帝，初元	●			
5	公元前 47 年 9 月	汉元帝，初元	●			
6	公元前 29 年	汉成帝，建始	●			河平
7	公元前 13 年	汉成帝，永始	●			元延
8	公元前 7 年	汉成帝，绥和	●			建平
9	公元 46 年	光武帝，建武	●			
10	76 年	汉章帝，建初	●			建初
11	121 年	汉安帝，永宁	●			建光
132 年			（地动仪问世）			
12	133 年	顺帝，阳嘉	●	★★	太尉庞参，司空王龚	
13	134 年	顺帝，阳嘉		★★	司徒刘崎，司空孔扶	
14	136 年	顺帝，阳嘉	●	★	史官张衡	永和
15	138 年	顺帝，永和		★	司徒黄尚	
16	147 年	桓帝，建和	●			建和
17	149 年	桓帝，建和	●			和平
18	152 年	桓帝，元嘉		★	司空黄琼	永兴
19	154 年	桓帝，永兴	●			永寿
20	161 年	桓帝，延熹		★	司空黄琼	
21	165 年	桓帝，延熹		★	司空周景	
22	171 年	灵帝，建宁		★★	太尉刘庞，司空乔玄	熹平
23	173 年	灵帝，熹平		★	司空杨赐	
24	177 年	灵帝，嘉平		★	司空陈球	光和
25	178 年	灵帝，光和		★	司空陈耽	
26	179 年	灵帝，光和		★	司空袁逢	
27	191 年	献帝，初平		★★	司空种拂，太尉赵谦	
28	193 年	献帝，初平		★	司空杨彪	
29	194 年 1 月	献帝，初平		★	司空赵温	兴平
30	194 年 7 月	献帝，兴平		★	太尉朱儁	
221 年			（汉朝灭亡）			

地震是经常发生的，“借口地震，惩戒官员”的恶性倾轧愈演愈烈，时断时续到三国魏晋之后。直到唐朝公元 788 年的长安地震，唐德宗才以敷衍塞责的办法画了个句号（《旧唐书 · 五行志》）。

上有政策，下有对策；道高一尺，魔高一丈。趋炎附势的风气长盛不衰。应对地震的急务变成了竞献忠心的大好机会，赞扬皇帝的一切谕旨都是圣明的、伟大的，所有的地震都归咎于下属的失职所致，沉疴成痼疾，代代相传。宋朝官员会声泪俱下：“京师地震，日月薄食，皆臣下失职所致”；元朝大臣更发自肺腑：“地道，臣也。臣失职，地为之不宁”，主动请辞：“乞赐黜罢，上答天谴。”皇帝呢，体恤爱卿，批个“不允”二字草草收场，曲终人散。

清朝初年，仍有零星节目上演。

直到 1679 年三河平谷 8 级地震之后，康熙帝坚决地否定了“以地震策免”高官的谬论，闹剧才收场。此后的地震，比如云南（1733 年、1833 年），陇西（1739 年、1879 年），河北（1830 年）等地的 8 级左右的大地震，灾情尽管严重，紫禁城里的御批也只有三字——“知道了”。批字最多的是康熙，最少的是雍正，仅一个字“览”，如此朱批，存档甚多（图 3–3）。

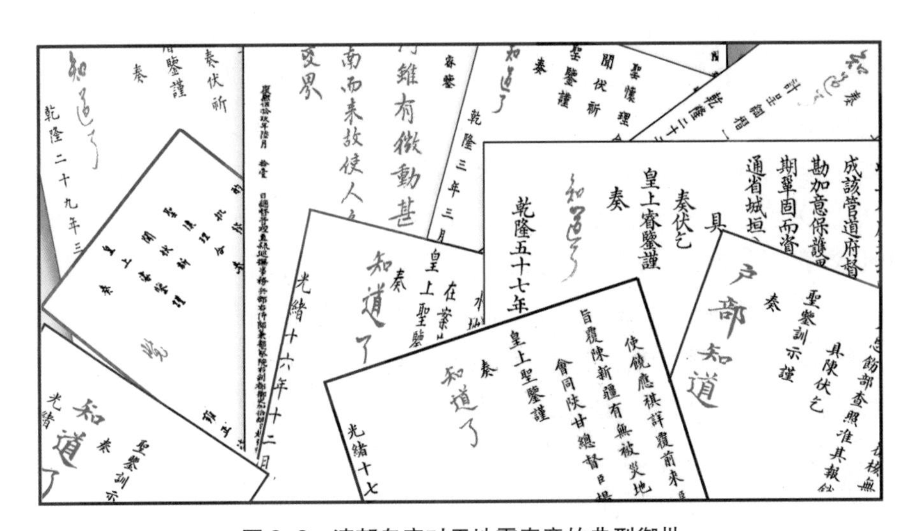

图 3–3　清朝皇帝对于地震奏章的典型御批

16 东方科圣陨落

134 年以后，本朝论已经发展成东汉朝廷的主导观念，地动仪的实际作用开始降低。毕竟，官场风云，一叶知秋。

张衡纵有报国之心，没有回天之力，政治地位也随之下降。他在无助的漂泊中不愿随波逐流，厄运便重重袭来，风刀霜剑严相逼。136 年被逐出京城，在冀州河间度过了余生。

蜡炬成灰泪始干

随着 133 年和 134 年两年期间四位三公连续“以地震免”，“地震权威”张衡也就变成了出头椽子，身不由己地处于是非曲直口难辩、山远天高烟水寒的境地，人生道路开始逆转。

135 年初，张衡主动请辞侍中，恳求重返史官专做学问，到东观书院收检遗文，尽心竭虑搞文字的审核、补编。随后又多次上书，举出司马迁《史记》和班固《汉书》中十余项不准确的地方需要修订，愿为大汉伟业昭示万嗣。无奈寒风料峭透冰绡，举杯长夜空徘徊。张衡不甘心，退而求其次，愿补编其他几本史书，列举了五帝三皇、黄帝、王莽本传、光武帝记载中的缺漏失误之处。这一系列的解释申诉，依然是黄鹤一去不复返，但见长江送流水。张衡怅然若失，只求补编孔子《易说》彖、象篇的残缺部分，言辞恳切发自肺腑，仍然不获恩准 …… 万念俱灰之下，他只好闭门考据，索然独作《周官训诂》，已全无昔日引经据典的磅礴气势，连好友崔瑗都觉得乏善可陈。

毕竟，世态炎凉东逝水，落地孤雁难回首，张衡挥泪写下《思玄赋》，第一次抒发了心中的无限悲怆和不愿随波逐流的惆怅：

惟天地之无穷兮，何遭遇之无常？欲巧笑以干媚兮，非余心之所尝。

136 年 2 月 18 日恰值大年三十，京师又遇地震，强度比 133 年的小很多。

按照东汉大朝受贺之礼，在“夜漏未尽七刻”（晨 8 时许），宫内钟声长鸣，文武百官双手持贽，迎朝阳入北宫，面向顺帝恭贺元旦新年；天子高踞德阳殿接受朝贺，并接受少数民族的朝贡，接见郡县的计吏；官员上殿山呼万岁，举杯祝寿，受赐宴食，作九宾散乐；表演音乐、舞蹈、杂耍、戏曲等节目。百姓则在鸡鸣时分，燃放爆竹（竹子放在火里烧，引霹裂声），驱山魈恶鬼；千村万户阖家团聚，祭祀祖先，进酒降神，向家长敬椒柏酒祝寿…… 地震的不期而至，使一切欢乐化为乌有，人人恐慌四处逃难。

正月初一的良辰吉日，顺帝却只能下“罪己诏”，违心地把自己又痛骂了一顿：“朕秉政不明，日变方远，地摇京师…… 群公百僚，指陈得失，靡有所讳。”正月十五元宵节，也只好“宗祀明堂、登灵台、改元永和、大赦天下”（《后汉纪》卷十八，《后汉书》），皇帝受到的地震打击实在是太大了，进退维谷没有退路！自这次地震之后到汉末，所有的皇帝都退回到原点，重走老路。地动仪成了煞星，铜丸的掉落已成查撤高官的凶兆，没有人愿意为地震去灵台祈福。哪怕它地震闹个天翻地覆，河水倒流，不也就是个“不足介意”的小事嘛。

张衡最担心的这个噩耗，最终还是发生了。

张衡怆然谢世

136 年地震后，汉顺帝重新启用 133 年因地震免职的王龚为太尉，代替久病的庞参；启用伏无忌为侍中兼史官，接替张衡。张衡则被逐出京师，贬谪为河间相。悲摧的命运迫使张衡离京，萧然落笔：

同心离居，绝我忠肠。　　——《怨篇》

■ 河间相

汉章帝为八个儿子分封为王，孝王刘开于公元90年得冀州的乐成、勃海、涿郡为世袭领地，106 年成河间郡（国），今文安、任丘、青县、河间、交河一带，属冀东的一处穷乡僻壤的盐碱地区（宋 · 林冲发配之处）。以后由儿子惠王刘政继承（在位期 132 — 142）。

张衡在 136 — 138 年为河间相，接替了前任沈景的头痛工作。面对刘政这样一个骄横奢侈、不守法纪的纨绔子弟，艰难地整肃政纪，以其余生为民做了些好事。张衡墓碑冠以“河间相”，由此而来。

怎奈雪上加霜冷无情，残漏声催秋雨急。京师又在 137 年 5 月 26 日和 12 月 23 日两遇地震，震感虽然强烈，但朝廷却不再有任何反应。138 年 2 月 22 日陇西发生 6¾ 级地震，甚至在张衡去世后的 143 年 9 月 26 日陇西又发生 7 级地震，灾害的严重程度已经要派高官赴灾区赈济的地步，但史料中没有留下任何的地动仪“记地动所从方起”的只言，更无“寻其方面，乃知震之所在”的片语。远在洛阳灵台的冰凉无声的地动仪，显然已被官府坚决地摒弃，无情地打入冷宫了。

就在 137 年陇西地震频发不断之时，曾经沧海的张衡落笔《四愁诗》，倾诉了对地动仪的怀念，对官场龌龊的厌恶：

时天下渐弊，郁郁不得志…… 我所思兮在汉阳，欲往从之陇坂长，侧身西望涕沾裳。路远莫致倚踟蹰，何为怀忧心烦纡。

他想亲赴陇西看看，但路远难行，烦恼踌躇，泪沾双襟。这首诗，对后世七言诗的发展产生极大影响。河间的 3 年期间，张衡所写的其他诗赋——《怨篇》《髑髅赋》《冢赋》《归田赋》无不浸透着悲恸欲绝的凄凉，丝丝入微。在《髑髅赋》里，他表达了“死为休息，生为役劳，荣位在身，不亦轻于尘毛”的思绪。在《冢赋》里，张衡期待来世的光明，“幽墓既美，鬼神既宁，降之以福，如水之平，如春之卉，如日之升”(《张河间集》《全后汉文》等)。

地震、天谴论、地动仪、本朝论、京师之高、河间之远…… 已然挥之不去的心结，风烛残年的张衡深感徒临川以羡鱼，不如退而织网，去意已决：

图 3-4　河南南阳的张衡墓

图 3-5　张衡博物馆和馆藏的郭沫若题词

超尘埃以遐逝，与世事乎长辞…… 苟纵心于物外，安知荣辱之所如。

——《归田赋》

遂上书顺帝“乞骸骨”，企盼死后的遗骸平安。未曾想到，张衡泣血成文的《归田赋》改变了汉代叙事大赋的风格，开了骈赋的先河，竟成西汉末叶以来赋体最高成就的抒情小赋，一直影响到魏晋唐宋。

139 年，张衡受诏返京，降为年俸 600 石的尚书，几个月后溘然长逝。

张衡葬于家乡南阳西鄂（图 3-4），地动仪铜鼎亦运回故里。墓碑是由挚友文学家、草书家崔瑗（78 — 142）写就，尽管当时已盛行为名望学者追加谥号，但张衡的墓碑上是没有的。

1956 年，中国科学院院长郭沫若为张衡墓题词“万祀千龄，令人景仰”。

1986 年，河南省政府在当地建立了张衡博物馆（图 3-5）。

17 地动仪的失传

东汉末年，刘氏政权名存实亡，一派气息奄奄的败落景象。

从 184 年黄巾军起义到 221 年东汉灭亡的近 40 年间，诸侯混战逐鹿中原，社会动荡和连年战火愈演愈烈，魏蜀吴三国分立拉开帷幕。尽管小说《三国演义》里的英雄故事脍炙人口，实际的中国却处于社会矛盾大爆发、大倒退的时代，人口锐减 60%，生产力遭受空前破坏。

灵台的地位彻底结束，张衡地动仪随着汉王朝的覆灭而失传。

洛阳大火和毁铜铸钱

中国历史有个怪圈，新王朝的建立一定会大兴土木，旧王朝的覆灭必有连天大火。汉末带了个坏头，京城被烧光毁尽。

从 160 年（桓帝延熹三年）开始，洛阳的火灾几乎没有停过，此起彼伏的大火断断续续了 7 年多。仅文字记载的火灾就有：先祖的康陵、安陵、平陵起火，还有南宫的承善闼、中藏府、万岁殿、长秋殿、合欢殿被烧毁，北宫的德阳殿、黄门北寺、广义门、神虎门等处纷纷着火……汉桓帝时期的火灾就高达 17 次，灵帝期间 4 次，史书还有载："是时连月火灾，诸宫寺或一日，再三发"（袁山松《后汉书》卷一）。朝政颓败，已显迹象。

公元 184 年，走投无路的贫苦农民揭竿而起，在巨鹿人张角的号令下约 36 万人加入黄巾军（图 3–6），持续斗争 20 多年。同时还有黑山军起义，鲜卑进攻幽州、并州等地。这些，沉重动摇了东汉王朝的基础。

185 年 3 月 28 日，南宫云台又首先燃起了大火，史载"烧云台殿、乐成殿。延及北阙复道，西烧嘉德、和欢殿""己酉，南宫云台灾。庚戌，乐成门灾。延及北阙、嘉德殿、和欢殿""南宫大灾，火半月乃灭"形成了百年以来洛阳最大的火灾，龙台凤阁，尽成瓦砾。几份史料都有记述，其中《后汉纪 · 灵帝纪》更细致：

图 3-6　张角、张宝和张梁领导起义军会师于冀中平原
（油画《黄巾起义》，刘天呈，1970）

云台者，乃周家之所造也，图书、珍宝之所藏……君不思道，厥妖火燃宫。刑滥赏淫，何以旧典为，故焚其秘府也。

明帝时，云台曾内置建国功臣32人的图绘遗像。宫廷大火半月不止，究其原委，无人知晓。

百姓遭了殃。大火后的186年，竟对全国农户每亩加税十钱，以便荒淫无耻的灵帝重修皇宫宝殿，恢复原状。搜来的民脂民膏又被挥霍一空，今造万金堂，明修玉堂殿；铸造铜人、黄钟、天禄、蟾蜍等无用的东西摆设于皇宫内外。史料有书："铸铜人四，黄钟四，及天禄、蝦蟆，又铸四出文钱……铜人列于苍龙、玄武阙外，黄钟悬于玉堂及云台殿前，天禄、蝦蟆吐水于平门外。"谓除秽辟邪。数万吨的黄铜耗材不敷使用，便进一步巧取豪夺，毁掉现有各种铜器。

为对付黄巾军和诸侯反叛，途穷末路的汉少帝刘辩（176—190）饮鸩止渴，189年调董卓军进京。董卓本是甘陕青地区的黑头枭雄、西凉霸王，他的羌骑胡兵多为匈奴后裔，凶猛剽悍。董卓一到，废黜少帝，另立9岁的汉献帝刘协（181—234）为傀儡，成为"挟天子以令诸侯"的始作俑者。为了躲避诸侯联盟的讨伐，于190年挟持献帝将京师洛阳西迁至长安。

董卓本人和军队却留在洛阳南郊的毕圭苑未走。文化差异和民族认同感的缺乏，使羌兵胡蛮恣意妄为，将全城洗劫一空，持续烧杀抢掠1年另2个月，尽焚宫室、官庙及人家……。洛阳的第二次大火致命地摧毁了千年古城，终成废墟残垣，一片荒凉。这个时候的毁铜铸钱更为严重和普遍，不同的史料均有记载：

- （董）卓发洛阳诸陵及大臣冢墓，坏洛阳城中钟虡，铸以为钱，皆不成文；更铸五铢钱，文章轮廓不可把持。于是货轻而物贵，谷一斛至数百万。

——《后汉纪》《后汉书》

- 悉收洛阳及长安铜人、钟虡、飞镰、铜马之属，以充铸焉。

——《后汉书·董卓传》

- 太史灵台及永安候铜蘭楯，卓亦取之。

——张璠《后汉纪》

最后一段文字很有价值，明确了董卓兵蛮占据过安放地动仪的灵台，还严重地掠夺过灵台的铜材。事实上，驻军的毕圭苑恰在灵台的洛河对岸（图 2–20），是灵帝在洛阳城南兴建的东西两大花园，苑中布置，备极奢华。盗取相距几百米处的灵台铜料，易如囊中取物。

大肆搜刮铜材的唯一目的就是铸钱敛财。孰知铸钱的铜材用量非常巨大，西汉末年曾铸过五铢钱 280 亿余枚，耗铜材 8.4 万余吨。灵帝在大火后的一年内便发行“四出文钱”的新币（图 3–7 中的 186 年钱币），即使铸造该量的十分之三，也至少需要 2.5 万余吨铜材。这就不可避免地会毁掉现有铜器，不仅导致了公元 190 年以后的粮价飞涨上万倍，更加剧了铜材的极端匮乏。数吨重的青铜地动仪，势必成为掠夺目标。毁铜铸钱的材料不够用，便毁掉正规五铢钱，改铸铜材更少的董卓五铢。社会上的私铸云起，恶钱遍地，还出现了形似戒指般的“綖环钱”和“剪边钱”（图 3–7），最后只能用铁钱来顶替铜钱，是中国几千年古钱币的最糟糕时期。

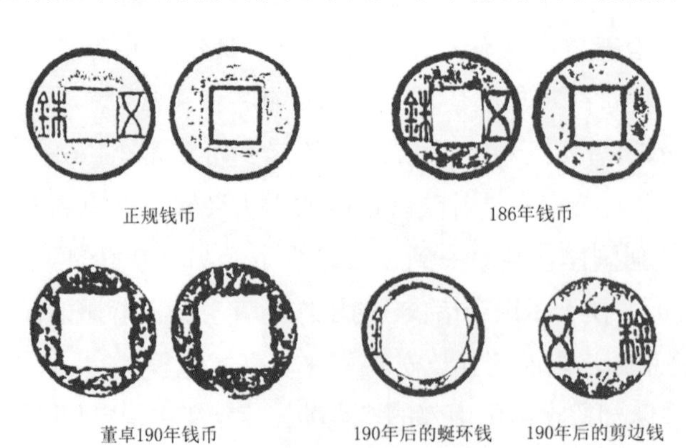

图 3–7　东汉末年的五铢钱币

京师搬迁和人口锐减

洛阳数百万人长途迁移长安，有甚于天灾浩劫。史载："尽徙洛阳人数百万口于长安，步骑驱蹙，更相蹈藉，饥饿寇掠，积尸盈路。（董）卓自屯毕圭苑中，悉烧宫庙、官府、居家，二百里内无复孑遗"（《后汉书·董卓传》）。即使汉献帝一行高官190年到达长安后，也没有换来和平。刀枪剑戟的灾难、烧杀掳掠的战火又在192年笼罩了长安的大街小巷。诗人王粲的《七哀诗》有："西京乱无象，豺虎方遘患。出门无所见，白骨蔽平原。路有饥妇人，抱子弃草间。"同期的哲学家仲长统（179—220）写道："以及今日，名都空而不居，百里绝而无民者，不可胜数，此则又甚于亡新之时也。"亡新，指王莽（前45—23年）建立的新朝灭亡。

196年8月，献帝从长安逃回洛阳，满目萧条凄惨，古都焚毁殆尽，二百里内无人烟。"是时，宫室烧尽，百官披荆棘，依墙壁间，群僚饥乏，尚书郎以下自出采稆，或饥死墙壁间，或为兵士所杀"（《后汉书·献帝纪》）。采稆，即上山砍柴的意思。曹操在洛阳迎接了献帝，曾吟诗：

白骨露于野，千里无鸡鸣。
生民百遗一，念之断人肠。　　——《蒿里》

献帝则狼狈不堪，住无容身之地，食无羹米之炊，战无缚鸡之力。只能于196年9月南奔许昌，苟延残喘于曹操麾下。曹植（192—232）在201年到洛阳时，仍见到满目的疮痍，写下，

洛阳何寂寞，宫室尽烧焚。垣墙皆顿擗，荆棘上参天。
中野何萧条，千里无人烟。　　——《送应氏》

从全国人口总数上看，不同学者所给出数据在总趋势上是一致的（图3-8）。汉朝前后出现过3次人口大幅减少——秦末农民起义、西汉末战乱、董卓屠杀，其中，以董卓屠杀最为严重。我国人口在公元前221年秦始皇统一时，逾3000万。西汉从大约1800万左右增至6000万，东汉人口长期维持在5000～7200万的水平。190年以后到三国鼎立，全国性的战乱不断，人口损失估计达60%，仅存约2300万。当时水旱瘟疫频发，同期的医学家张仲景（130—205）在《伤寒论》写道，196年以后不到10年内，亲见族人死去2/3，黄河流域已经化为一片无人的荒原。以后的人口变动情况如下：

● 西晋末年的永嘉之乱（311 年），发生了中国历史上第一次汉人政权被外族灭掉的严重悲剧。更使 80% 多的人口灭绝，中国人口达到历史的最低点 —— 1000 多万的危险水平；

● 北魏公元 520 年，首次恢复到 3000 余万人；

● 隋朝，恢复到东汉的 6000 万左右水平；

● 唐朝，人口才攀升到 8000 ~ 9000 万。

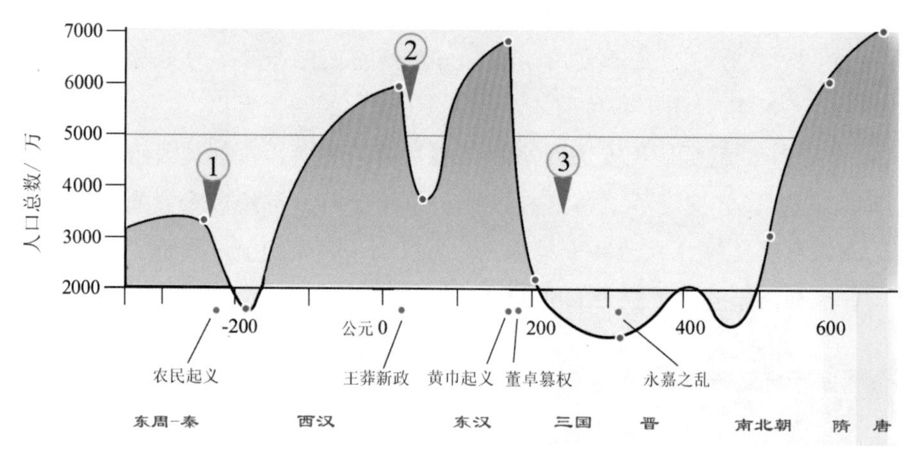

图 3-8 中国古代人口总数的变化示意图，汉朝前后出现 3 次人口大幅减少

战乱期间的地震记载几乎一片空白。大河上下已经没有诏书，没有地震对策，没有地动仪的任何消息 …… 一切都没有。觅寻到的寥寥数语，无不字字泣血、句句惊心：

● 雍州地频震，三辅大旱，人相食。 （汉献帝）

● 地震，不雨，年饥，民相食。 （晋惠帝）

● 河东地震，雨肉。 （晋愍帝）

● 天雨血，地震，地生毛。 （十六国）

九州山河哀鸿遍野，只剩下大漠里升起的袅袅孤烟，残阳中下落的潇潇秋雨。

地动仪失传

220 年，魏武王曹操的儿子曹丕（187 — 226）冠冕魏文帝。次年，从许昌回迁至洛阳定都，举行登基大典。宗祀天地和明堂之后，明确地取消了汉朝“登灵台”的礼仪，标志着灵台神圣地位的最后丧失，也被认为是地动仪失传的时间下限：

黄初二年正月，郊祀天地、明堂，是时魏都洛京。

而神祇兆域、明堂、灵台，皆因汉旧事。

——《宋书 · 礼志》

自190年起，京师屡遭搬迁，一直漂泊于洛阳－长安－洛阳－许昌－洛阳之间，贵重物品和青铜器也就在搬迁过程中损坏殆尽，沿途抛弃的仪器很多。比如张衡复原的指南车，史载："指南车，其始周公所作……，后汉张衡始复创造，汉末丧乱，其器不存。"（《宋书 · 礼志五》）。张衡的浑仪虽然被强行运到了长安，但"衡所造浑仪，传至魏晋。中华覆败，沉没戎虏。晋安帝义熙十四年，高祖平长安，得衡旧器，仪状虽举，不缀经星七曜。"（《宋书 · 天文志一》），此事发生在公元418年刘裕北伐攻占长安之时。同样，在《晋起居注》的名录里也对这件事做了记载："近于长安获张衡所作浑仪、玉圭、历代宝器，谨奉陛下，归之天府。"都完全没有提到地动仪。

汉献帝时的最后一位史官是蔡邕。他担任过祭酒（主持太学的校长），曾经和刘洪共同修订过律历，还在灵台和东观寻觅过浑天仪、地动仪等设备的有关资料。在他178年写的《表志》里，提到了当时还在使用着浑天仪，不过已处于"官有其器，而无本书"的窘状，书籍档案早已荡然无存。也只字没有提到地动仪。

由此看来，张衡在世就已经被冷落和忌恨的发明，极可能失传于同期，即汉末。

在我们研制地动仪2008年模型期间，仔细核查过不同的史料，"灵台"二字一直是销声匿迹毫无踪影的。它的再次出现是在《晋书》里，不过仅仅涉及到天文观测，与地动仪全无关系：

- 227年，"太史令许芝奏，日应蚀，与太尉于灵台祈禳"（《晋书 · 志第二天文中》）；
- 270年左右，"灵台杰其高峙，窥天文之秘奥，睹人事之终始"（《晋书 · 潘岳传》）；
- 284年，百年来第一次修葺灵台、辟雍和明堂（《宋书 · 礼志》）；
- 524年，北魏"有灵台一所，其址虽颓，犹高五丈余。汝南王复造砖浮图于灵台之上"（《洛阳伽蓝记》，杨衒之）。灵台之上建筑砖佛塔，说明灵台观天测地的作用已经彻底结束。
- 1975年，国家对灵台进行考古发掘，见到多处柱槽中焚烧后的木柱灰烬，还有断垣上被烘烤的墙壁。在当年置放地动仪的房间里，清楚地留有强烈大火的痕迹，柱础和地砖被刨挖过，碎片瓦砾一片狼藉。

18 东汉的落日余晖

汉末的科技辉煌

汉朝后期的科学技术虽有些重要成果，但气势轩昂的发展势头已然功败垂成于战乱，时间无情的截止在公元220年。

● 思想家仲长统（179—220），在10余万字的《昌言》里明确地提出“人事为本，天道为末”的观点，指出“天人感应”观念的错误，批判了宗教神学的喧闹；

● 医学家张仲景（130—205）作《伤寒杂病论》，确立中医辨证论治法则，包括望、闻、问、切四种诊断病情和多种治疗方法；

● 医学家华佗（145—208）开创了中医外科，“麻沸散”是世界医学史上全麻的最早记载；

● 天文学家蔡邕（133—192）作《月令章句》《表志》，清晰地阐述了东汉的天文观点，其8000余字的《熹平石经》还是最早的儒家经典石刻本，他是东汉最后一位掌管灵台、太学的官员；

● 天文学家刘洪（129—210）作《乾象历》，是我国传世的第一部考虑月球运动不均匀性的历法。首次给出白道和黄道约成6° 1′ 的交角，测出的近点月的长度为27.55476日，和现在的测值27.55455日相差甚微，还撰写《九章算术注》；

● 数学家徐岳（?—220）作《数术记遗》，给出十四种算法，第十三种即称“珠算”，最早记载了中国的算盘（图3-9），算盘也被联合国教科文组织列为人类非物质文化遗产名录（图3-10）

● 发明家马钧制指南车，利用了齿轮、滑轮和足轮的差动运转的机械原理。还改善了丝绫机、诸葛弩，制龙骨水车（翻车），水转百戏（表演多种杂技的木人）等。

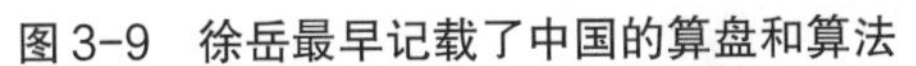

图 3-9　徐岳最早记载了中国的算盘和算法

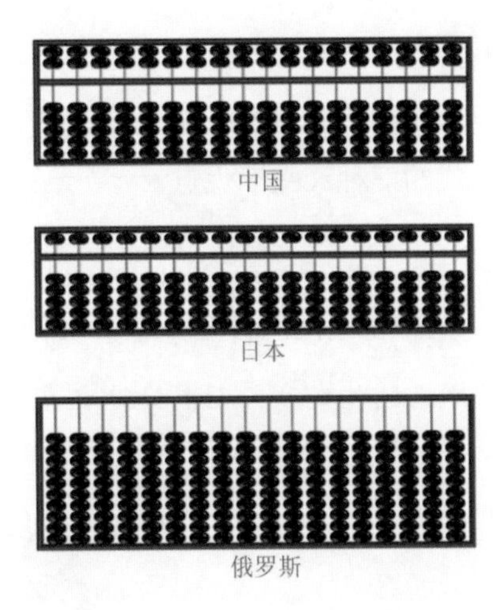

图 3-10　不同国家的算盘

董卓和地震僭越论

董卓于 191 年 5 月抵达长安，7 月 31 日长安感到一次地震。世袭官员受过天谴论和本朝论的熏陶，心中自明其理，但混世魔王董卓不解，转而询问蔡邕，何故地动山摇如末日。蔡答曰：

> 地动者，阴盛侵阳，臣下逾制之所致也。前春郊天，公奉引车驾，乘金华青盖，爪画两轓，远近以为非宜。
>
> ——《后汉书 · 蔡邕列传》

意思是臣子为阴、君主为阳，地震是“阴”压抑“阳”所致。也就是说强臣压制了帝王，逾制越位破坏了规矩所致。当年春天郊天大礼的时候，太师您本来是为献帝的车驾作前导的，却没有乘坐符合大臣身份的车，而是用了皇太子、皇子才能乘坐的“金华青盖车”，还有两侧画着龙凤的车轓为屏蔽。这在礼制上无论如何都是非常严重的僭越，故而引发了地震。

蔡邕是被董卓强行扣留的当朝大文人，见董卓自封相国、太师，更称尚父，为自己修筑“万岁坞”，还有剑履上殿等一系列无视礼制和皇威之举，便趁机搞了个地震的“僭越论”。不错，好歹把董卓给“震住”了！听完蔡邕的话，董只好把车子换成符合臣子身份乘坐的“皂盖车”（黑色顶盖）。

几天之后，太尉赵谦和司空种拂二人还是被董卓“以地震策免”（《后汉书 · 献帝纪》）。以后，“僭越论”很少有提及的。

蔡邕父女

蔡邕（133 — 192），汉末最著名的天文学、书法家（图 3-11）。他明确地总结出了汉代的三种天文学观点：

> 言天体者有三家：一曰《周髀》，二曰《宣夜》，三曰《浑天》。宣夜之学，绝无师法。…… 唯《浑天》者，近得其情，今史官所用候台铜仪，则其法也。立八尺圆体之度，而具天地之象……

图 3-11　蔡邕（133 — 192）

关注中国天文考古学的人都知道，《浑天仪注》有一段非常著名的浑天观的表述：

> 浑天如鸡子，天体圆如弹丸。地如鸡中黄，孤居于内。天大而地小。天表里有水，天之包地，犹壳之裹黄。天地各乘气而立，载水而浮。

此文长期被误以为出自张衡。新的史学研究指出，此文是后人在西晋末年所写，文字基于蔡邕的文章。故而南北朝（刘宋）的文学家颜延之（384 — 456）有论：“张衡创物，蔡邕造论。戎夏相袭，世重其术。”（《艺文类聚》卷一，天部上）。

蔡邕还深入研究了张衡的《灵宪》及其浑象的结构，他所写的《月令章句》更加清楚和具体地论述了浑天思想，迄今能考的最早天文图就是蔡邕之作。根据构拟，可得图 3-12，中间的小圈是内规，恒显圈；最外的大圈为外规，是南天可见的边界线；中间的圆为赤道，距南北极相等，故称“据天地之中”；二十八宿和黄道在内外规的中间，为文中“图中赤规截娄、角者是也”的话，即《汉书· 天文志》载“天文在图籍昭昭可知者”的图籍。

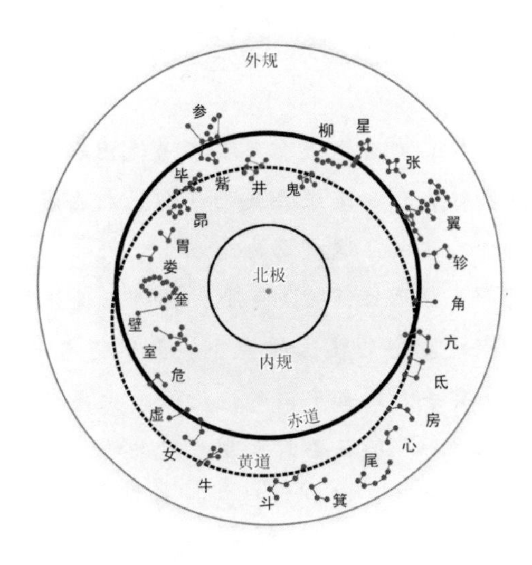

图 3-12 根据蔡邕《月令章句》构拟的汉代天文图

蔡文姬

蔡文姬（即蔡琰，177—249）是蔡邕的女儿，博学横溢的女文学家。

董卓 192 年死后，他的西凉军马继续在长安一带烧杀抢掠。蔡文姬曾作《悲愤诗》:“来兵皆胡羌，斩截无孑遗，尸骸相撑拒。马边悬男头，马后载妇女，长驱西入关……”。196 年，蔡文姬被胡羌兵蛮掳到漠北一带。蔡邕本是曹操少年时推崇的儒学大师，曹操得知情况后，于 208 年派特使用重金璧玉把文姬赎回。

蔡文姬思绪万千，在归途中创作了琴曲《胡笳十八拍》，倾诉了她难以割舍的亲情和聚别故土的悲惨经历，是中国诗史上第一首自传体的五言长篇叙事诗。

她可能是唯一的有资格步入曹操大堂的女杰，曾在漳河畔邺城的铜雀台上面见过曹操，吟唱了《胡笳十八拍》。又应曹操之请，把失传的蔡邕几百篇文章默写下来留存（《后汉书·烈女传·蔡琰传》），“文姬归汉”是青史留名的著名篇章。

国际天文学联合会以中国女文学家为水星环形山命名的仅有两人，一为蔡文姬，一为南宋·李清照（1084—约 1151）。郭沫若编写了《蔡文姬》历史剧。

在古典科学的发展阶段，神学和迷信不会轻易退出历史舞台，特别是当这些新思想对传统观念提出挑战时，创新者便会受到压制、打击和迫害。张衡和中世纪的哥白尼和伽利略等，都一再上演了这种历史悲剧。

地动仪的辉煌成就领先于西方1600多年，为什么像流星般划过长空，没有得到传承和发展呢？除却封建社会的政治因素外，显然还与中国科学以农业为中心、以实用为目标的研究特点有关。比如中国的地动仪、火药、指南针等发明，是分别从“辨凶吉、炼金丹、相风水”的社会需求发展起来的，存在很强的实践经验。这种研究是定性的、分析是哲理的，缺乏理性认识的基础，一旦没有现实需要就会失去动力，学术上缺乏后劲。故而我们没能在地震学、化学、地磁学的基础理论上首先取得突破性成果。究其原因，这些发明还都属于经验性的产物，没有达到理性认识的高度。

汉朝灭亡后，中国大约经历了200多年的文化低谷，至隋唐宋元又积累了大批世界领先的成果，这与国家始终保持着统一有着极大的关系。罗马帝国自公元476年灭亡后，长期处于低谷，直到封建制拜占庭帝国在1453年被土耳其灭掉，中世纪的文化荒漠期竟延续了一千年之久！

李约瑟指出：“从公元3世纪起到13世纪的1000多年中，中国的科技为西方世界所望尘莫及。这些科技成就先后传到欧洲，为欧洲近代科学的诞生，创造了条件，起了促进作用。”不过对于地动仪的研究，中国却没有再前进一步。

延伸阅读

白玉林主编，后汉书解读. 北京：华龄出版社，279页，2006.

冯锐，张衡地动仪的发明及历史继承. 科学，66卷，4期，2014.

武玉霞，朱涛，张衡地动仪的失传. 中国地震，23卷，1期，2007.

王小甫、范恩实、宁永娟，古代中外文化交流史. 高等教育出版社，309页，2006.

地动仪的今生

张衡地动仪的价值绝不仅仅在于它是一个古老的发明，更重要的是，它竟以极其相近的思路留给了现今时代的科学仪器许多有意义的启迪。

——米尔恩，1883

科学的创新存在历史的继承，后人总是站在巨人的肩膀上跨入新的征程。张衡地动仪的原件失传了，但他的科学思想和实践经验通过史书保留下来。正是追随了张衡的道路，后人成功了！发明了现代地震仪，得以“亲眼看到”地震波的样子，继而揭示出地球内部结构和板块运动。这个美好乐章，宛如凌空仙女拨起了琴弦。

现代地震学在1900年刚刚起步，取得进步很不容易，因为地震是小概率事件，又无法在实验室重复，属于“上天有路，入地无门”的问题。20世纪前半叶，我们祖国正经历着列强侵略的蹂躏，1930年才建立自己的地震台，靠着爱国、救国、兴国的顽强拼搏终于换来了现在的轻歌曼舞。

时空列车开到今天，我们得以站在较高的位置上回眸历史。这种温故知新的自我认识，会更加犀利和准确，也具有国际性。地动仪的科学复原，发挥了地震学和历史、机械、艺术等学科的优势，并且能够实施科学实验予以检验，从而更好地逼近历史，让一个富有生命力的复原模型重现于世。

第四章　地动仪的继承和发展

19　东西文化的碰撞

1453 年罗马帝国（即拜占庭帝国）灭亡，首都君士坦丁堡被改为伊斯坦布尔。继而代之，14 世纪中期至 16 世纪末在欧洲发生伟大的文艺复兴运动。1830 年欧洲完成了工业革命，进入资本主义阶段。

德国的洪堡（A von Humboldt，1769 — 1859）经历过 1797 年南美地震和 1812 年加拉加斯地震，提出了地震火山说，还促进了俄国和中国在 1841 年间首先建立地磁气象站，德国的科学基金会就是以他来命名的。思想的解放推动了测震仪器的发展，出现了五花八门的设计。不过一直到 19 世纪中叶，人们还没有找到更好的测震办法，基本徘徊在验震器的水平上，欲继续前进，不得不从张衡地动仪上吸取营养。

在清朝同治七年即 1868 年，日本开始了明治维新，迅速崛起，把地震研究提到日程。

地动仪在日本受到关注

日本位于环太平洋地震带的西侧，属全球地震高发地区。仅 1854 年 12 月两次近海 8.4 级地震便死亡 6000 余人（又说约 3 万人），9 年间发生了 2979 次余震。1855 年 11 月江户 7.1 级地震，又造成 1.1 万人死亡。日本狭窄的国土、密集的人口、频发的地震，社会如何应对地震，已经成为当时迫切需要考虑的问题。

服部一三

图 4-1　服部一三在美国的毕业照（1875）

服部一三（Ichizo Hattori，1851 — 1929）是日本首批“走出去”的青年学子之一。他在明治维新的第二年（1869）被选派到美国罗格斯学院（Rutgers College）学习理科，1875 年 6 月回国（图 4–1），很快被任命为东京英语学院校长、东京大学秘书，以后便脱离了学界转入政界，先后担任过岩手、广岛、兵库等知事，还是上议院议员。

服部对张衡地动仪的研究有过重要贡献，在他 24 岁学成回国之时，亲手绘制了地动仪的复原图画，在世界上首先揭开了复原研究的序幕。从此，人们对地动仪有了形象认识。

1875 年，年仅 4 岁的清光绪皇帝载湉登基，慈禧太后垂帘听政，与东汉的“外戚专政”别无二致。同一年，服部自美国留学回来，绘制了一幅张衡地动仪的复原图，四周用汉字抄录了《后汉书》中地动仪的 196 个字（图 4–2），引入了“海外先进”经验。日本地震学史，常常会提到服部一三的贡献，主要是他的张衡地动仪复原模型起了带头作用。

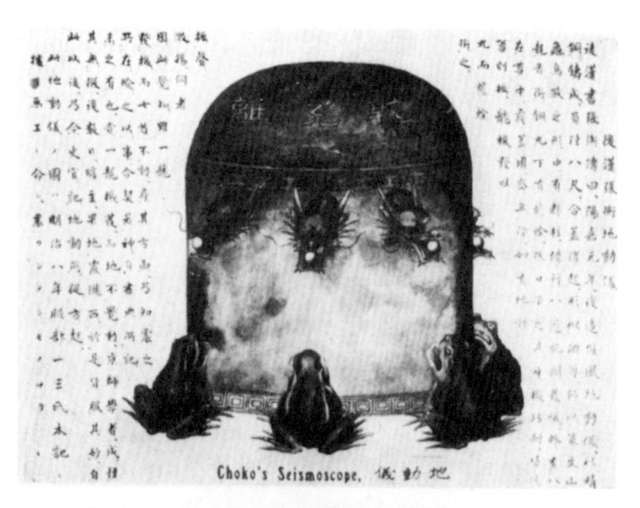

图 4–2　服部一三绘制的张衡地动仪的复原图像（萩原，1982）

同时期的英国，也有位勇敢的年轻人，叫米尔恩（John Milne，1850—1913），他极具探险性格，大学毕业后曾经到中东西奈半岛的沙漠里作过探险。明治维新时的1875年，他被选上到日本教授地质学。不过，要到日本去赴任绝非易事，迟至1916年才建成的西伯利亚铁路当时还渺无踪迹。25岁的米尔恩觉得这是个游历山川、考察地质的好机会，于是花了1年多的时间完全凭借步行、涉水、骑马、乘爬犁等原始办法，居然一个人徒步横穿了欧亚大陆从西方走到了东方（图4-3）。

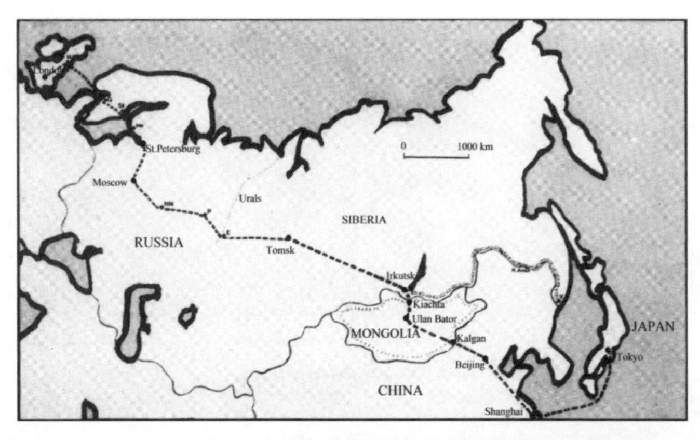

图4-3　米尔恩在1875—1876年从英国经中国到日本的徒步路线（Herbert-Guster，1980）

■ 米尔恩

约翰·米尔恩（John Milne），大学毕业后从事地质和矿物学研究，于1875年受聘为东京帝国大学地质矿物学教授。在日本生活了20年，妻子Tone堀川是日本人。

在日本，他看到了服部一三的张衡地动仪复原图，得知中国古代有过一个奇妙的发明，曾经测到很远的地震。受到启发，便开始做了复原研究。通过大量试验，最终发明了现代地震仪。

利用他的地震仪，米尔恩组建了全球第一个地震台网，系统地编制了全球地震目录，其中4136个破坏性地震的目录（公元7—1899）最受关注。他还对各种地震现象、动物异常、地电变化、抗震结构做了大量研究，培养了大批地震学学生。著有《地震和地球的其他运动》（1883）和《地震学》（1898），是举世公认的现代地震学奠基人。

图4-4　米尔恩（1850—1913）

在中国，米尔恩趁机访问了北京、天津、镇江和上海，目睹了长城和大运河，中国古老文化的深厚底蕴和辉煌给他留下刻骨铭心的印象。在他的回忆中，还特别提到他从蒙古荒漠中第一次看到长城身影时的无比兴奋，他也在北京亲眼见到 1860 年火烧圆明园后中国割地赔款的深重苦难（图 4–5）。

图 4–5　北京颐和园万寿山一带被焚烧后的景象（1860 年 10 月 20 日摄）

米尔恩于 1876 年 3 月到达日本。到达后的当夜就感受到了地震，并且在一个月内连续遇到十余次，第二年遇到 53 次。频繁的地震活动吸引了他，不由得转变了兴趣方向。服部一三绘制的张衡地动仪图画，着实让米尔恩震惊了：1700 多年前，中国的张衡居然已经发明过一种仪器，能测到远处的地震。东西文化的强烈差异，对他产生了巨大的吸引力。毕竟，远来的和尚好念经，不论诵经的还是听经的，都一样。改用西方的话来说："好奇心是学者的第一美德"（居里夫人，1867—1934）。

1879 年以后，米尔恩愈发沉醉于张衡地动仪和地震问题之中。按理说，古人能做出来的，后人没有理由做不出来。为了查明地动仪的工作原理，他根据中国古文的记载，在住所和餐厅里对地动仪的都柱结构做了大量模拟试验。他在1883年的《地震和地球的其他运动》一书中回忆到："我们对于不同尺寸的直立竿原理已做过大量实验，但无论就其对震动强度还是倾倒方向的反应而言，直立竿基本上都给不出什么可信的东西。"随后，他在1898年的《地震学》一书更加明确地否定了地动仪的直立竿工作原理：

> 在日本，我们对直立竿做过大量的对比试验，呈方截面、圆柱、锥形和其他一些形状。但实验结果证明，此类结构毫无意义。粗杆会倒向所有方向；细竿又极难或者无法竖立。

当米尔恩在东京完成了50多种结构实验以后，得到结论："对测震来说，悬垂摆是最精确的结构"。由此判断，中国的张衡就是这样测到陇西地震的。他反复强调："我们必须熟悉前人的所有成果，考察早期研究者开创的道路，那将是我们需要追随并终将得以成功之路。"

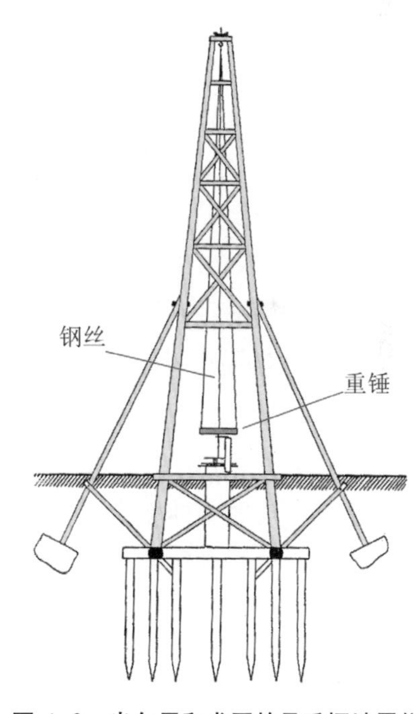

图4-6　米尔恩和尤因的悬垂摆地震仪（1879）

同年，他和短期在日本的工程师尤因（J. A. Ewing）、格雷（M.H. Gray）等人合作研制仪器，仿照张衡地动仪的悬垂摆验震器，制作了一台原始性的悬垂摆地震仪（图4-6）。摆长已经达到6.4米，固有周期5秒，摆锤重25公斤，下部用杠杆放大，再用笔绘制痕迹。这个装置虽然可以进行工作，但不适合推广到观测台站。

1880年的横滨地震使他彻底由地质矿物学转向了地震学研究。地震发生在2月22日凌晨，5.8级，他在距横滨二三十千米远的东京住所被晃醒，立刻记下了当时的时刻：01点差10分，又清醒地看到头顶上的吊灯出现剧烈的摇晃，有着十分确定的摇摆方向，地面摇得人都走不稳，他还看到两个实验用的单摆晃动幅度竟然达到2英尺之巨。米尔恩通过切身体验，理解了张衡的科学思路，进一步认识到了悬垂物的测震价值。

地动仪被介绍到西方

1880年的横滨地震后，日本很快在4月26日成立了世界首个地震学会。最早研究过张衡地动仪的二位先驱——服部一三和米尔恩分别被推举为正副主席。

米尔恩在成立大会上谈到了张衡，指出：如果制作一个凡有振动（不管什么原因引起的）都能有反应的报警器（Alarm），将是非常简单而容易实现的，比如搞个非稳定装置，但是毫无测震学价值。张衡地动仪和其他类似的装置完全不同，对非地震运动没有反应，只对地震有反应。欧洲在18世纪以后也出现过类似的仪器，比如Feuille的水银验震器，Mallet和Gray也做过这类的仪器，建议对这类装置使用新名词“验震器”（Seismoscope），以区别报警器。米尔恩在会议上强调：下一步的努力方向应该是从验震器走向“地震仪”(Seismograph)，实现对地面运动全过程的实时记录。

1881年米尔恩发现，改进仪器的关键在于使悬挂的重锤能在地震时刻确保静止状态，加大摆长（或者说提高摆的固有周期）则成为实现它最大稳定性的必然途径。他在实验中甚至把住房的两层天花板都凿了洞，用来高高地悬挂装置。经过实验而认定，张衡地动仪中的柱体一定是高悬挂、大质量的。

米尔恩对悬垂摆的了解，有着理性认识的基础。

牛顿1687年提出了惯性定律：无外力作用时，物体总保持匀速直线运动状态或静止状态。即“不受力时，静者恒静，动者恒动”。这让米尔恩意识到，地震时的一切都处于剧烈运动中，必须有一个相对静止不动的物体作为参照，才能对运动中的物体进行测量，而具备这种特性的只能是物体的惯性。什么物体能保持相对静止不动呢？中国的张衡可能已经找到了答案——悬挂物。悬挂物的吊绳是软连接的，地面的水平位移被转化成上下两个支点处的转角变化，如果吊绳很长，转角变化将会非常小，地震的水平力便无法直接作用到重锤上，惯性必然使它继续保持在静止状态；重锤质量越大，惯性力就越大，越有足够的能量与其

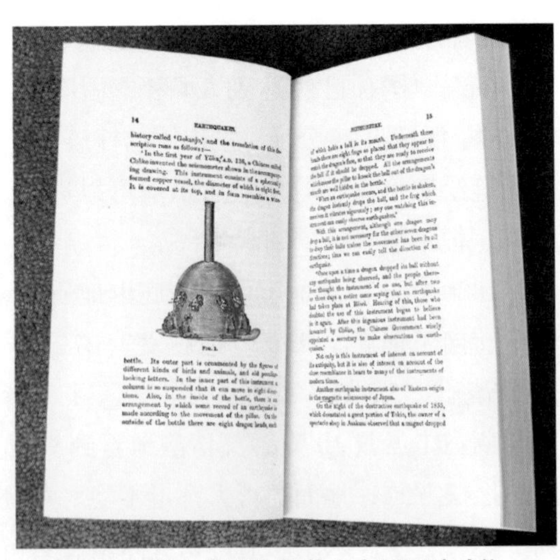

图4-7　米尔恩率先用英文介绍了地动仪，提出了他的复原模型（1883）

它部件相互作用。

1883 年，米尔恩在其专著《地震和地球的其他运动》中，把《后汉书 · 张衡传》中有关地动仪的记载全文翻译成英文，率先向西方介绍了张衡及地动仪。他把自己绘制的张衡地动仪复原模型作为全书的第一张图予以介绍（图 4–7）。在大量试验的基础上，把中文“中有都柱，傍行八道”一句明确地翻译成悬垂装置，英文如下：

In the inner part of this instrument a column is so suspended that it can move in eight directions.

在米尔恩的地动仪复原模型里，顶部有一个高高竖立的直管，就是为了用吊绳来悬挂都柱。他特别写道：“张衡地动仪的价值绝不仅仅在于它是一个古老的发明，更重要的是，它竟以极其相近的思路留给了现今时代的科学仪器许多有意义的启迪。”这本书成为现代地震学的开山之作，他在向世界介绍地动仪科学价值的同时，也坚定了利用惯性摆来测震的科学思路。

对米尔恩来说，1880 年横滨的一次灾害不大的地震不仅让他认识了东方的发明，还给了他一个重要的思想启迪：地震有可能产生波动。因为他对横滨地震进行了广泛的调查，包括各地的震感时刻、摇晃强度和悬挂物摇晃方向等。对收集到的 500 份调查问卷和 100 多封回信进行分析。从中发现，各地的破坏强度是从中心区向外逐渐减弱的，震感时刻似乎有向外推迟的趋势。

当然，米尔恩并不是唯一的提出地震波动概念的人。1755 年里斯本地震之后，英国工程师米歇尔（J. Michell）曾经探讨用牛顿力学分析地面震动，相信“地震是地下岩体移动引起的波动”，并且首先估算了地震波速，尽管 0.5 千米 / 秒的波速估值过于粗糙且不可信（这个数值仅比声波波速 0.33 千米 / 秒快一点，真实的地震波速会高达 4 ～ 7 千米 / 秒）。1857 年意大利那不勒斯地震后，爱尔兰马莱（R. Mallet）还首次以炮弹爆炸为震源，做过波动传播的实验。

米尔恩猜测到地震波的存在，试验了观测装置，但缺乏真实地震的验证，故而仪器设计中的频率范围、灵敏度、动态响应都可能脱离实际情况。如果地震的震源尺度逾 200 千米，即便意大利和日本人测到了地震也不足以证实地震波的存在，他们的国土面积实在太小；中国的张衡测到了远处的地震，但仅仅是一个古老故事。就这样，猜想需要验证，观测需要时机。

20 地震仪的诞生

牛顿奠定了现代科学的基础，但他十分清醒："远未知晓的世界就像大海一样展现在我的面前。"揭示大海的奥秘，不是一个人、一个民族能完成的。19 世纪末，大海翻腾出了一朵接一朵的美丽浪花。

中国的古老仪器，日本研究了；日本的地震，德国记到了；德国的经验，英国人学到了；英国发明的仪器，俄国发展了……就这样，地震科学像大海的涌浪，不断向前。

地震波的发现

地震学日历上有个名垂青史的一天：1889 年 4 月 17 日，德国波茨坦天文台。

当时的一位德国青年人，帕什维茨（E.von Rebeur-Paschwitz，1861 — 1895），正在台站上做固体潮观测（图 4–8）。为了研究月球引力作用，他使用了 Zöllner 于 1872 年设计的水平摆倾斜仪，观测固体潮汐的变化，他的仪器最早使用了感光纸记录。时值 17 时 21 分，他突然发现了一个有规律的异常记录，显然属于自然界中某种波动性质的信号，不过一时无法解释。

帕什维茨苦苦追索几个月后，才从《自然》刊物得知：日本的熊本发生过一次 6.3 级地震，人员有感，发震时刻为波茨坦时间 4 月 17 日 17 时 07 分。德、日二地相距 8800 余千米，他的记录滞后 14 分钟！这一偶然发现不仅证实了地震波的存在，而且成为世界上首例在远距离观测到的可靠记录。当然，他把这个发现也投给《自然》刊物公布于世（图 4–9)。

地震波的发现改写了历史，古代和现代、东方和西方被拉近了。

图 4-8　德国科学家帕什维茨
（1861 — 1895）

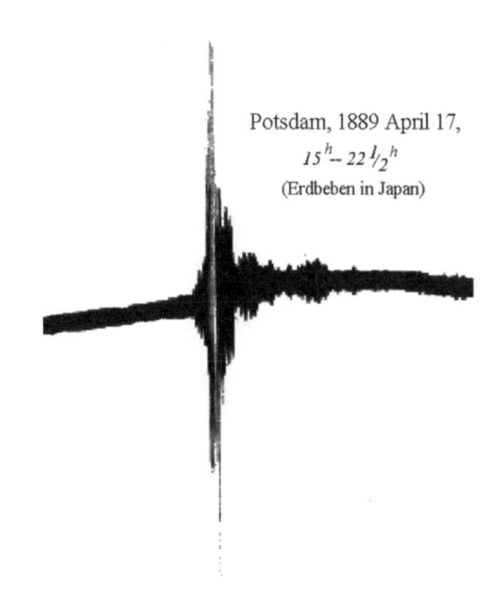

图 4-9　世界第一张远地震记录图
（《自然》，1889）

消息迅即轰动了世界，被视为现代地震学诞生的前奏。在人们纷纷赞扬帕什维茨之时，1883 年被米尔恩推介到西方的张衡也随之扬名 —— 中国人早在 1700 多年前就已经测到了远处的地震波动信号。从这个事件以后，世界普遍注意到张衡地动仪，不仅把它称为“中国验震器”（Chinese Seismoscope），还把公元 132 年作为人类首台地震仪器的诞生年份。只不过，中国是在辛亥革命后才得知这个消息的。

第一部现代地震仪

幸运，总是留给有准备的人。

尚在日本工作的米尔恩得知消息后，欣喜若狂。人类对地震的认识取得了重大突破，惯性和地震波的概念建立起来，地震和地动仪的真相初露端倪。地震动的区域开始划分成震源区和波动区两个部分。震源体积再大也是有限的，而波动区域却非常辽阔。人们是否有震感已经不再是判断震源区域大小的标准，即使在人没有震感或者无人居住的地区也会有地震波的传播。只要借助仪器，充分利用物体的惯性，就可以监测全球的地震活动。

无比兴奋的米尔恩立刻从原理上分析了德国水平摆重力仪。从图 4-10 很容易看出，水平摆的摆长 A，与它的等效悬垂摆长度 L 存在简单的数学关系：

$$L=\frac{A}{\sin\alpha}\doteq A/\alpha$$

■ 水平摆对地震的反应

帕什维茨使用的仪器是水平摆。

在月球的引潮力缓慢变化时，水平摆所改变的是铅垂线相对于水平摆旋转轴的夹角 α（图 4–10），记录了起潮力位的变化，这是帕什维茨要观测的信号。

但水平摆在遇到地震波的迅变信号时，仍然会出现反应。此时，是铅垂线没有变化，而水平摆旋转轴相对于铅垂线发生了改变，即倾角 α 的反方向变化。

尽管水平摆重力仪对地震波会出现反应，但作为地震仪来直接使用，还是不能满足各种参数的要求。

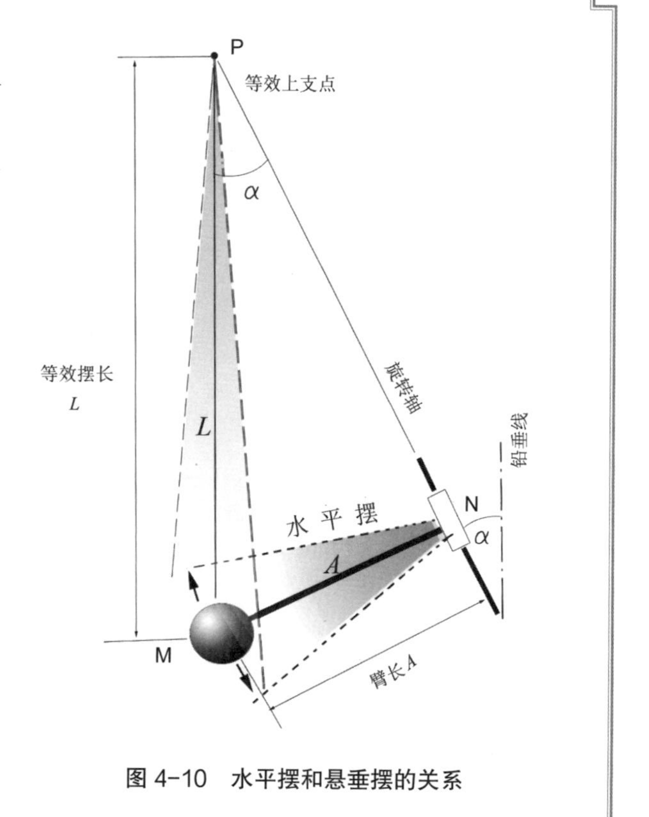

图 4–10　水平摆和悬垂摆的关系

当 α 角很小的时候，等效悬垂摆长度 L 就可以变得非常大。水平摆的这个结构长处，恰好彻底解决了悬垂摆的摆长 L 很难加大的技术瓶颈。也说明，张衡用的悬垂摆与德国用的水平摆不是彼此孤立的，它们存在结构上的本质联系 —— 将悬垂摆的摆杆置于水平状态即为水平摆（图 4–11）。

欲观测到比固体潮的频率要高的地震波，只要能对水平摆结构的稳定性、零点漂移和参数范围处理好，就可能造出地震仪。米尔恩终于看到了希望。

从这个基本思路出发，米尔恩采用硬摆杆、吊丝提拉重锤等技术，终于在 1893 年发明了世界上第一部现代地震仪 —— 高 50 厘米、长 1 米，摆锤 500 克，周期几百秒，配有记录器（图 4–12，图 4–13），从而首次记录到了地震的 P 波和 S 波。帕什维茨草拟了 1895 年伦敦第 6 届国际地球物理会议的决议文本：“可以肯定，由震源发出的弹性运动能够通过地球本身而传播”。英国的奥尔德姆（R. D. Oldham，1858 — 1936）在 1899 年也独立地辨别出了 1897 年印度地震的 P 波、S 波和面波。

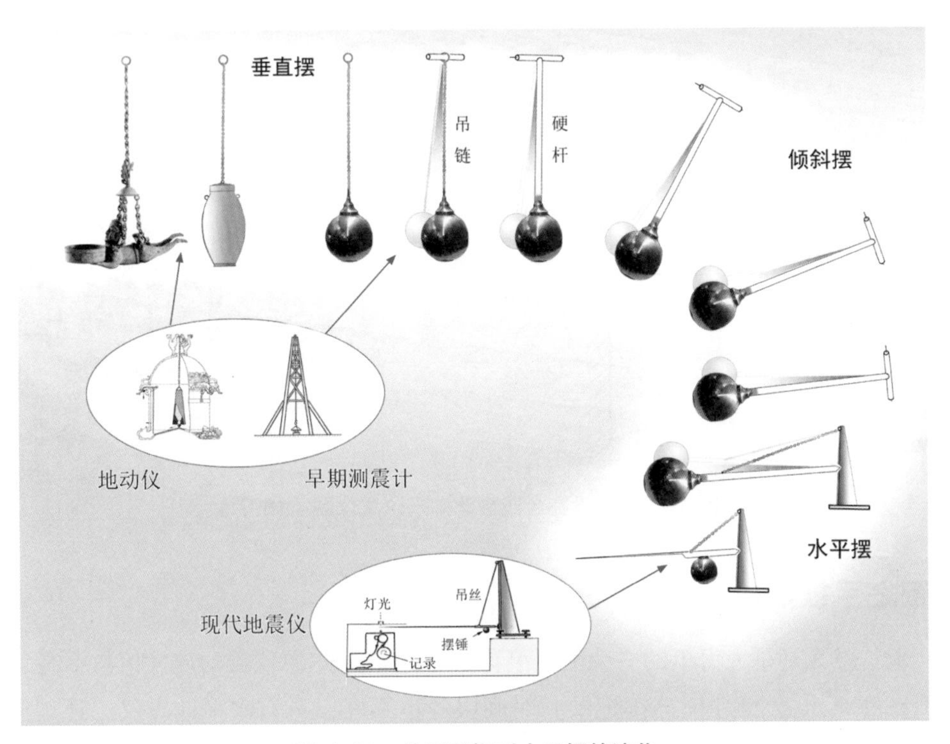

图 4-11　从悬垂摆到水平摆的演化

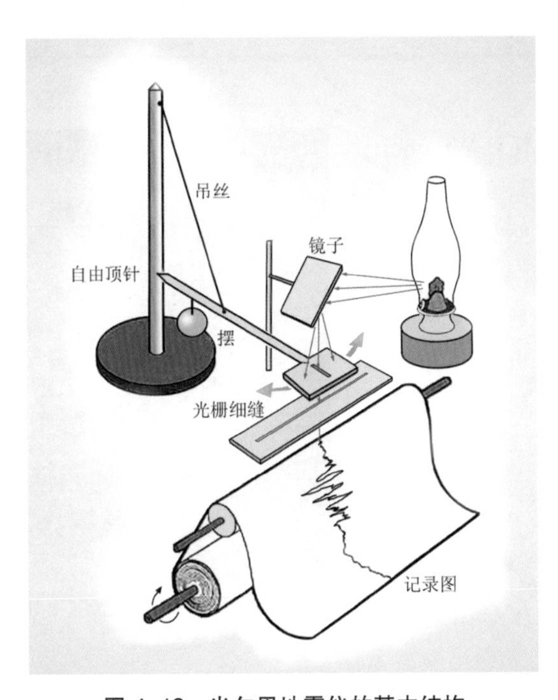

图 4-12　米尔恩地震仪的基本结构

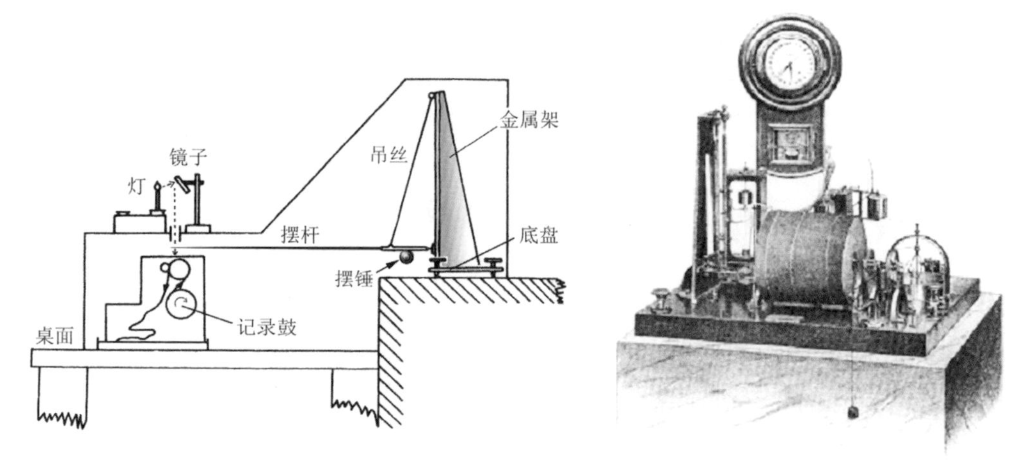

图 4-13　架设在台湾台北的米尔恩仪器（1897）

上帝之手被揭出

米尔恩无疑是大海里的一朵美丽浪花。不过，米尔恩仪器的放大倍数不高，易动不易停，难做 24 小时连续记录，时间服务也不好，只有水平地震仪，还观测不到地面的垂直运动……一系列的新问题亟待解决。20 世纪初，大海的波涛里又涌出了两朵美丽浪花——德国的维歇尔和俄国的伽里津。

维歇尔

维歇尔（Emil J. Wiechert，1861—1928），德国地球物理学家。1900 年发明倒立摆水平地震仪，1906 年又制成垂直分量。曾对电子的发现做出过贡献，还首先提出地球分层的模型，后来由他的学生古登堡 Gutenberg 于 1914 年发现了地核，从而确认了三层结构。维歇尔还开创了人工震源的地球物理勘探领域。

月球的一个环形山是以他来命名的。

图 4-14　维歇尔（1861—1928）

■ 伽里津

伽里津（Boris B. Galitzin，1862—1916），俄国地震学家。1906 年制成世界首台电磁地震仪，并垂直分量。1911 年任国际地震学协会主席。他在 1912 年《地震计讲义》里写道：

地震好似一盏明灯，它燃着的时间很短，却能照亮地球内部的奥秘，从而可以了解地球内部发生了些什么；尽管当下尚不够明亮，但随着时间的流逝，它将会越来越明亮……

图 4-15　伽里津（1862—1916）

同张衡地动仪一样，切不能小看维歇尔和伽里津的地震仪，在它们深层蕴涵着价值千斤的科学思想。毋庸置疑，惯性当为测震仪的基本原理，这是米尔恩等早期开拓者已经揭示出来的要素。问题在于：所有的物体都具有惯性，却不是所有的结构都能够测震的。啤酒瓶子能测震吗？不能；鸡蛋倒立行吗？不行。但是它们都具有质量，也就都具有惯性。所以，讲测震只提惯性是不充分的。

说得更透彻一点，悬垂摆和水平摆之所以能够稳定地、长时间地揭示出地面的相对运动量，还在于它们天然地具有另一个至关重要的因素——恢复力矩。

一旦重锤偏离原点后，重力会自然而然地产生出一个恢复力矩将重锤“拉回”原点（图 4-16），于是能让重锤始终维持在静止位置。那么，在地面的长时间剧烈的震动之中，这个恢复力就能够帮助重锤的惯性抗拒干扰。这个恢复力（旋转之时，便形成恢复“力矩”）是暗藏的，重锤不偏离原点它不会出现，一旦偏离开原点它就会自动地站出来发挥作用，而且偏角越大，恢复力就越大。实在天作神功！所以说，“天然的”恢复力矩，就是一只“上帝之手”，暗中帮了忙。

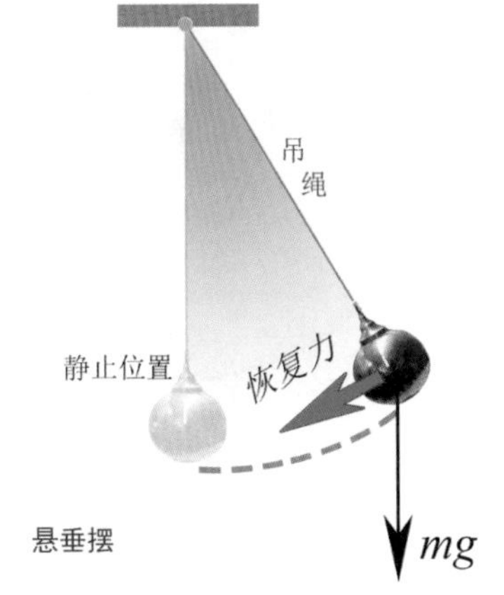

图 4-16　悬垂摆的恢复力矩是天然的

但是，地震仪器里不能有“上帝之手”，因为控制它的主人远在天堂。

既然是个“恢复力矩”，那好办！用弹簧代替。

从此，水平摆的转轴就不再采用图 4-12 的“自由顶针”结构，而把上下两端都改用弹簧片。于是，恢复力矩被保持住了，而“上帝之手”的缺点——容易造成设备的零点漂移和不稳定，也随之消除掉了。推广一步，凡是能对重锤赋予恢复力矩的结构，必然能够用于测震！只有抓住“惯性”和“恢复力矩”两个要素，才算完整地理解了地震仪“摆”的结构，缺一不可。

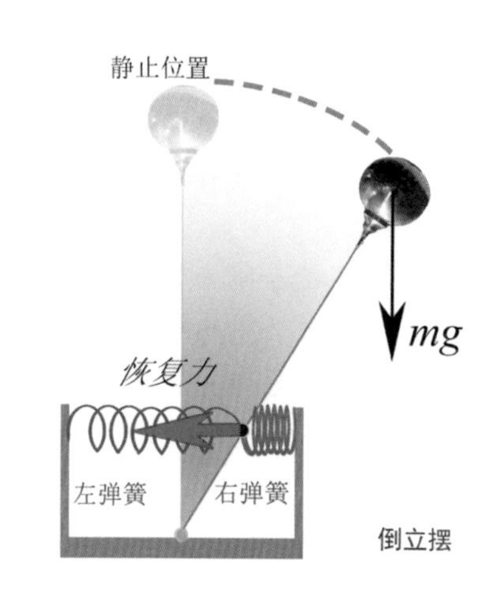

图 4-17　倒立摆的恢复力矩由弹簧产生

这种理性的认识是思想的解放和升华。从此，测震结构的设计者们可以放开手脚了，今后不必局限在天然的重力恢复矩上。弹簧、钢片、吊丝、游丝、扭力……各种结构和材料都可以引用，只要它们能够产生必要的恢复力矩，便能构成各式各样简单易行的摆和测震仪器。

1900 年维歇尔发明倒立摆水平地震仪（图 4-17，图 4-18），重锤的恢复力矩是在下端点用两块钢弹簧片实现的，它是一种特殊的能够万向反应的 Cardan 结构，簧片的作用是“人工之手”，弹性参数具有大范围的可控性，从而极大提高了仪器的稳定性和灵敏度。放大倍率从 200 到 2000，很小很远的地震都能纪录到。

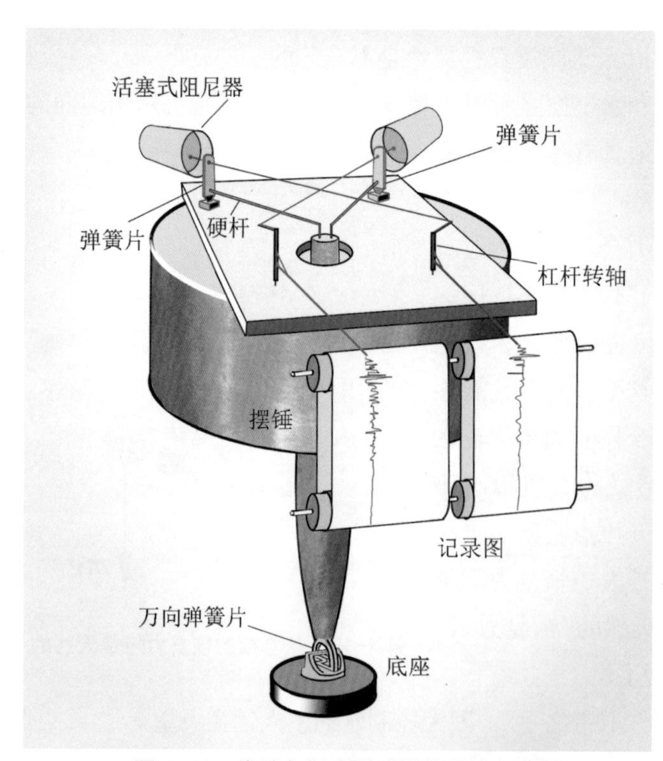

图 4-18　维歇尔倒立摆地震仪结构示意图

维歇尔地震仪在 20 世纪风靡全球（图 4-19），摆锤一般在 80 ~ 2000 千克，配有活塞式空气阻尼器。1930 年前后，德国、中国和墨西哥各配置了一台全球最大的维歇尔地震仪，仅摆锤就重达 17 ~ 20 吨！相当于 20 多辆捷达汽车的总重量，仪器的体量要占据一间大房子。中国的这台架设在南京地震台，至今还能工作。

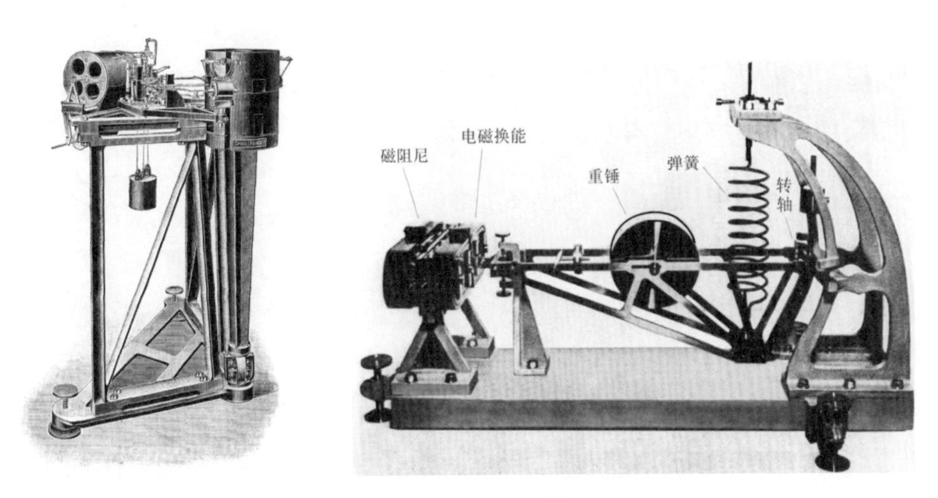

图 4-19　维歇尔倒立摆水平地震仪（1900）　　图 4-20　伽里津电磁垂直向地震仪（1906）

1906 年伽里津垂直向地震仪问世（图 4-20），突破了长期以来地震仪器只能做水平方向观测的局限。重锤的恢复力矩是在垂直方向上加装悬挂弹簧实现的，为了克服摆锤所受重力的影响，弹簧在制造过程已经具有预应力，使它在未受外力时的本身内部就具有一种内压力，抵消了未受力时的几何长度。随后，伽里津又把电磁放大技术引进，放大倍率可以达到数万倍。

全球地震台网建立

1893 年后，米尔恩首先在日本正式组建了地震台网，布设了他的仪器。1895 年 7 月，米尔恩返回英国，在怀特岛（Wight）的夏德（Shide）建设了首个地震台站。自 1897 年始每半年出版一次地震报告《夏德通报》，成为《国际地震资料中心公报》（ISC）的前身。米尔恩的学生大森房吉（Omori Fusakichi，1868 — 1923）对米尔恩地震仪做了改进，于 1898 年实现了长时间连续记录，还在理论地震学方面取得众多成果。

米尔恩用他的 80 多台新仪器在全球 60 多个国家和地区组建了第一个全球地震台网（图 4-21），创立"国际地震数据中心"，英国的著名探险家斯科特（R. F. Scott，1868 — 1912）还在南极的基地帐篷里架设了一台地震仪。

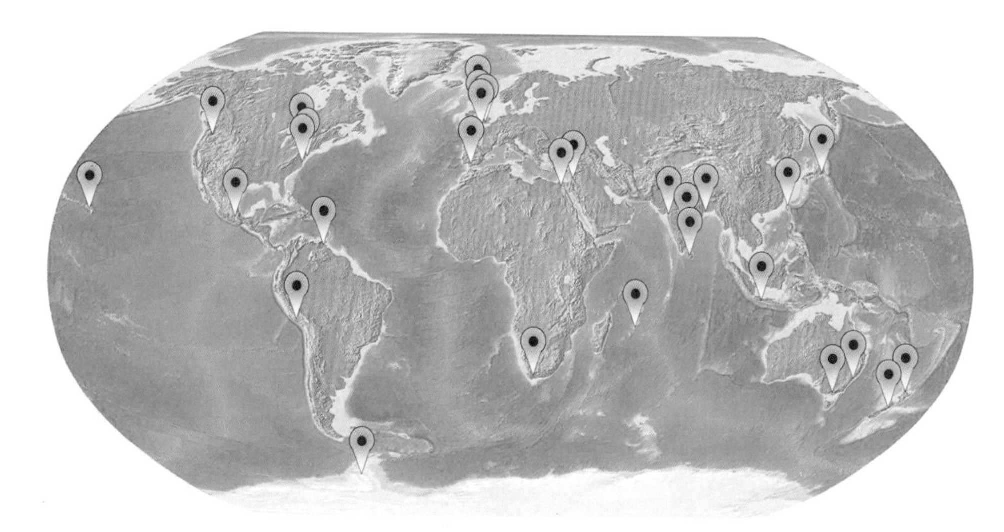

图 4-21　米尔恩地震仪在 1900 年时的全球分布

“计时用表，测震用摆”是为结论。随着维歇尔、伽里津地震仪的问世，坚冰已经打破，航向已经指明，世界各国很快就发展出了大量的新仪器和技术。比如，美国伍德－安德森扭力地震仪于 1923 年问世，贝尼奥夫应变地震仪于 1932 年发明，日本和俄国也都设计出各具特色的地震仪，李善邦于 1942 年研制成水平摆地震仪。图 4-22 简要列出了地震仪采用的几种典型摆结构。

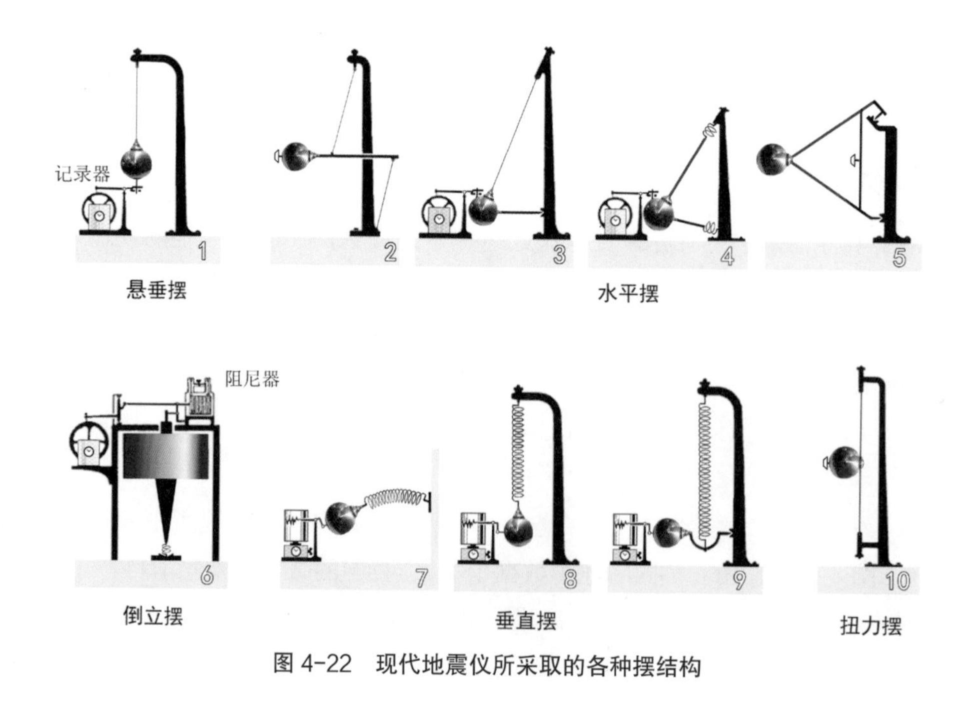

图 4-22　现代地震仪所采取的各种摆结构

地震仪的部件和功能

无论何种地震仪，都包含下述基本部件：

- 摆锤，提供稳定的惯性；
- 弹簧，为摆锤偏离零点时提供恢复力矩；
- 阻尼器，吸收摆固有振动的能量；
- 换能器，检测出摆与仪器框架间的相对位移；
- 放大器，对地震微小信号放大；
- 计时装置，提供时间记号；
- 记录器，保留地面运动的痕迹。

作为验震器的张衡地动仪，没有阻尼器和计时装置，但其他的功能都具有：恢复力矩是天然的，换能和放大通过机械结构实现，蟾蜍口中的铜丸就是记录器。极古朴，但是科学。

1895 年，帕什维茨被肺结核夺去了生命，年仅 34 岁，未能看到后来的地震学发展。根据他生前的倡议，1901 年 4 月 11 日在法国斯特拉斯堡（Strasbourg）成立了国际地震协会。从此，全球地震台网有了统一的技术规范和联网措施，有效地获得了大量的地面运动的实际记录图，为地震学的理论分析和模拟实验奠定了基础，现代地震学正式起步。

21 东方古国觉醒

世界潮流，浩浩荡荡，顺之者昌，逆之者亡。

——孙中山

20世纪初的中国，处于山河破碎的半封建半殖民地状况。为赶上世界潮流，中华民族在苦难和屈辱中谱写了一部斗争史和光荣史。中国的英文称呼也从古罗马的“Seres”（丝绸之国），改为“China”（瓷器之国）。

以电磁感应、进化论、相对论为代表的自然科学的重大突破促进了资本主义的发展，世界已经由“蒸汽时代”进入“电气时代”，深刻地冲击着中国传统的文化观念，也促进了中国现代地震学的萌生和发展。前辈们在科学救国的感召下，为民族独立做出了贡献，为中国地震学的发展奠定了宝贵的基础。

飞回的凤凰掀波澜

中国有句老话：墙内开花墙外香，地动仪在国内外的状况就是这样。

早在南宋的时候，大文学家周密（1232—1308）就评议过地动仪：“气之所致则动，气所不致则不动。而此仪器置之京都，与地震之所了不相关”（《齐东野语》）。到了清朝，何琇、阮元、倪正、文廷式等大文人还认识不到地动仪的价值，一直认为“大凡地震，皆气所致”，继续否认地动仪。清朝的何琇（1724—1805）是《四库全书》总纂官纪晓岚的老师，他的表态最为典型：“张衡地动仪，余终不信有其事……气动于数千里外，而机（即地动仪）应于此，万无此法。地动之气，偶逆之气也，各于其地，非其地则不知”。（《樵香小记》）

乾隆年间，被尊为三朝阁老一代文宗的阮元（图4-23）就更荒唐了。他听说传教士带来了哥白尼的日心说，便不以为然地说：都说地动仪能测地震，错啦！它本是个测地球在动、太阳不动的仪器。日心说不过源于我泱泱大国，或与我巧合罢了。这样一种认知水平，基本上反映着我国 19 世纪末的科学状况，知识分子受到文字狱和科举制的约束，聪明的头脑已经没法转动了。

■ 阮元

阮元（1764 — 1849），清朝中期埋头于史传经书而不知世事的文人。他在经籍训诂之外，还研究天文、历算、地理等学，编纂校勘著述颇丰。

在林则徐 1839 年抵达广州之前，阮元曾经在 1817—1826 年间担任过两广总督，查禁鸦片。

不过在外事、宗教和科学上，他的迂腐无知却也是独领风骚的。

图 4-23　阮元（1764 — 1849）

1911 年的辛亥革命，平地起惊雷，落后愚昧、抱残守缺的风气才被摧枯拉朽般地摒弃。新一代的青年学子高高举起了民主、科学的大旗，提出“科学救国”的口号。中国第一代科学家和留学生在 1915 年创办了《科学》杂志，编辑部设在美国康奈尔大学。《科学》和《新青年》是我国现代出版史上创刊时间最早、出版时间最长、影响最大的两份综合性科学期刊，积极推动了“科学与民主”的新文化运动。1917 年《科学》杂志第 3 期的插页刊登了一幅地动仪复原图片（图 4-24）。

图 4-24　第一次介绍于国内的地动仪模型（吕彦直，1917）

杂志并没有对复原图片给出文字说明，但这个涅槃重生的凤凰足以振奋国人，原来中国人在科学上也有值得骄傲的辉煌——张衡发明了世界首个地震仪器，比现代文明国家早了1600多年！第一次被国人肯定和接受的地动仪，犹如天边飞回故土的凤凰一般光彩荣耀。应了另一句老话：春色满园关不住，一枝红杏出墙来。

图片的作者是23岁的留美学生吕彦直。那时，米尔恩已经在1913年7月病逝，吕彦直并不是研究中国历史的，但看到米尔恩《地震和地球的其他运动》的英文书籍，便把他的复原模型在外部纹饰上作了修改，龙首也更具中国风格，投给编辑部设在同一学校的《科学》杂志社发表。啼声初鸣，古国觉醒。

■ 吕彦直

吕彦直（1894—1929），年轻时留学美国康奈尔大学建筑系。1921年回国，从1925年起先后主持了广州中山纪念堂和南京中山陵的设计，融汇了东西方建筑技术与艺术，被誉为中国近现代建筑学的奠基人。

但是，这两项重大工程使他积劳成疾、身患肝癌，就在1929年南京中山陵主体建成之前的2个月，英年早逝，年仅35岁。

图4-25　吕彦直（1894—1929）

有鉴于此，当时的国学大师李澄宇（1882—1955）写道："张衡作浑天仪难，而候风地动仪尤难。盖非难其动，难其应地（震）而动，且远地动亦可应之也。"他不是研究自然科学的，但对古文献进行过认真研究，清楚地意识到地动仪具备"一件仪器两种反应"的能力，只是不明白其道理。

地震研究迈出第一步

就像米尔恩等人一样，地震研究首先需要整理、编纂地震目录，确定中国在何时、何地发生过怎样的地震，这是件浩繁巨大的工程。新中国成立后，国家投入了大量人力编纂《中国地震资料年表》，至1957年方完成，含8100余次地震，随后1960年编出《中国地震目录》，含破坏性地震1180次。最近查清，在民国期间编制出中国第一份地震目录的不是洋人，而是建立于1870年的上海徐家汇观象台的黄伯禄神父（图4-26）。

■ 黄伯禄

黄伯禄（1830—1909）江苏海门人，清末天主教江南教区的主教，杰出的学者和教育学家。通晓中、法、英和拉丁文，论著30多种，曾任上海天主教修道院的司铎（Priest，即神父）、徐汇公学校长、复旦大学（前身震旦大学）校长。

他第一个编辑了《中国地震年表》（法文）。两次被法国文学院授予儒莲奖。

图 4-26　黄伯禄于 1905 年

黄伯禄是在 76 岁高龄时开始编辑《中国地震年表》（法文）的，他利用了中国 10 种史书和 391 种地方志，呕心沥血 3 年完成了第 1 卷，《 Hoang: Catalogue des Tremblements de Terre signals en Chine 》（前 1767 — 1895 ）含 3 322 条地震记载，该书于 1909 年 10 月 7 日出版，抚摸到样书后的第二天他安详谢世。黄伯禄神父在徐家汇观象台有两位外籍助手：西班牙人管宜穆（ J. Tobar ）和法国人田国柱（ H. Gauthier ），他们按照黄先生去世前夜的嘱托，又对遗稿做了补充和校订，历时四载。仍以黄伯禄作为第一作者于 1913 年 10 月出版了该书的第 2 卷。并在法国传教士 1892 年创办的《汉学丛书》上刊出，发行于欧洲各国，奠定了中国地震学的基础资料。

与欧美等国相似，中国的地震学也是从地质学起步的。辛亥革命后，临时政府在实业部设立了地质科，1913 年成立地质调查所，1916 年北京大学培养了第一批地质学人才，1920 年以后从欧美留学的人员不断回国。地震学随着地质、气象、天文、地理等相邻学科一起发展起来。最初的工作是对几次强地震开展现场调查，如 1913 年 12 月 21 日云南峨山 7 级地震、1917 年 1 月 24 日安徽霍山 6.3 级地震、1918 年 2 月 13 日广东南澳－汕头 7.3 级地震，积累了烈度分布、地质构造的研究经验。

1920 年 12 月 16 日甘肃海原地区发生 8.5 级特大地震，是又一次的"陇西地震"。地点位于固原、海原、天水一带，就在东汉的汉阳郡和安定郡之间。震中烈度高达峰顶Ⅻ度，余震持续 3 年（图 4-27 ）。死亡人数 25 万以上，是我国近代史上第一位严重的震灾。

图 4-27　1920 年海原地震现场

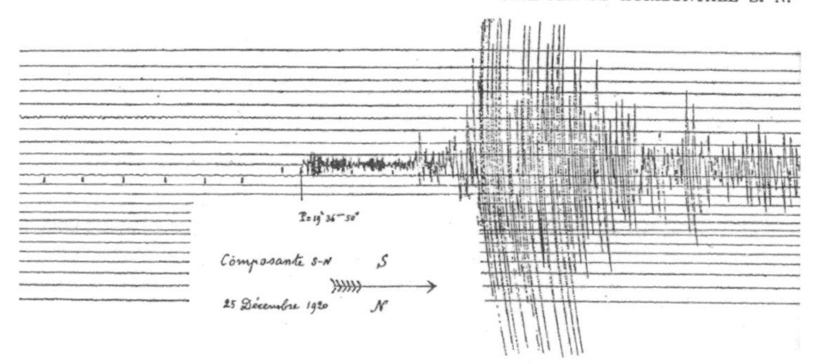

图 4-28　海原地震的余震，最大振幅是瑞利面波
（上海台，Ghergi，1920）

1921 年 4 月由翁文灏带队赶赴灾区进行现场考察。他不断地用张衡为榜样来鼓励大家：

> 汉书张衡传，衡造地动机……我国原为地震仪发明最早之国，惜继起无人，遂至失传。近代欧美、日本所用之地震计，则视古代地震仪尤大进步，本国毫无设备。我们更应急起直追，期有进步。

张衡就是一面旗帜，中国科学家的光荣和榜样。地震考察历时四个多月，工作条件异常艰苦，长期缺乏营养，翁文灏先生在原有的胃疾上又患维生素缺乏症，严重时双脚肿胀不能举步。在考察队员的艰苦努力下，实现了我国第一次大规模的地震科学考察。1922年，翁文灏主持的报告《甘肃地震考》完成，全面总结了研究成果。

■ 翁文灏

翁文灏（1889 — 1971），我国第一位地质学博士、地震学家。留学比利时，1912年回国。曾任农商部北京地质调查所所长等职，对我国现代地震科学的创立和发展做出过杰出的贡献。

他率先开展了地震地质工作，建树颇多。大力推动了地震科学研究、人才培养，以及中国地震台（北京鹫峰台和南京北极阁台）的建立。

图 4-29　翁文灏（1889 — 1971）

翁文灏又专门对陇西地区的历史地震进行了重点研究。于1921年整理出了该区的地震目录，共266个事件（前780 — 1909）。他发现，甘肃的地震活动在空间上可以划分为5个区——武都、陇西、宁夏、西宁和武威，而且地震活动的时间上存在“此息彼起”的规律，迁移周期平均约30年。还提出了若干新思想和新观点。比如：

● 首次提出了在没有地震仪时，如何利用史料来研究地震活动性的方法，以及对震中迁移特点的新认识；

● 提出了建立“地震史料烈度表”的雏形，以及烈度异常区的概念；

● 最早开展了我国的地震地质研究，分析了大地震与活动断裂的关系，第一次绘制了

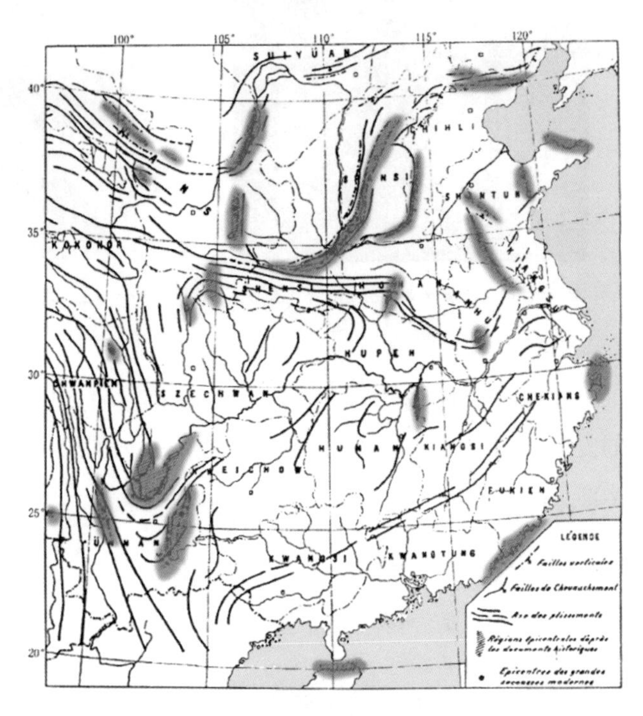

图 4-30　中国地质构造与地震关系图（翁文灏，1922），红条带为地震危险区

中国地震与构造的关系分布图（图 4–30)，对地震区划和地震预测产生了积极影响。

从今天的眼光看，他的很多推断都是合理的，奠定了我国地震地质研究的基础。

地震学研究方兴未艾

在地震地质工作的同时，地震台站建立起来。1922 年从日本手中接管过来青岛地震台，由留日归国的王应伟负责地震观测。1930 年我国自建了第一个地震台 ——北京鹫峰观象台(图4–31)，由李善邦主持。1931 年建立南京北极阁地震台(图4–33)，由金咏深负责。三个地震台的仪器都配置了维歇尔倒立摆地震仪和伽里津电磁地震仪，是当时世界一流水平的台站。

图 4–31　北京鹫峰地震台（1930）

图 4–32　地震台的李善邦和地动仪图画（1931）

在地震台刚建成之时，李善邦高高兴兴地在正面墙壁上悬挂了一幅张衡地动仪的复原图画（图 4–32）。这是按照服部一三的模型请人绘的，自己又工整地抄录下来翁文灏题的诗句：

地动陇西起，长安觉已先。微波千里发，消息一机传。
科学开西哲，精思仰昔贤。空山研妙理，对此更欣然。

在油盐水电都不济的荒山野岭，形单影只地工作在冷清如古庙、进城骑毛驴的观测台上，我们想象不出这样一幅图画曾在李先生心中引起过怎样的波澜激荡(图

4–32）。有一点可以肯定：科学家的职责在支撑着他的工作，民族的骨气与张衡的荣耀在感召着他。李善邦的这幅画在战争中被保护下来，至今仍然高高地悬挂在北京西山的鹫峰地震台上。画稿的落款时间是日本帝国主义发动侵华战争之时：民国二十年九月（1931 年 9 月），先生希望子孙后代永远记住这段历史。

以上三个地震台都是由中国人自主掌握的，出版了观测报告，也都因为战争在 1937 年中断了其工作。

图 4–33　南京北极阁观象台的原貌（1912）

王应伟

王应伟（1877 — 1964），早年留学日本东京物理学校数学科，1915 年回国，1916 年在北京中央观象台任气象科科长，中国天文学会创始人之一。1929 年调青岛观象台任气象地震科科长，后兼任天文磁力科科长。他在天文、气象、地球物理领域的著述甚丰。出版了《近世地震学》《地球磁力学》《气象器械论》《中国古历通解》等重要学术专著，是中国首位进行地震仪器观测和分析的学者。

图 4–34　王应伟（1877 — 1964）

在地震学的理论研究方面，除几位留学的青年在攻读学位外，王应伟于1931年完成了中国第一部地震学理论专著《近世地震学》。该书比较详细地论述了地震学的基本问题，定量地分析了地震波的传播、反射与折射、地震仪理论和观测记录的处理等等，还讨论了震源、极震区与震中的关系、地震活动的周期性、震前地形变、前震和前兆、地震预报、余震公式、浅震与深震的关系、继发性地震等问题。这些基础性的研究工作有别于传统做法，向着现代科学跨出了一步。

正当中国现代地震学研究方兴未艾，日本的侵华战争毁灭了一切。

22 中国砥砺前行

第一次世界大战（1914 — 1918）后，日本已经成为中国的最凶恶最残忍的侵略者，1931 年发动的侵华战争长达 14 年之久。战争破坏了我们的大好山河，毁掉了地震科研的条件。在民族存亡的历史关头，"科学救国"转化到"抗日救国"的高度，个人命运与国家前途紧紧联系在一起，没有什么比国家解放、民族独立更宝贵。

中国人民发出了最后的呐喊，克服重重困难，不仅在战争期间制出了第一台地震仪，还发现了重大矿藏和油田，为学科的发展奠定了基础。新中国成立后，地震科研工作取得日新月异的发展。

日本的侵略

1894 年甲午战争之后，日本抢占了台湾，遂于 1897 年在台北建立了第一个地震台，后又在台南（1898）、台中（1902）、台东（1903）、恒春（1907）、花莲（1919）以及阿里山、澎湖等地设台站，初步形成区域地震台网。1905 年日俄战争后，俄国在大连和营口刚建立 1 年的地震台遂被日本占据，随后日本在东北地区的沈阳（1905）和长春（1908）建立了地震台。1918 年一战结束后，日本又取代了德国在山东的权益，获得了德国 1908 年建在青岛的地震台。

1922 年之前，中国共有 15 个地震台站，除天主教堂的徐家汇台（法国，1904）和陕西通远坊台（意大利，1922）之外，已全部被日本掌控（图 4-35）。这些观测台获取的情报资料，并不为中国服务，即便在 1920 年海原大地震的紧要时刻，也是置若罔闻不予配合。至 1945 年日本投降，中国对地震台的接管仍然拿不到完整的或者根本没有任何资料。

与此同时，历史又写下了 1923 年日本地震时恩将仇报的惨痛事件。

1923 年 9 月 1 日 11 点 58 分，日本关东地区发生 8.3 级地震，按日本的官方公

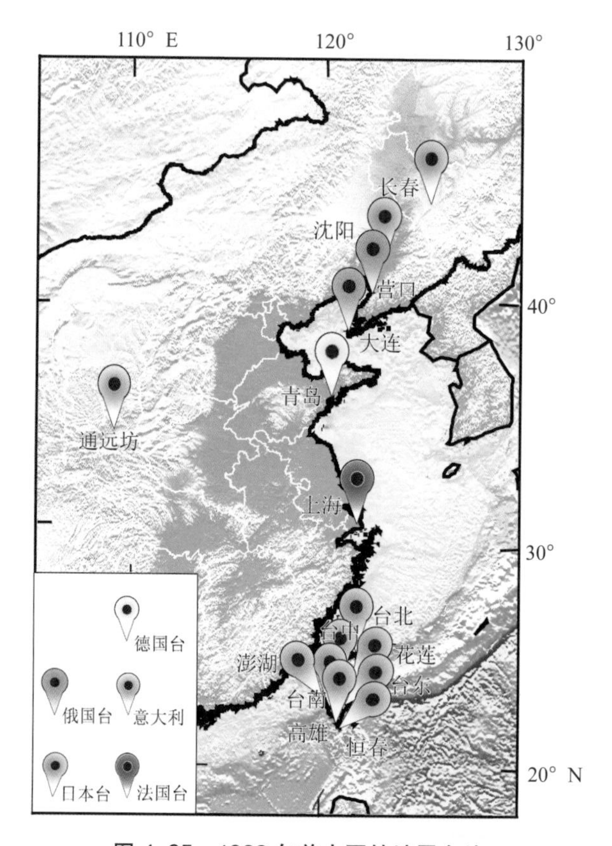

图 4-35　1922 年前中国的地震台站

布：地震死亡 105 385 人。中国当时也正蒙受着严重的自然灾害：1918 年北方大旱，2000 万人受灾，50 万人死亡；1920 年海原地震，25 万多人员死亡；1923 年 3 月 24 日四川炉霍 – 道孚 7.3 级地震，6000 余人罹难 ……

得知日本震灾，中国当即倾全国之力施以援助。

北洋政府紧急调派了 2 艘军舰、10 艘商船，载运粮食、药品分赴东京、横滨、神户等处接济，免去了所有的出口日本的食品、服装、药品、卫生材料等的关税，迅速解除粮食输出之禁令，运去大米 30 万石。还动员了各慈善团体、红十字会及银行、新闻、商会、军警各界组织“日灾协济会”。各大城市义赈义演，全国为日本募集了总额约 150 多万元的赈灾款。满载面粉和大米的中国救援船“新铭”号，还有中国红十字会上海医疗队 26 人、北京红十字总会 5 位专家，都是第一支抵达日本的国际救援队伍（图 4–36）。又从日本接回国华人 6321 人，减轻了日方救灾的负担。据《申报》《大公报》报道，日本的轮船甚至直达温州，将木炭、烟叶、菜子、鲜蛋等物运载回去 …… 动人的事迹，举不胜举。

在日本，场面截然不同。当局为转移民众对政府救灾不力的愤怒，制造谣言：“朝鲜人要举行暴乱，是朝鲜人放的火，大地震还要来”等。东京与神奈川立即宣布戒严命令，日本各地的军队、警察和市民组织起来，开始屠杀朝鲜人和中国人（图4-37），杀戮时使用了竹矛、铁钩等凶器，死亡者包括未满10岁的儿童。韩国国家记录院2014年6月2日首次公布了厚厚一大本的《日本关东大地震被害者名单》，被杀害的朝鲜人约6000名。日本宋庆龄基金会副理事长仁木富美子也在战后做了详细查证，撰写了《关东大地震中国人民遭虐杀》，指出被害的中国人758人，其中死656人，伤91人，失踪11人，90%是温州人，著名华工领袖王希天也遇害。日本在关东大地震中的痛苦，以屠杀中朝平民的方式野蛮地渲泄了。

图4-36　中国医疗队在1923年日本关东地震现场

图4-37　1923年关东地震时日本军警在屠杀中朝平民

2002年中日韩三国53名历史学家组成了共同编写委员会，利用三个国家73家单位提供的历史资料，历经3年的反复争议与讨论，按照达成历史共识的内容而编写出《东亚三国的近现代史》，2005年在三国同时出版发行。书中专辟有一节《关东大地震和在日朝鲜人、中国人》，客观记述了中朝投入地震救灾却遭屠杀的事实，结尾处写道：

关东大地震的大屠杀是无颜面对国际社会的奇耻大辱…… 虽然这一事实已过去了 80 年，日本政府仍未对屠杀朝鲜人和中国人的事件进行正式的调查，也没有谢罪和给予补偿。

1923 年地震后的日本，久存的法西斯观念被触发和强化，很快便上升为日本的全民意志：关东大地震使两百年江户文化的成果瞬间毁灭殆尽，而日本狭小的国土全部位于地震活断层带内，如此强烈的地震还会再次复发，没有搬迁的空间余地。欲保障日本人的生存空间，只能下定剖腹断骨的决心：占领落后孱弱的中国，移民“开拓”；征服经济富饶的东亚，资源“共荣”。

关东地震之后，日本对中国的侵略步伐急速加快：1924 年迅速控制了清末代皇帝溥仪，筹备“满洲国”；1927 年确定了“欲征服世界，必先征服‘支那’”的方针；1928 年炸死不愿当傀儡的张作霖，无情地嘲笑了张大帅的愚蠢 —— 1923 年关东地震时他刚向日本赠送 2 万袋面粉和 100 头牛去救灾……

1931 年 9 月 18 日，日本在东北发动了侵略中国的战争。

战火逐渐燃烧到关内，方兴未艾的中国地震工作惨遭破坏，地震学者流离失所，家破人亡。

1937 年夏，北京西山的松林郁郁葱葱，山下的河水波光粼粼。袅袅炊烟的北安河村继续享受着往日的静谧，鹫峰地震台的人气已然红火，四面墙壁都在微笑。李善邦不仅增添了助手贾连亨，而且清华大学物理系毕业的秦馨菱（1915 — 2003）也被分配到地震台。李先生几年的独自艰苦终于熬出头，冬天曾经一个人哆哆嗦嗦爬到屋顶的旗杆上架电线，住在秀峰寺古庙里孤身独影地在煤油灯下读书，半夜睡梦中被毛骨悚然的野兽悲鸣惊醒…… 鹫峰台已经能够正式出版地震专报了，每年四期；每月与世界有关台站交换地震报告；与英国米尔恩创立的“国际地震数据中心”有直接的业务联系。清华和地质调查所的学生们会到台上来实习，其中就包括后来的著名院士翁文波、陈国达等人。与此同时，南京北极阁地震台也开始出版地震季报。

中国地震事业刚步入正轨，1937 年 7 月 7 日卢沟桥的枪炮声隆隆传来，日本发动全面侵华战争，北平的郊区已经处于日军坦克和枪炮的恐怖铁蹄中，鹫峰地震台的电线被炸断。

■ 战争的回忆

贾连亨：

那时李善邦和秦馨菱刚好出差在外，台上只有我一个人，心里十分恐慌，幸好我父亲冒着各种危险从海淀镇绕道来鹫峰台看我。我与父亲在夜间趁无人之际，将地震仪器拆卸装箱，还有部分的珍贵图书，用人拉平板车从鹫峰台经四、五里山路才运出山。然后，专走小道，不知走了多少时间，在天有点朦胧亮的时候，到了颐和园北边的青龙桥……运到燕京大学与协和医院保存。再回鹫峰已经来不及了，一路的惊吓劳累，父亲病倒，1938 年 2 月与世长辞。

秦馨菱：

因为太重，Wiechert 地震仪留在了鹫峰台，后来被抗日游击队化铁造了手榴弹，鹫峰地震台因为是抗震建筑牢靠，曾一度作为游击队的指挥所，也为抗日战争出了力。

李善邦：

逃到南京后，淞沪战争又起。8 月 15 日，日机大举轰炸南京，仓皇之中别妻抛子……家人走后剩下一个光身，夜宿图书馆书架之间，以防空袭。夜深人静时，想到若干年的心血尽付东流，剩得赤手空拳。谁使我如此，岂不可恨！

1937 年 9 月份，日军的炮火又很快逼近了南京，刚到南京不久的李善邦紧急投入台站搬迁，他和金咏深等人昼夜拆卸南京地震台的设备，装箱运出，其中的伽里津地震仪在运往四川的途中被日机炸毁。中央研究院的专家们前脚刚撤离南京，日军后脚就在南京制造了持续 6 周的大屠杀，30 万同胞罹难。翁文灏把自己的三个儿子送到军队抗战，次子飞行员翁心翰曾在湘鄂等地击落敌机多架，于 1944 年 9 月在对日空战中壮烈殉国。1939 年春，中央地质调查所迁入重庆北碚。日军又对重庆实施了无差别轰炸，从 1938 年 2 月到 1943 年 6 月发动 9000 多架次的轰炸，万余幢房屋尽成瓦砾，地质调查所的部分办公室被炸毁，工业实验所亦成火海……重庆出现了南京大屠杀后平民最严重的死伤。

日本的侵略战争把中国刚起步的现代科学工作破坏殆尽，滔天罪行罄竹难书。

战火中的地震工作

中国科学家们并没有屈服。战争中，地质调查所在重庆北碚再次组建起来（图 4–38），李善邦、秦馨菱等人也千辛万苦于 1938 年 9 月抵渝。尽管 1937 年前的三

图 4-38　重庆北碚地震台设在中央地质调查所内（1939）

个地震台站已经遭到日军破坏，李善邦等人决心恢复地震观测，自己动手研制地震仪。

当时的材料很缺，就从旧货摊上买东西改装，用石磨当飞轮人力带动车床加工零件，阻尼器用铁片放进油里实现，时号用橡皮夹放个小铅片，继电器没有白金就用需经常擦洗的白银，没有电源就用手摇发电机来发电，熏烟记录纸是反复使用的，日机轰炸房间后又继续工作……秦馨菱俨然成了一位万能博士。李约瑟看到这种情况非常感动，表示回英国后要帮助他们解决殷钢材料。长期的艰苦劳累，导致李善邦肺病复发，多次吐血……1942 年李善邦设计的中国第一台现代地震仪终于制造成功（图 4-39），为机械杠杆放大熏烟式地震仪，放大倍率 152。随之“重庆北碚地震台”于 1943 年 5 月正式工作，记录到四川、淮河流域及土耳其等地 109 个地震，出版报告，并与国际交换。毕业于四川大学的谢毓寿（1917 — 2014），也于 1944 年参加到地震台的工作中。二战期间，苏联所有地震台都停了，整个欧亚大陆没有几个台在工作，北碚地震台是中国大陆唯一的台站，资料极宝贵。中国能在二战当中建立起一个新地震台，传达出了中国人民不屈不挠的意志和坚强力量，国际上亦相当重视。

应该提及的是，就在 1937 年卢沟桥事变前夕，王振铎提出了一个地动仪复原模型（图 4-40）。这个模型虽然是个定性的概念模型，未曾制作，但根据悬垂摆原理率先画出了内部结构，要比服部一三、米尔恩和吕彦直的模型更向前迈进了一步。

抗战期间，王振铎的弟弟参加了八路军，父亲因日军抄家而身亡。王振铎在昆明和四川南溪坚持开展了周汉车制、指南车、记里鼓车等考古研究。

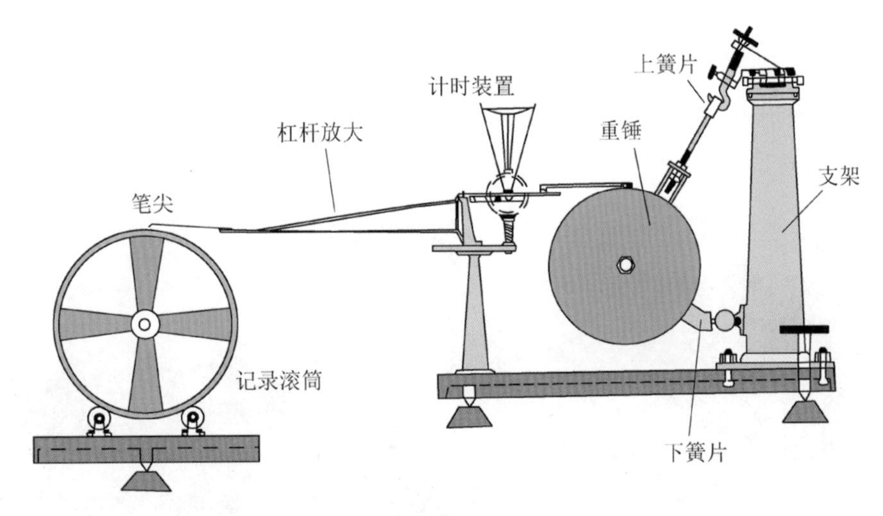

图 4-39　李善邦设计的中国第一台现代地震仪（1942）

图 4-40　王振铎设计的地动仪复原模型（1936）

战争爆发后，留学国外的地球物理学者冲破层层阻力，纷纷赶回国内。我国的白云鄂博主矿、玉门油矿、攀枝花铁矿、江西南岭钨矿等几个重大矿藏都是此时期发现和证实的。在此期间开展的地震工作还有：

● 对测震仪器，多人从原理、构造、阻尼、频率响应、计时和记录方面进行了系统的研究。结合 1931 — 1933 年富蕴、昌马和叠溪地震，讨论了相应的测震技术和理论计算方法。

● 烈度评估已普遍采用，利用了测震学的数据，整理了相应地区的历史地震资料，探讨了震源的地质构造背景、余震活动序列、地形和地质对烈度的影响和前兆现象等。

● 对此时期 9 次强震调查了 6 次，包括新疆富蕴 8 级（1931）、甘肃玉门 7½ 级（1932）、四川叠溪 7½ 级（1933）、广西灵山 6¾ 级（1936）、山东菏泽 7 级（1937）、江西寻乌 5¾ 级（1941）地震，积累了地震的构造背景、地震活动性等重要资料。成都水利知事公署在 1933 年叠溪地震的调查中（图 4–41），10 余人遇难，其中包括年仅 23 岁的四川大学学生。

图 4–41　四川排山营在 1933 年叠溪地震中受灾

● 抗震问题开始考虑。分析了地震时城乡民房倒塌的结构、材质等因素，讨论了地基条件、断层避让、松软土层的关系，强调了对黄土层窑洞、次生灾害和消防等预防问题。加大宣传了“防灾减灾胜于救灾”的概念。

新中国地震学的新面貌

经历几十年的磨难，1949 年以后的中国地震事业浴火重生，再现光辉。

解放初曾引进过少量苏联仪器，后来全靠我们自己的双手搞起来，研制出微震仪、中强震仪、强震仪、数字地震仪（图 4–42）、宽频带地震仪、深井地震仪，以及各种类型的速度仪、加速度仪、海底地震仪、月球测震仪等等，除此之外，还研制出大量的地震前兆监测仪器，重力、磁力、电法、形变和水化仪器。

图 4–42　我国的新型地震仪器

我国在地震学的基础理论、监测预测预防、地震实验学、地震工程、应急救援等方面的发展都很快，基础工作开展得十分扎实，已位于世界前列。

■ 我国的数字地震台网

台网由三层构成（图 4–43）。

第一层国家台网，共有 170 个台站和三组共 30 个子台的小孔径台阵；

第二层区域台网，台站总数为 859 个，另有 6 个火山监测台网（33 个子台）；

第三层流动台网，可随时布设于强震活动区。

正在建新的数千台地震预警仪器的网站、发展卫星监测系统，更好地发挥防灾减灾的作用，地震仪器和测震技术已经走出国门，应用到亚非地区。

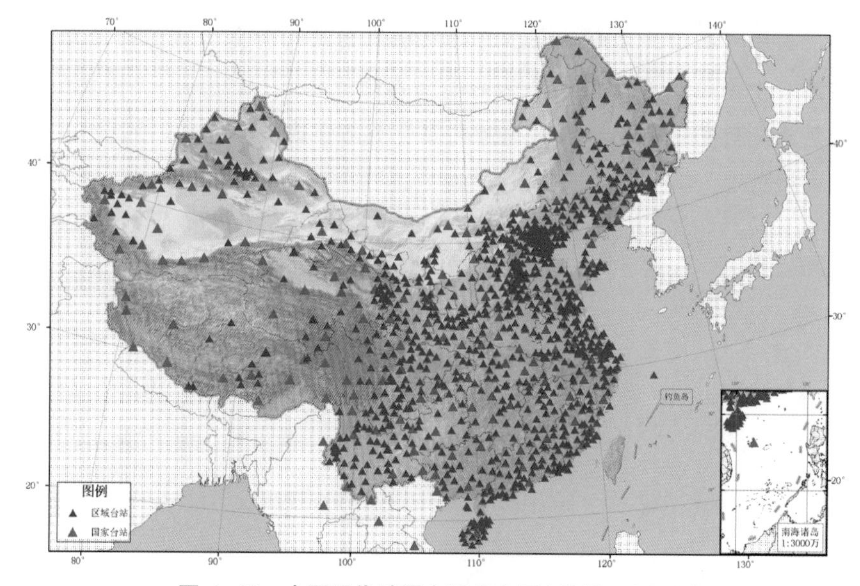

图 4-43　中国现代地震台网分布图（魏星，2016）

地动仪走向了世界，中国也走向了世界。

令人深思的是，这个世界的水平是如何走到的？至少有两点给人以启迪：其一，科学发展的关键在于掌握自然规律。地动仪的发明很古老，但它是先进的，不在于古今的时间。张衡－米尔恩－维歇尔等人的不断前进，也不在于他们的国度。谁掌握了自然规律，谁就走到了世界前列，仪器设备不过是先进思想的一个载体。其二，人脱离不了社会，只有把个人的前途与国家和民族的命运紧密结合，才能创造辉煌。我国科技迅速发展的历史，就是明证。

20 世纪 50 年代后，世界已进入第三次工业革命时期，是以原子能、计算机、空间技术和生物工程为代表的信息时代。地球科学的发展也进入一个新阶段，不仅要大力应用已经成熟的技术和理论，还要从静态的结构研究，进入动力学、物理学的高级阶段。一句话，要掌握一个活的、动态的地球。

重新复原与研究张衡地动仪也成为我们责无旁贷的任务。

延伸阅读

冯锐，中国近代地震学史纲要 . 中国地震，34 卷，2 期，2018.

李善邦，我国早期地震工作发展概况 . 西北地震学报，2 卷，1 期，1980.

萩原尊礼，地震学百年 . 东京：东京大学出版会，1982.

中国、日本、韩国三国学者与教师共同编纂，东亚三国的近现代史 . 230 页，北京：社会科学文献出版社，2005.

Herbert-Gustar L K，Nott P A，John Milne: Father of Modern Seismology. Tenterden，Kent: Paul Norbury Publications Ltd，1980.

第五章　聚焦工作原理

23 必备的地震学概念

地动仪是检测地震波的工具。但地震波却是一种稍纵即逝的波动现象，来无影去无踪，如果不掌握地震波的特点和规律，就无法理解古书底层的科学内涵，望文生义、指鹿为马的失误是难以避免的，复原和检验都会变成瞎子摸象。

怎么认识地震波？全靠地震图。发明地震仪就是为了客观地记录下来地震波动的全过程，让人们能“真切地看到”它的面孔、掌握它的规律。当然，双眼看到了地震图，还是尝不出它的酸甜、秤不出它的斤两……只能用抽象的参数来定义它，用数学手段来描述它。于是，弹性回跳、位错、震相、振幅、频率、衰减、烈度、震级、地壳、地幔……数不尽的抽象概念便出现了，它们是新世界的主角。所谓认识地震波，就是认识和掌握这些概念。

本节的几个地震学基本概念以后要反复用到，建议读者采取看图识字的办法来理解。

地震机制和波动激发

地震发生的机制是什么？这是与地震仪同时开展的另一方面的研究。早期已经提出了火山喷发和溶洞塌陷学说，1878 年地质学家修斯（E. Suess）和霍尔尼斯（R. Hoernes）又提出，地震是由于地球的收缩引起地壳断裂。由此，地震的三种类型：构造、火山、陷落，得以明确。显然，断层成为最被关注的地质构造，因为无论断层是垂直错动（图 5–1 ）还是水平错动（图 5–2 ），人们都能够看到两盘岩层发生过剪切错动的明显痕迹。问题在于，岩体以每年毫米量级的蠕动是极其微量的，如何与瞬间的地震联系起来？即便有关，能够产生地震波的特征性震相吗？

图 5–1　垂直断层的逆冲错动痕迹

图 5–2　圣安德烈斯断层的水平剪切错动痕迹

图 5–3　波纳斯农庄的栅栏

1906 年 4 月 18 日凌晨 5 点 20 分，美国旧金山发生 8.3 级地震，为机制研究提供了一个难得的机遇。地震发生在圣安德烈斯断层，沿断层的两侧开展过长期的形变测量。霍普金斯大学的地质学教授里德（ Reid ）反诘自己：既然断层在长时间里不断地蠕动——两侧的剪切性相对运动，为什么没有在延续几千千米的断层线上天天发生地震呢？又为什么旧金山地震时，仅在局部地段发生了几秒的瞬间位错。比如，震中区的马琳郡有个波纳斯（ Bolinas ）农庄，此处的栅栏断开 2.6m（图 5–3 ），震前存在的扭曲变形，震后很快就恢复到平直状的常态，继续以前的相对位移呢？

根据大量的现场资料，1910 年，里德提出了弹性回跳机制，该理论在百年的实际应用中取得了巨大成功，奠定了震源力学的地质基础，波纳斯农庄的栅栏也一举变成极负盛名的地震学遗迹。

里德

里德（Harry F. Reid，1859—1944），美国霍普金斯大学的地质学教授，主要从事冰川学研究，曾担任过美国地球物理联盟主席。

1906年旧金山地震之后，他参加了加州地震调查委员会的研究工作。在现场，他仔细勘测了圣安德列斯断层和加州沿海的断层线，分析了旧金山地震前后断层两侧的变形资料。1910年提出地震震源的弹性回跳机制，能够得到地质学和地震学两个领域的共同支持，奠定了震源力学的基础。

图5-4　里德（1859—1944）

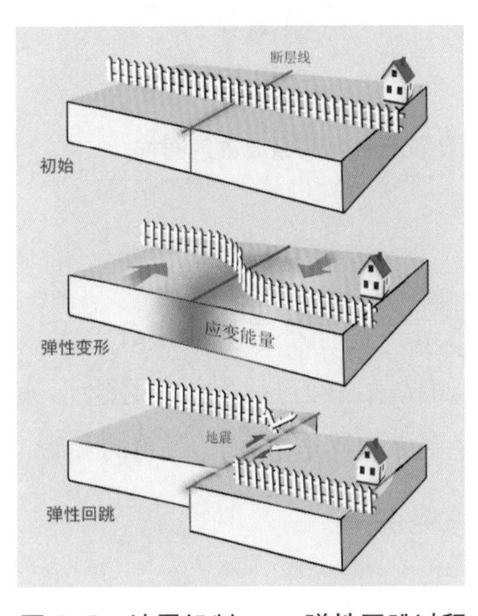

图5-5　地震机制——弹性回跳过程

弹性回跳的基本思想如下：断层的地质条件引起了地震，而不是相反；断层两侧的岩石不能被看成钢板一块，它们在极其缓慢的地质过程中会表现出弹性性质，甚至类似于沥青般的柔性特点。在地质过程中，断层两侧出现剪切蠕动——一侧向左、一侧向右。但是发生在断层面上的这个相对运动并不是完全自由的，会在某个地段的局部被卡住（出现闭锁段），因为长长的断层面上绝非处处极度光滑。于是，在这个局部区域便积蓄下应变的能量。一旦外围持续增大的作用力超过断层面间摩擦力和闭锁处的岩石抗剪强度，这块局部的、滞后的、本应移动却被锁住的岩体则弹跳回去，追赶上大区域的蠕动位错量，回跳的瞬间便释放能量——地震（图5-5），它必然是一种剪切性位错。

有了地质学的基础，理论地震学便发展起剪切位错模型。震源球体一旦出现剪切位错，势必造成体积膨胀区和体积压缩区的四象限分布（图5-6），它们瞬间激发的纵横波也就具有特定的辐射图样（图5-7）。令人激动的是，在20世纪前半叶全球地震台网建立之后，理论预期的波动符号分布居然完全符合实际观测的结果！而当时震源机制的理论模型还非常简单，只不过是点源球体的单力偶。有了初步成果之后，震源力学便沿着这个方向继续前进，已不再是个纯粹的数学猜想了。进入 21 世纪，对于断层几何面的描述、破裂的发展过程、双力偶模型都能够更逼近实际情况，甚至计算出的理论地震图亦能够得到实际观测的验证。目前，构造地震的断层破裂机制和地震波的传播理论已基本成熟，本书将要用这些研究成果来分析张衡地动仪。

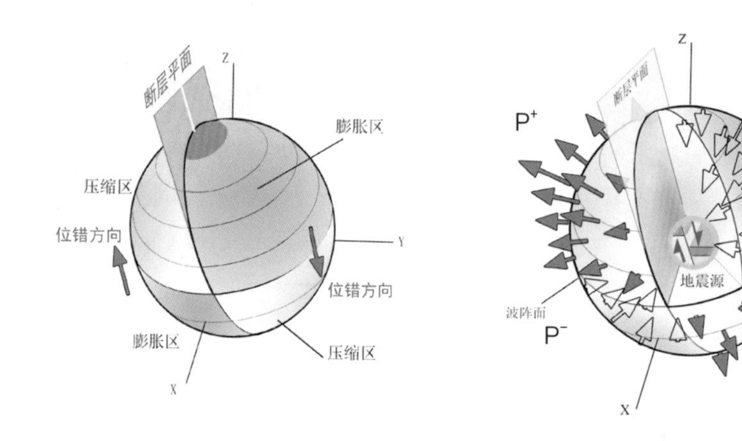

图 5-6　震源球体的位错　　　　图 5-7　震源激发的纵波辐射图样

地震波的家族

图 5-8 是一张典型的真实地震图，震中距 500km。它有三组基本成分：纵波 P、横波 S、面波 R，会唱出不可思议的曲调来。比如纵横波经过反射折射还会形成转换波、多重反射波和散射波…… 图中标注的“杂乱波”就是由它们组成的合唱，

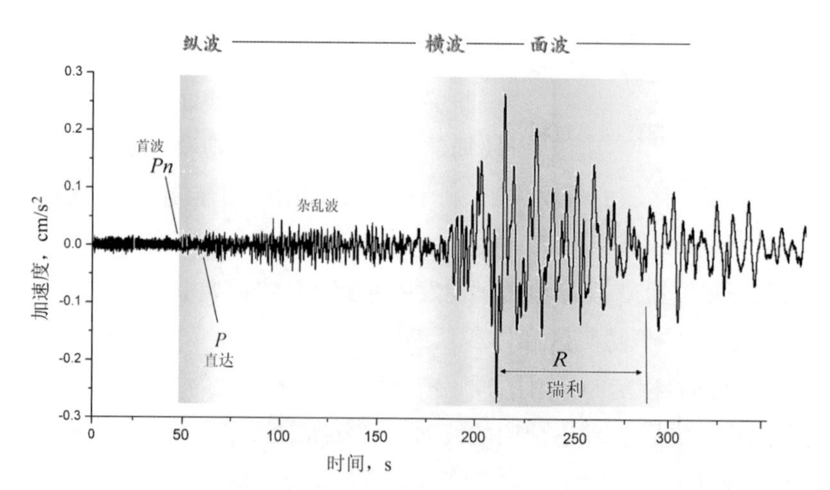

图 5-8　震中距 500km 的地震记录图，纵波、横波和面波是三种主要的波列

含有地球内部构造的丰富信息。真如杜甫说的：

此曲只应天上有，人间能得几回闻？

地动仪便是跟这些曲调打的交道，我们的分析也不能例外。对图 5-8 的信息，可以首先掌握以下几个概念。

■ 首先到达的波动

图 5-8 表明，首先到达之波是 Pn，故名“首波”，它是一种从深部折返回来的纵波（图 5-9）。地震波在地下的传播路径是弯曲状的，Pn 波沿着壳幔边界传播，速度极快，故而会在 50 ~ 80km 以远的地方从下而上最早到达观测点。于是，地震波的初动就只有垂直分量没有水平分量，故而没有方向性，不能够推断方位。从图 5-8 还可以看到，直达纵波 P 反而是传播速度小、比 Pn 晚到达的波动。也就是说，“直达”列车并不意味着比“特快”列车要第一个到终点，尽管直达 P 波的路径最短。许多人以为是直达 P 波为初动，触发地动仪，属于误解。

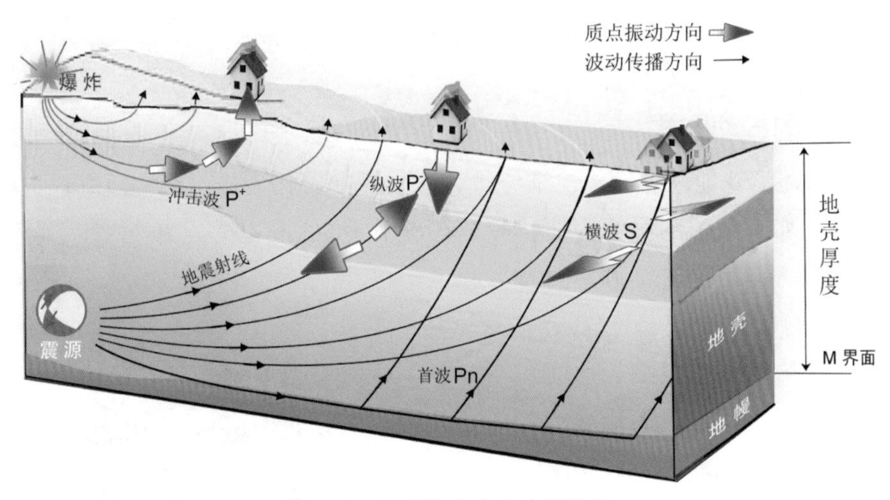

图 5-9　地震纵横波的传播路径

■ 纵横波的振动方式

纵横两种波都可以在地球体内即三维空间传播，统称“体波”，能量的耗散大、传播距离小。纵波同时存在压缩性纵波 P+ 和膨胀性纵波 P- 两种，它们的初动方向是相反的，分别背向震源和指向震源（图 5-10）。横波的质点运动永远垂直于传播方向。

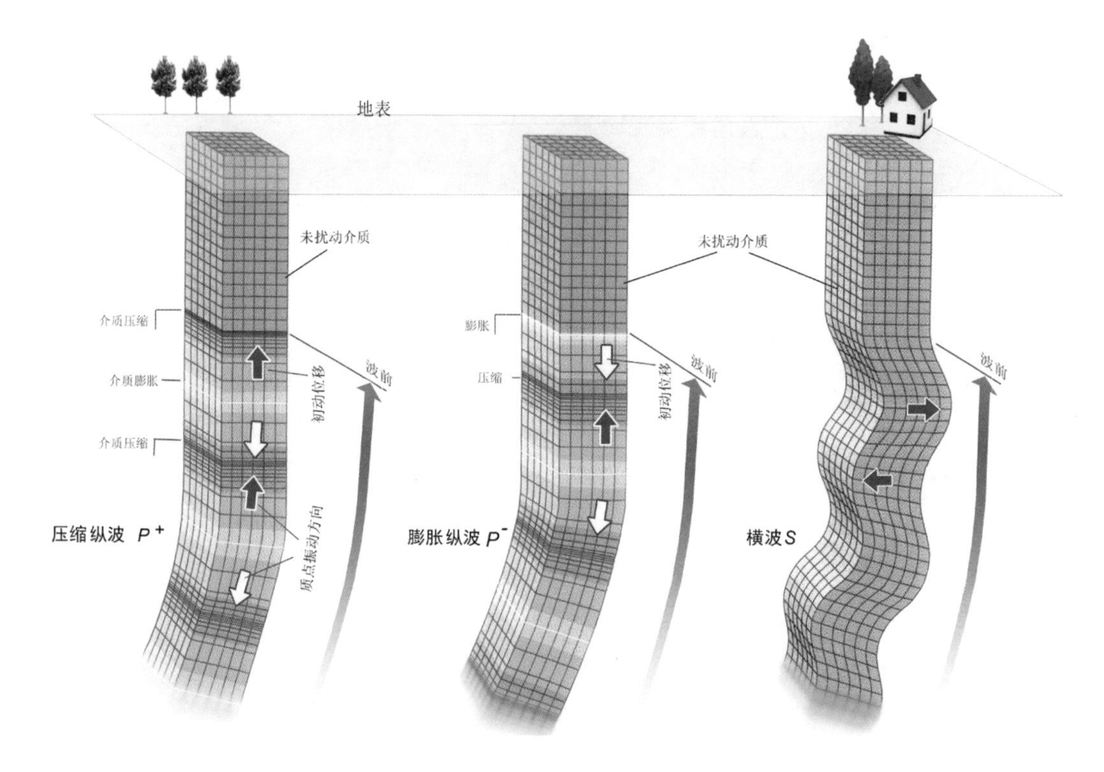

图 5-10　地震纵横波的振动和传播方式

■ 面波的振动方式

面波只能沿着地球表面作二维传播，衰减缓慢，在大震中距的地方独自称霸。图 5-8 中的那个卓尔不群的面波一般会在震中距 50km 以外发育起来。其质点运动是在射线方向呈逆进椭圆（图 5-11），它的振动周期会逐渐变化、振幅很大、衰减很慢、速度更慢，可以传播很远，大地震的面波能绕地球转几圈。2008 年汶川地震时，洛阳、北京、沈阳、广州等地几百千米以远所感到的摇晃眩晕，都是瑞利面波的作用。纵波、横波全都衰减掉了。张衡地动仪观测到的 600km 远的陇西地震波，只能是地震面波。

图 5-11　瑞利面波的传播和运动轨迹

瑞利

瑞利（Lord Rayleigh，1842 — 1919），英国物理学家。曾因发现氩、氦，氪和氖等惰性气体而获 1904 年诺贝尔物理学奖。

他还建立了波动过程的辐射公式和散射公式，1885 年奠定了弹性面波理论基础。在波动学研究中预言了面波的存在，亦叫作“表面波”。

地震仪出现以后，果然在记录图中见到了瑞利指出的波动震相 —— 瑞利面波。

图 5-12　瑞利（1842 — 1919）

面波的形成机制，源于地表浅部的岩石是层状结构的，地震波又存在不同的频率，于是那些具有相同频率或者呈整倍数频率的波动就会在地表与各层之间出现相干叠加 —— 干涉。同共振的原理一样，干涉后的波动能量大大增强，不容易衰减。纵波与横波的干涉形成了能量很强的瑞利波，横波与横波的干涉形成了能量小的勒夫波（图 5-13），故而地震面波的分析主要针对瑞利波。

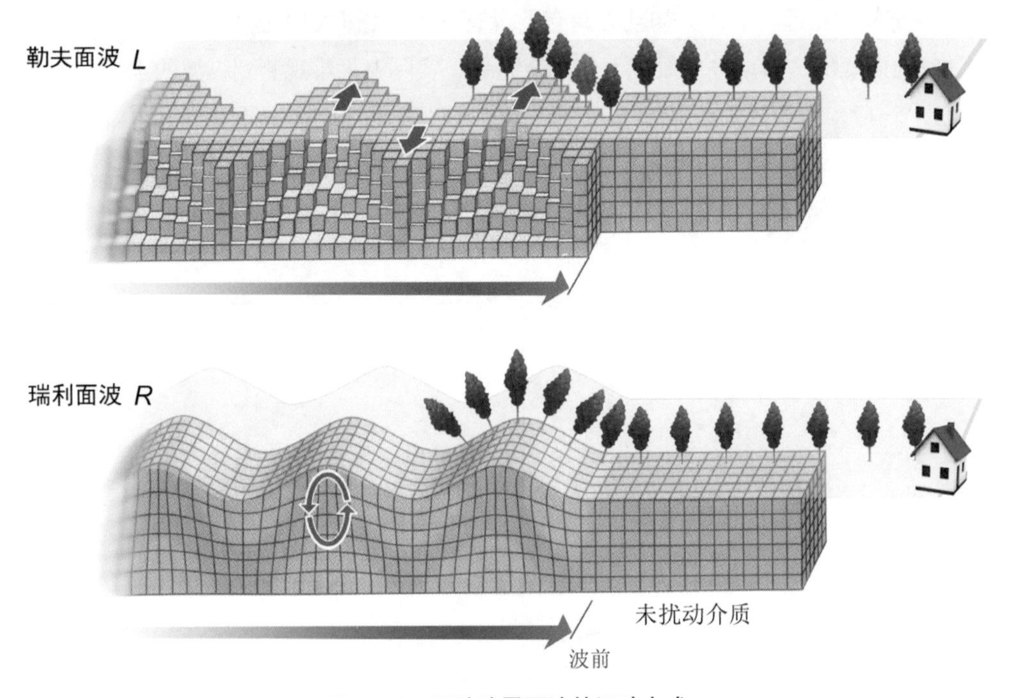

图 5-13　两种地震面波的运动方式

波动辐射图样

地震和非地震都能激发起波动，为什么一个以水平摇晃为主，另一个以垂直颠动为主呢?

所有的非地震震源都属于膨胀性力源，以爆炸的球状力源最为典型代表（图 5-14），与地震的剪切震源（图 5-7）存在本质的差异。地表面的夯击、落石、人为活动等震源虽然深度极浅，但它们激发的波动性质是与爆炸完全一样的，通常称之“冲击波”。

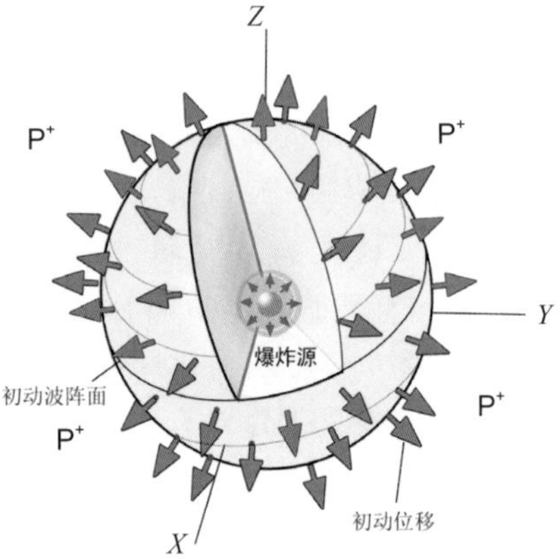

图 5-14　爆炸震源的机制

冲击波和地震波在平面的分布图样上存在极大的差异。现以垂直断层水平错动的简单地震震源为例，做二者的对比。

图 5-15，爆炸冲击波只产生单一类型的压缩纵波（P+），平面分布呈圆对称。由于射线路径在地下呈弯曲状，故而它出射于地表的初始位移都垂直向上。震源的能量有限，波动的区域也很小。地面振动则以上下颤抖为主。

图 5-16，地震同时产生压缩性纵波（P+）和膨胀性纵波（P-），平面上呈玫瑰状 4 瓣分布。在近震中区，初动方向有上也有下，有指向震中也有背向的。不过，震中区的地面变形、波动叠加效应十分复杂混乱，实际上很难观测到纵波的水平分量。

图 5-17，地震还激发出横波（S），它的初动方向全部都垂直于震中，有顺时针的也有逆时针方向的。地震横波的能量非常强，因而在包括震中区在内的很大范围里，都会出现强烈的水平摇晃现象。建筑物的破坏，主要由横波的剪切力所造成。

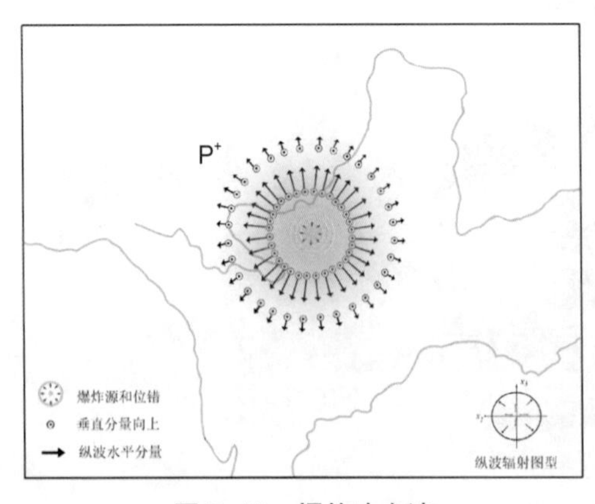

图 5-15　爆炸冲击波

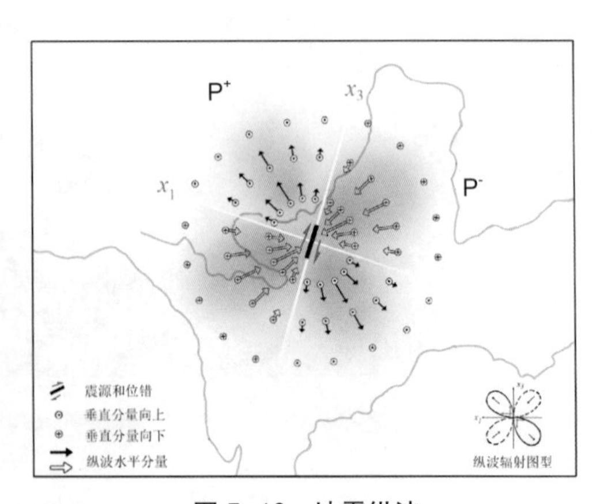

图 5-16　地震纵波

图 5-18，地震在大震中距处激发出面波。分别为垂直于震中方向的勒夫波(L)，和沿着地震射线方向的瑞利波（ R ）。只沿着地球表面传播，衰减很慢，尤其是瑞利面波的振动周期大、波列的持续时间很长，可以传播很远，容易被人员感受到摇晃、旋转和眩目。对于房屋的破坏来说，面波的作用很小，危险性并不大。

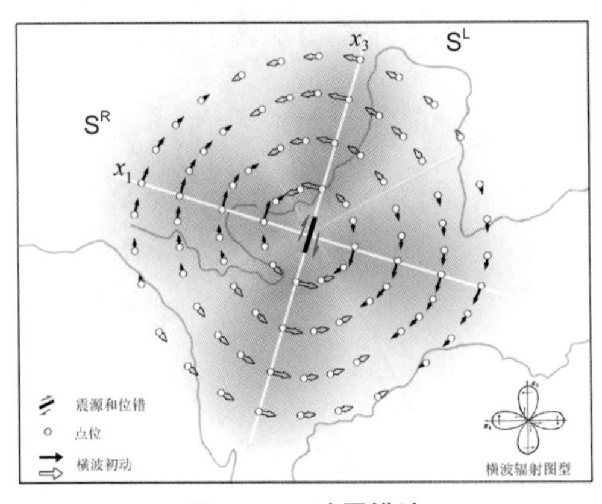

图 5-17　地震横波

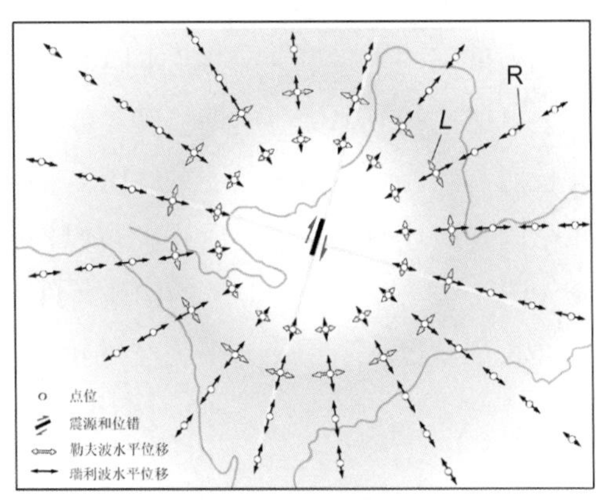

图 5-18　地震面波

烈度、震级与其他

地震仪问世前，如何评定地震的强弱呢?

罗西于 1878 年提出了一种半定量评估地震灾害的办法：根据地震当中人的震感、房屋损坏、地面破坏这 3 类宏观现象的反应程度，划分出 10 个等级，按大小次序排列成一个分级表，称为地震烈度表（ Earthquake Intensity ），它并不需要也完全不必考虑地震本身的大小和远近。这同评估炸弹的杀伤力颇为相似：杀伤力并不管炸弹本身的 TNT 当量，只是距离越远杀伤力越小，不同的地质、建筑条件下，杀伤力也是不同的。瑞士人弗瑞尔（ F. A. Forel，1841 — 1912 ）也于 1881 年独立地提出了这个办法。二者结合后，统称罗西 - 弗瑞尔烈度表（最小 I 级、最大 X 级）。在新中国成立前，一直用这种办法评定地震。

■ 罗西

罗西（M. S. de Rossi，1834 — 1898），意大利人，罗马大学毕业，钟情于考古学、古生物学、地质和火山学的研究。在做考古研究时，注意到地震对不同地点的古文化地层的破坏程度不同，为了勾画出它们的空间分布，首先提出了地震烈度标准。它很为社会所需要，比如政府部门的救济工作、房地产商评估、保险公司的赔偿有了分类标准。

1902年，意大利火山学家麦加利（G. Mercalli，1850—1914）（图5-19）完善了烈度表，把烈度分成12个等级。I度最小，没有任何现象；Ⅸ度多数人有感、悬挂物明显晃动；Ⅻ度山河改观、房屋全部毁坏。新中国成立后制定的烈度表与麦加利表基本相同（图5-20），还配上了加速度值和优势周期值等参数，编制出具有长期预测性质的全国烈度区划图。在地图上把每个调查地点的烈度填上后，便可以勾绘出等震图（图5-21），对分析地震的构造条件、房屋抗震、抗震规范等，具有十分重要的价值。

图5-19 麦加利（1850—1914）

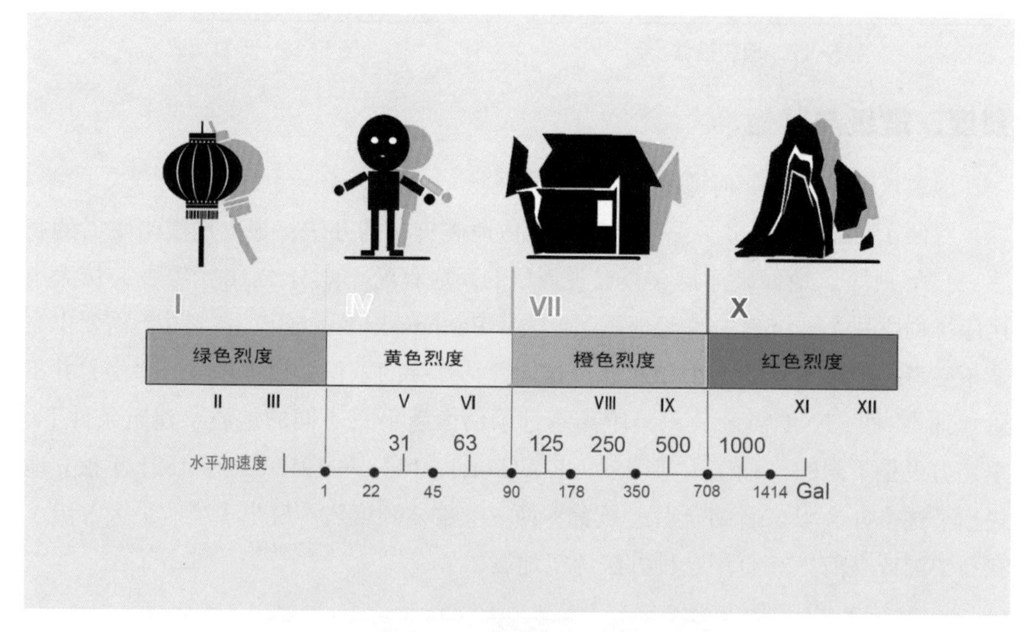

图5-20 地震烈度表的分级
Ⅱ度吊灯晃，Ⅳ度人有感，Ⅶ度房屋破坏，Ⅹ度以上山崩地裂

不难理解，史料记载的陇西地震时“地不觉动，京师学者，咸怪其无征”，这就是在描述洛阳的地震烈度，应该属于Ⅲ+～Ⅳ度现象。根据地震烈度表，便可以知道洛阳地面的水平加速度应该在1Gal左右。

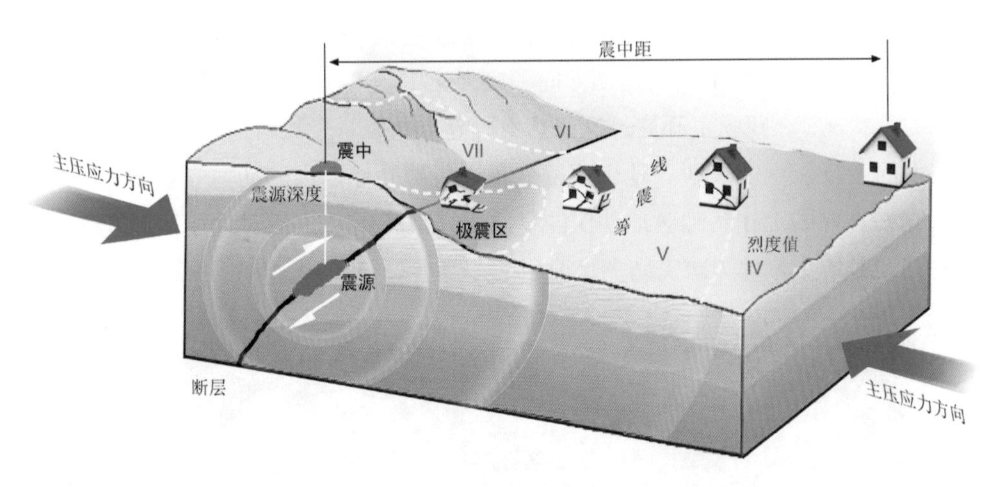

图 5-21　根据地震烈度的强弱可以勾画出等震线

有了地震图，又诞生了一个新概念 —— 震级（Magnitude）。

1935 年，美国地震学家里希特（Charles F. Richter，1900 — 1985）（图 5-22）提出了震级的评估标准。根据地震记录图的位移、周期和震中距，能够计算出地震释放出的弹性能量，相当于估算出炸弹自身的 TNT 当量。震级每差 1 级，能量相差 31.6 倍；每差 2 级，能量相差 1000 倍（图 5-23）。对那些人迹罕见的地区、海洋深处发生的地震，可以用震级标明它的大小，并不需要、也无法去地震现场评定它的烈度。震级是没有上下限的，因为它与位移等参数是对数关系，故而小地震的震级可以是负数，比如北京地震台网就可以测到 −2.0 级的微震，而迄今最大地震的震级约为 8.5~ 9.0。震级与烈度有一定关系，但是因地而异，不能够简单地折算。

图 5-22　里希特（1900 — 1985）

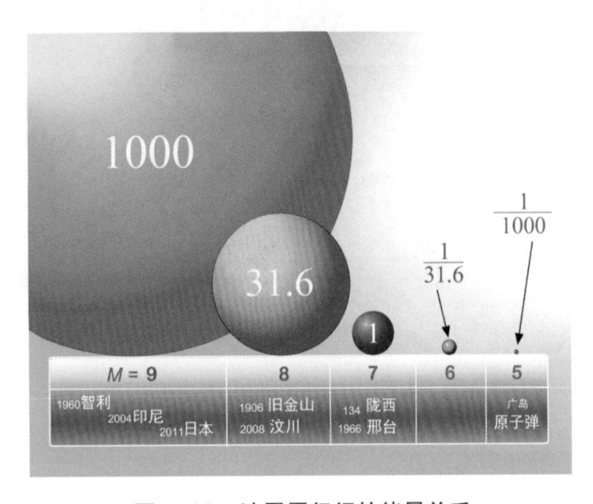

图 5-23　地震震级间的能量关系

地震台网建立后，全球的地震分布立刻显现出来（图 5-24）。由震源机制和GPS 资料，便可以推断出板块运动方向和应力集中的部位（图 5-25），从而掌握地球的动力学状况。在我国也开展过这些基本研究，比如对于陇西地区的构造应力场、主破裂面的展布、烈度区划、地壳速度分布、青藏高原四周的动力学状况都取得了成果，这些良好的工作基础对地动仪的复原研究很有用。人们对地震活动规律的认识愈深刻，越能更好地为减灾防灾事业服务。

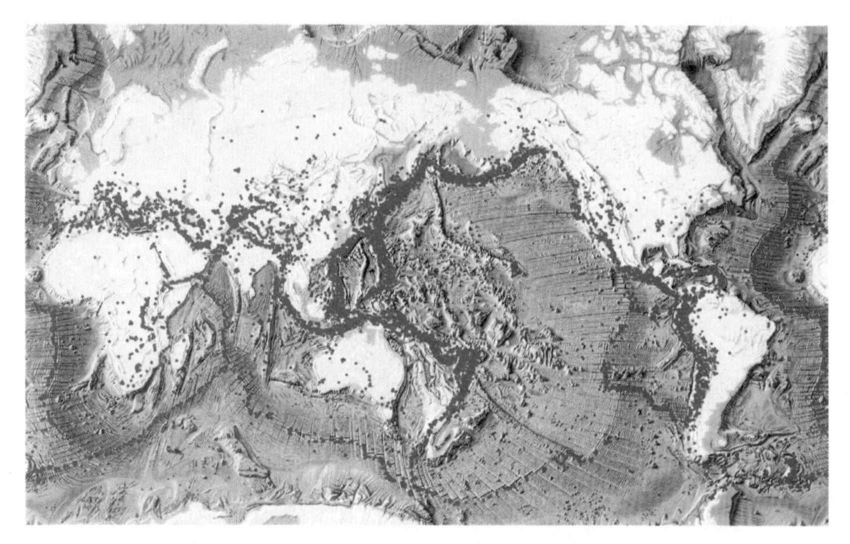

图 5-24　全球地形与地震分布简图

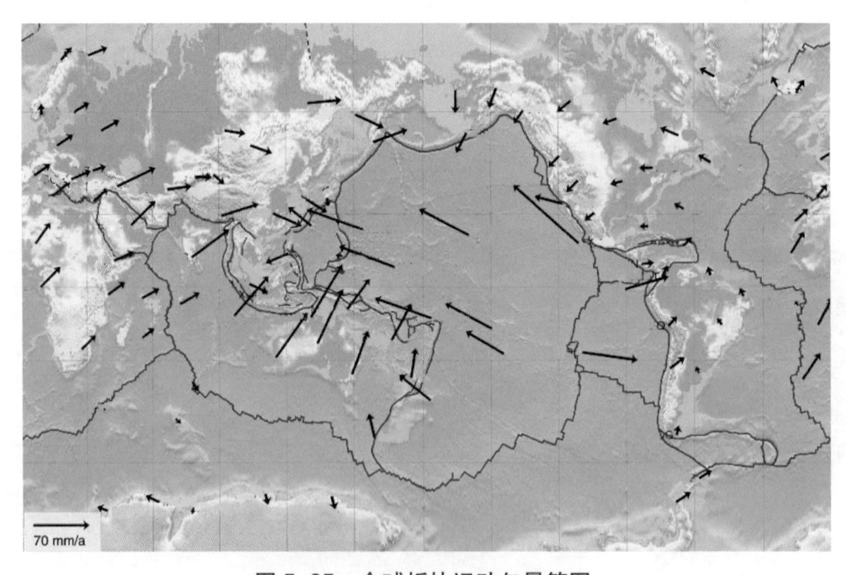

图 5-25　全球板块运动矢量简图

24 史料的科学内涵

对地动仪的内部结构，史料有 12 个字：

中有都柱，傍行八道，施关发机。

百年研究无分歧：都柱是个大的惯性体，利用物体惯性监测地震。

争论随之而来：都柱呈什么状态？

早期的模型五花八门什么都有，既不对照地震图，也不做试验。事情被颠倒了：地震不约束模型，而是模型约束地震。地震波俨然是大千世界里的一块橡皮泥，它总能够、也必须按照人们的主观愿望来满足要求。看来，若不让复原研究的随意性信马由缰，只能收住缰绳。把史料的科学内涵和地震图结合起来，先看看金戈铁马能否过“汉关”，最后再由地震试验加以辨认。史书构筑了三重关口：

（1）一件仪器能有两种反应；

（2）能测到陇西地震；

（3）能反应在地震射线方位。

过关不是为了取代，也取代不了史学考证，只为堵住随意性的漏洞，以便壮士长歌入汉关。

一件仪器能有两种反应

史料有：

如有地动，地动摇尊，尊则振。

图 5–26 是一张真实的地震图，一份常见的、极普通的地表加速度记录。第一

行水平分量，主要是地震信号，含横波S和面波R；第二行垂直分量，主要是噪声，幅度很大，含首波Pn和面波R。前面曾经介绍过：地面噪声以垂直方向的“颤抖、颠动”为主，地震则以水平方向的“摇晃、摆动”为主。事实上，这种区别远非人们想象得那么泾渭分明，那么天壤之别。因为地震和地表噪声都具有水平和垂直分量，二者是迭加、糅合在一起的。

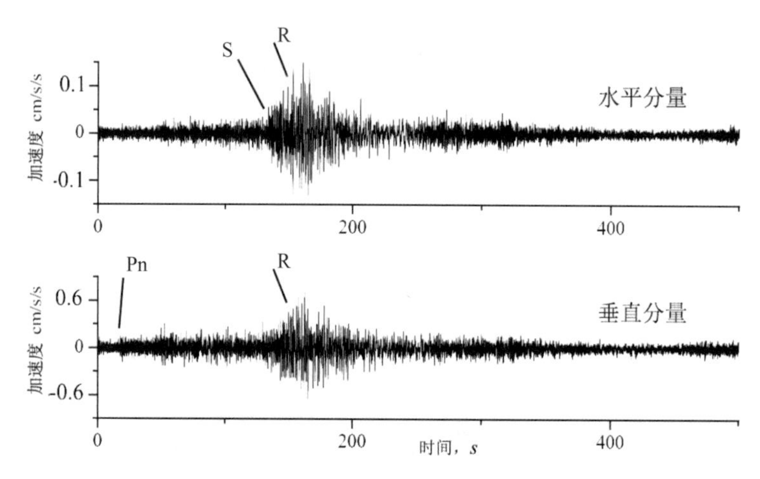

图 5-26　地表加速度的实际记录图，地震和地表噪声处于耦合状态

噪声，并不是绝对的、纯粹的垂直运动；地震，也不是纯粹的、单频率的水平运动。二者的差异，仅仅在于各自的“优势分量”不同。于是，地面噪声会无时无刻地表现出“上下颠簸，伴左右轻摇摆”；而地震波，则会“水平强震荡，伴垂直弱分量”，偏振面又总出现侧向和纵向的倾斜状。总之，波动过程的水平和垂直分量紧紧耦合在一起，只要测震，必有此问题，古今中外谁都回避不了。

既要高灵敏地测到水平向的地震信号，又不能怕垂直向的噪声强干扰，这是两难的。若非如此，便谈不上地动仪属于“不是地震它不动，只有地震它才动”的发明。

怎么办？解耦，唯一的出路。

解耦，就是把垂直分量和水平分量分离开来，彼此独立，互不干扰。实现的科学难度相当大。现代测震学采取了一系列的专门技术，连地震仪的垂直分量和水平分量都是完全不同的两种结构、两件仪器——水平地震仪不怕垂直方向的强烈干扰，只对水平运动有高灵敏的反应，或者说，水平地震仪本质上就是个高级验震器；垂直地震仪则相反。工作时，还要把它们分离开来、单独观测，分析时也是单独利用震相的。只在必要时，才通过软件把两个分量记录合成起来。

地动仪只有一件，张衡面对同样的现实，那么“中有都柱，傍行八道”的力学状况就一定是解耦的（尽管古人仅凭经验制作，不懂力学）。解耦，是前提。不解耦，都柱对噪声和地震的反应就绝不会出现差异，观测陇西地震的灵敏度就提不上去，指向性也就不复存在。这是第一道“汉关”。

还是那句老话：所有的物体都具有惯性，却不是所有的结构都能够测震的。

能测到陇西地震

史料有：

一龙机发，而地不觉动……果地震陇西。

图 5–27 是洛阳地震台记录的一次中等强度的陇西地震，有两个问题需要明确：陇西地震的什么震相触发了地动仪？洛阳的烈度（或者说，加速度）是多少？

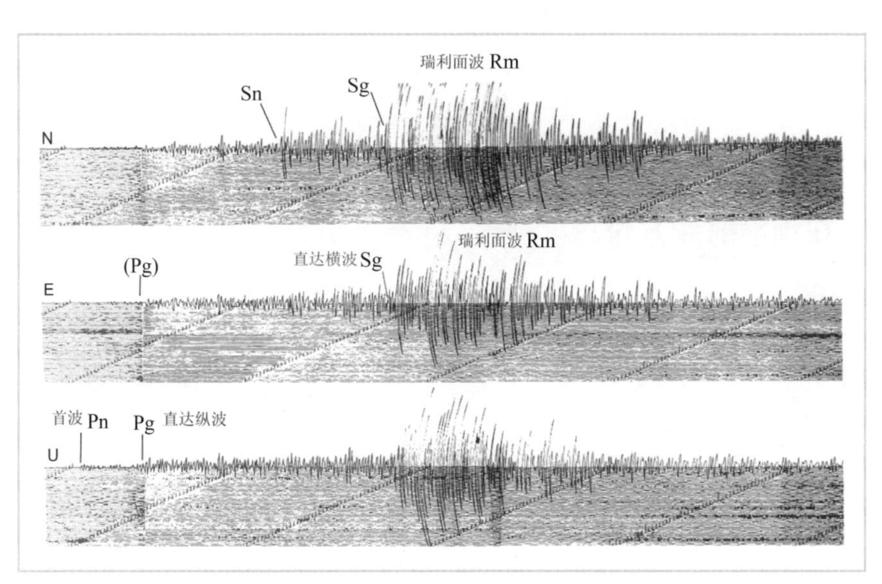

图 5–27　在洛阳记录到的陇西地震图
（1987 年 10 月 2 日，4.8 级地震，中长周期 DK1 仪器）

首先回答第一个问题。

图 5–27 清楚地表明：触发震相确实是瑞利面波 Rm，它在 500 ~ 700km 的震中距时强度最大、持续时间最长，符合全球的稳定规律。最早指出这一点的，是 1983 年的荷兰学者 Sleeswyk。由该图还能看到：初至波是首波 Pn，完全没有水平

分量，即没有方向信息。直达纵波 Pg 是淹没在噪声中的续至震相。这份地震图的放大倍数在2000 ~ 5000，仪器是置于地下室进行观测的。将其还原到实地位移量后，面波振幅在毫米量级，纵横波则完全目视不出。

陇西地震时人不觉动，却有“地动摇尊，尊则振……”，实属正常现象。人员只会对车船的启动、骤停、转向即“加速度”有反应，不会觉察载体的“速度和位移”。地震面波正是一种周期长、加速度小、位移量大的波动，它的持续时间很长，一般会在几十秒至一二分钟里反复摇晃。所以人们能看到约 3m 高的地动仪出现了“地动摇晃尊，尊体来回振动”现象，自身却“不觉其动”。这肯定是，也只能是地震学里的典型的面波现象，仿佛不可思议但千真万确，它普遍出现在烈度为 III+ ~ IV 区里。动作次序上，也会先出现“尊则振”然后“龙机发”，而不是相反。

关于第二个问题，即洛阳的烈度。

按照我国地震烈度的衰减规律：陇西地震时候洛阳的烈度为Ⅲ + ~ Ⅳ，面波加速度不超过 1Gal（日本学者关野雄的估算值为 0.8Gal），位移量约在 6 ~ 8mm。早期流行的“直达纵波 P 触发地动仪”之说，不能成立，因为它的理论初始位移量在 10^{-6}mm（纳米）量级，相当于气体分子的大小，加速度约在 10^{-5}Gal 的量级，根本观测不到。

上述两条就是第二道“汉关”。

能反应在地震射线方位

史料有：

随其方面，龙机发，即吐丸；则知地震所起从来也。

图 5-28 是实测的地震直达纵波 P 初动方向和位移量的分布，资料取自日本 1927 年丹后 7.5 级地震，极具代表性。P 波初动方向有指向震中的，同时也有背向的。200km 以远，纵波 P 已经观测不到。

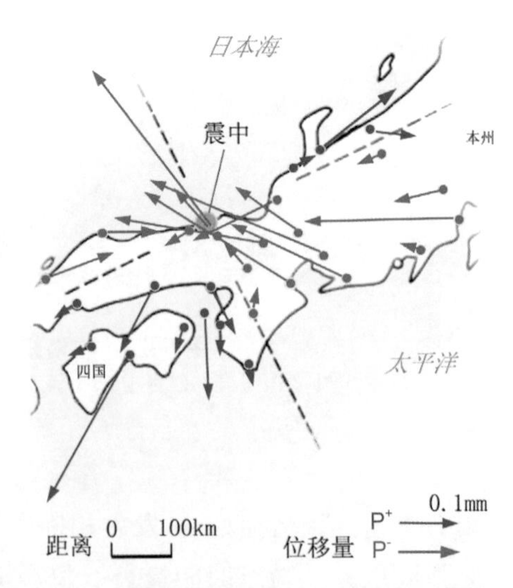

图 5-28 实测地震纵波初动方向和位移量的分布（根据 Hongda，1957）

和理论计算的结果一致：在地震射线方位振动的波动只有两种：直达

纵波 P 和瑞利面波 R。鉴于陇西地震距离在 500km 以上，触发震相只可能是瑞利面波 R，而它的椭圆振动平面又确实在地震射线方位内。

确认面波而非直达纵波是触发震相，决非是个简单的名词更换，而要求都柱具备良好的稳定性。因为面波是续至波，它没有尖锐的、强烈的初始位移量，而且垂直分量也比较大，又存在 S 波横向干扰的影响，故而对地动仪的触发作用是由反复的、拉锯般的持续摇晃所产生的，陇西地震的面波持续时间约在几十秒到 1 分多种的范围。只有能适应这种运动形式的都柱结构，龙首吐球才会沿着地震射线方位。这个特殊的要求是第三道“汉关”。

地震波不是冲击波

地动仪的反应方向，人们在感性上容易出现误解：“哪地震，指向哪”。

苏轼有言：“相逢不用忙归去，明日黄花蝶也愁”。意指遇事勿急，反正重阳节后菊花萎谢，蝴蝶也不知道去哪。同理，澄清概念，需要深思。

试问一句：地动仪定过地震方向吗?

没有，史料从来没有说过。

不妨重读史料：地动仪 132 年问世后，张衡在京仅遇过三次地震。第一次 133 年 6 月 18 日京师地震，史料没提及反应。第二次 134 年 12 月 13 日陇西地震，在洛阳西偏北十余度方向，史载“尝一龙机发，而地不觉动”并未指明具体龙首方向，张衡自己也不知道“震之所在”。是在尴尬历经了“京师学者，咸怪其无征”的数日责问后，张衡和别人一样都是从驿报中得知的陇西地震。第三次 136 年 2 月 18 日京师地震，张衡已被贬谪，继任的史官是伏无忌，他的修史工作一直干到汉桓帝 152 年，但从没有过“记地动所从方起”，尽管由他掌管的地动仪尚在世。其后三百年地震百余次，仅有过两次地声方向的记载：三国魏明帝 234 年 12 月 9 日“京都地震，从东南来，隐隐有声，摇动屋瓦”(《魏书》)；东晋孝武帝 390 年 4 月 2 日“地震东北，有声如雷”(《晋书》)。都是说声音方向，从来不是地面震动方向。

人们对史书的误读，源于不理解地震波与冲击波的差别。图 5–29 是一张典型的核爆炸记录图：冲击波有着非常尖锐强烈的 P 波初动，没有横波 S 振动，整个波列衰减很快，呈“头大尾小，频率高”状。不仅核爆炸，所有的非地震干扰也都是这个特征，只是幅度变小罢了。早在 1852 年，马莱就首先做过实验，他在地下引爆了炮弹（点膨胀力源），观测冲击波的传播。得到如图 5–29 相同的记录，认定冲击波的波形是高频脉冲，质点的初始位移方向与波动传播方向一致，是从源点向外的均匀球面波。

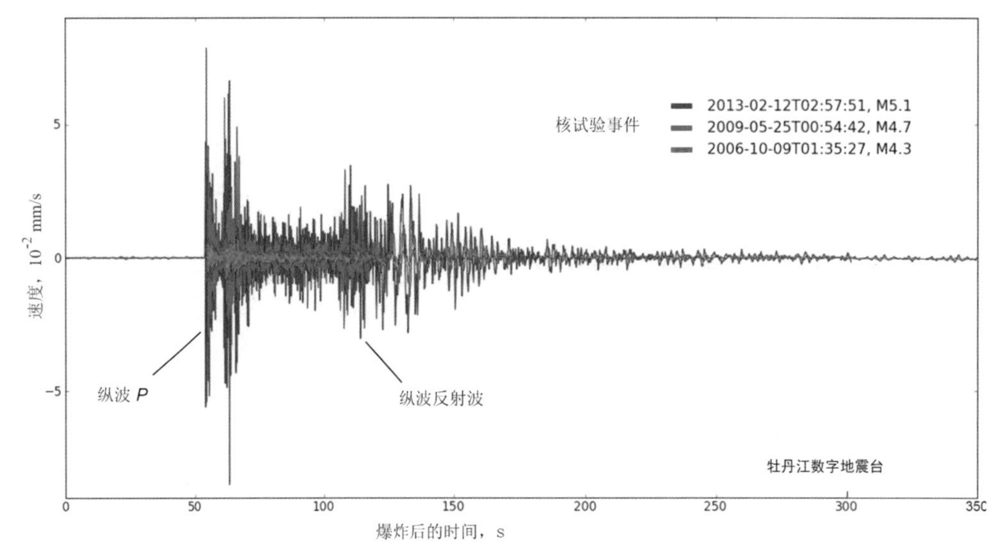

图 5-29　朝鲜 3 次核爆炸在牡丹江台的震动记录图

冲击波的图像好理解、易接受，于是人们把它搬到地震波和地动仪身上。误以为西边来的地震波如同气浪般地向东冲来，简单竖立的直立竿会因惯性向西倾倒指向震中。何等省事啊！甚至以此为理论做实验、写文章、搞宣传，全然混淆了地震波和冲击波的本质差异，起了误导作用。

■ 马莱

马莱（Ribert Mallet，1810—1881），爱尔兰地质学会主席，现代地震学的先驱。当今通用的一些专业术语，如地震学（Seismology）、等震线图（Isoseismal Map）、震中（Epicentre）等，都是他在 1846 年的一篇论文《地震的动力学》中首创的。他在 1852—1858 年间首先用实验方法测定过砂层和岩石的波速。1857 年意大利那不勒斯 6.9 级地震，11000 人遇难，他赶赴现场做了 3 个月的大量调查。对震灾特点、地震成因、地震与火山关系所做了奠基性研究，1862 年发表了两大卷报告。

图 5-30　马莱（1810—1881）

25 工作原理对比

科学家就是一群爱较真的人。19 世纪末，世界已经承认了张衡地动仪的地位，还画出了外貌图。嘿，不行！20 世纪，中、日、荷、美的科学家非要搞清它的原理，查明它的内部结构。好家伙！一下子搞出来一二十种，婆说婆有理，公说公有理，吵得天昏地暗。有道是“外行看热闹，内行看门道”。

看热闹，复原模型各式各样；看门道，工作原理只有四种（图 5-31）—— 悬垂摆、直立竿、倒立摆和自由柱。图中的Mg是都柱重量，f为直立竿的摩擦力，F为倒立摆的弹性回复力，它们在地面水平和垂直运动时会出现怎样的反应？能过关斩将吗？

按照“不怕不识货，就怕货比货”的原则，我们逐一进行比较。

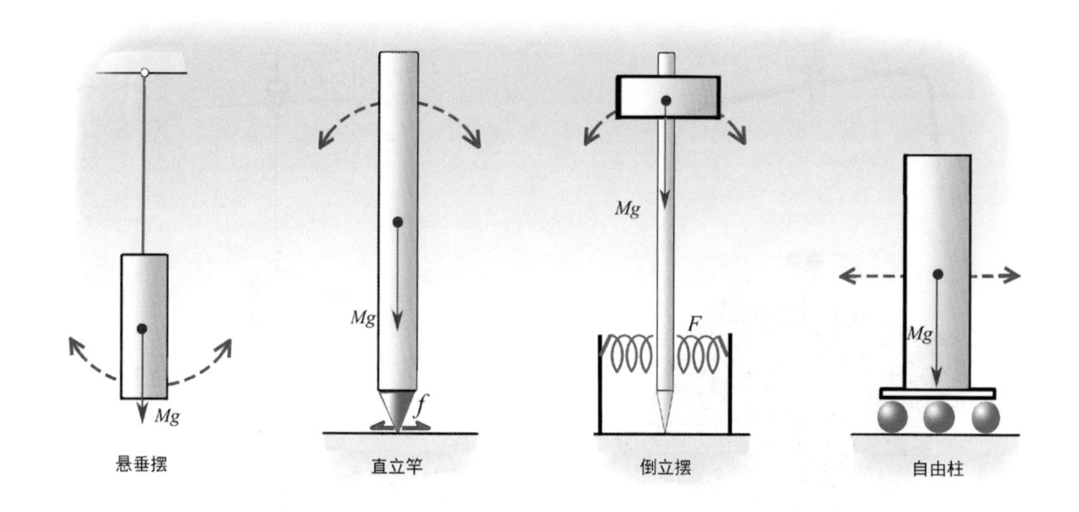

图 5-31　悬垂摆、直立竿、倒立摆和自由柱四种基本结构对比

倒立摆

今村明恒在 1938 — 1939 年间发表了 3 篇复原地动仪的学术论文，提出了倒立摆复原模型。摆杆高 124mm，直径 3mm，水平灵敏度为 11.9Gal。对于内部结构的五个基本部分，他特别用 1、2、3、4、5 的序号做了专门标注，其中的第 5 部分即弹簧悬丝（图 5–33）。今村指出，都柱的悬垂摆结构虽然不是不可能，但像王振铎 1936 年模型的设计（图 4–40）就不合理，若要测震毕竟很困难，如果改用倒立摆结构，应该更易于实现。

■ 今村明恒

今村明恒（I Akitsune，1870 — 1948），东京帝国大学地震研究所所长，1929 年日本地震学会主席，大森房吉的学生。研究领域很广泛，既搞理论又做仪器，还懂中文。1936 年起，他陆续把《后汉书》中有关张衡的长篇材料翻译成日文，积极介绍了张衡的科学贡献和生平事迹。

李善邦和金咏深曾于 1931 年向他学地震学。萩原尊礼是他学生。

图 5–32　今村明恒（1870 — 1948）

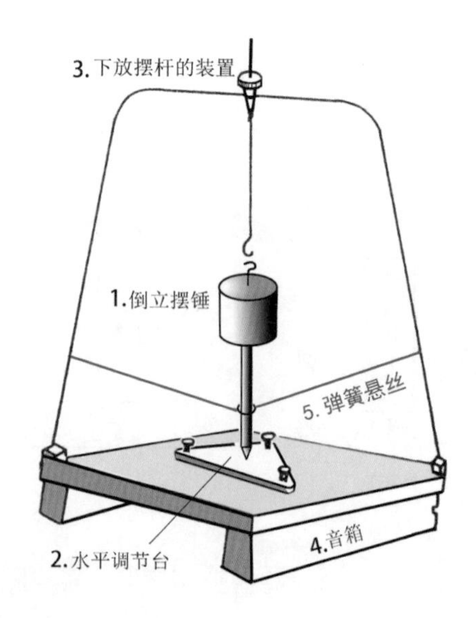

图 5–33　今村倒立摆复原模型的 5 个部件（1939）

中国地震局的黄浩华教授在1999年也专门做了实验。倒立摆的摆杆高23.5cm，重约10kg，底盘直径约15cm，倾倒的加速度可为几个Gal，位移量小于1mm（图5–34），8根弹簧是铍青铜材料，测震效果比今村的模型还要好。

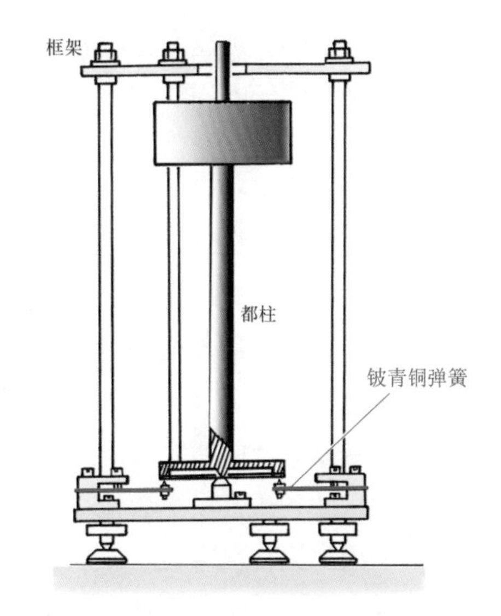

图5–34　黄浩华的倒立摆结构实验(1999)

倒立摆原理虽然正确，但是不能用于张衡地动仪。毛病出在弹簧上！

弹簧，是倒立摆的一个不可或缺的关键部件。无弹簧不成倒立摆；无吊绳不成悬垂摆，都测不了地震。史书已经限定：地动仪"以精铜铸其器"。精铜，即青铜，弹性模量基本为零；铸造青铜，绝无弹簧功能。汉代处于青铜时代到铁器的过渡阶段，公元2世纪的生产力还远没有达到制作弹性钢的水平。因而，出土文物中就从来没有出现过弹性钢铁、弹性青铜，更无弹簧。倒立摆对弹簧的弹性模量、屈服应力、位移幅度等参数有严格要求，过大过小都不行。有人想用弓替代弹簧，问题更多。把倒立摆用在张衡地动仪上，明显地脱离了中国历史，一直被学界否定。

自由柱

自由柱原理由中国科技大学的李志超于1994年提出。他在都柱的底盘下安置8个青铜滚球（图5–35），于是构成了一个水平面内的2维自由运动系统。理论上，它是可以通过第一道"汉关"的：自由柱的垂直和水平分量的力学状况确实解耦，一件仪器能有两种反应。

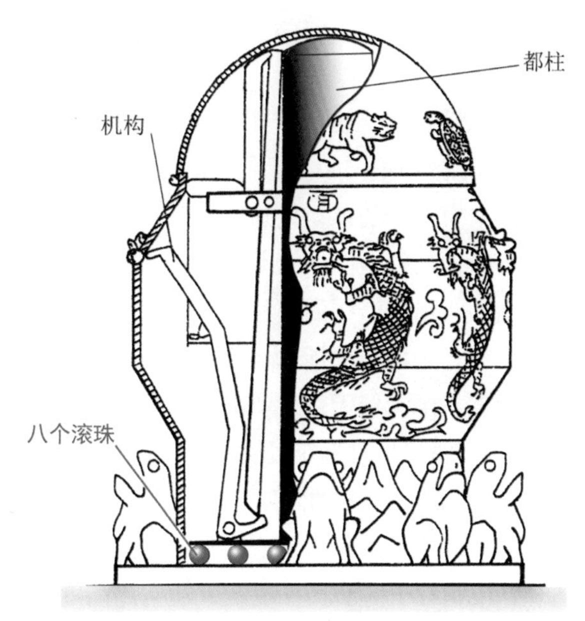

图5–35　李志超的自由柱模型（1994）

该原理失败于第二、三道"汉关"。一是灵敏度过低，远达不到测出陇西地震瑞利面波的基本要求。仅在高频的、加速度愈几十 Gal 的强烈水平冲击下，才能有反应；二是无法避开横波与地面瞬态倾斜的影响，导致反应方向随机。于是，也被学界淘汰。

悬垂摆

地动仪的悬垂摆原理是米尔恩于 1883 年最先提出的。

理论上，这个原理能通过三道“汉关”。都柱的力学状况是自然解耦的；天然的重力恢复力矩能始终维系摆锤的稳定，阻力极小；柔性吊绳会使摆锤静止不动，从而反应在地震射线方位上。正是基于这个基本判断，启迪了米尔恩地震仪的发明。

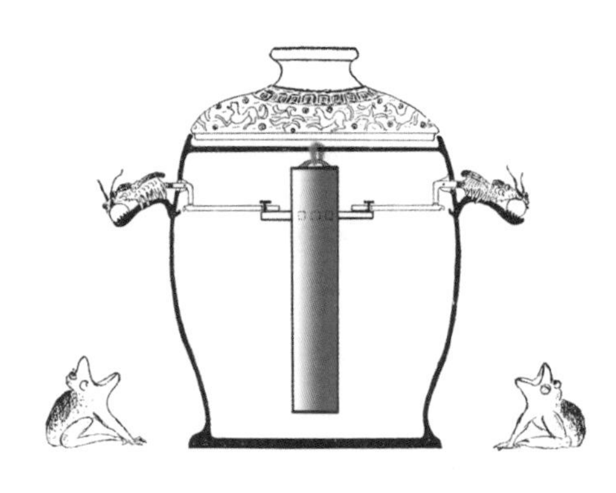

图 5-36　王振铎的悬垂摆模型（1936）

王振铎 1936 年首先画出了结构图样（图 5-36），不过该图的模型并未制作，只是个定性的概念模型。技术的不成熟在情理之中，结构的多处违反悬垂摆基本要求，即便真正制作出来也未必能通过第二、三道关。正是这些问题，导致今村明恒怀疑它的可行性，于是在 1938 年尝试用倒立摆取代之，也埋下了王振铎日后自我否定的伏笔。

直立竿

直立竿原理的正式提出，是王振铎 1951 年的复原模型（图 5-37）。

这个模型一公布，便遭非议。一位美术家立刻寄给他新模型图，建议纠正；一位机械工程师当面指出了结构的不稳定弊端，双方发生激烈争吵；中国历史博物馆专家们的意见则很直白：直立竿无依无靠地竖立在仪器中央，本身都立不住(展出时是在底层用木螺丝拧住的)，怎么检测几百公里外的陇西地震呢?

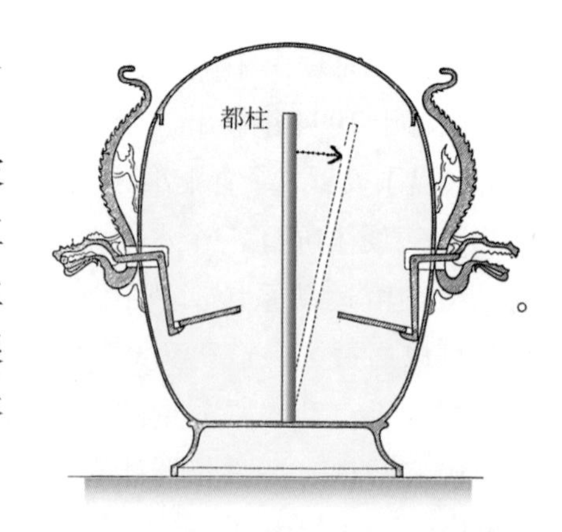

图 5-37　王振铎的直立竿结构

客气的意见虽然非常表象性，但并非没有道理：中国柱子的形状有规矩，通常用高度对直径之比来衡量。汉代柱子，高径比绝大部分在 2~5 之间，即便修长者也会小于 6（图 5-38）。宋朝以后的柱子，高径比一律为 10，一直延续到清朝。这个规范值源于宋朝在 1100 年正式颁布的《营造法式》，详细规范了建筑设计和施工细则，柱子的高径比值系由木材的力学性质决定的。这个习俗延续至今。天安门广场的纪念碑，高径比在 6 左右，保持着传统的雄伟庄重、结构稳定的要求。例外者有二：故宫太和殿的 6 根金柱，高 12.7 米，直径 1.06 米；清长陵 60 根金丝楠木的金柱，高 14.3 米，直径 1.17 米，二者的高径比都在 12.0 左右。

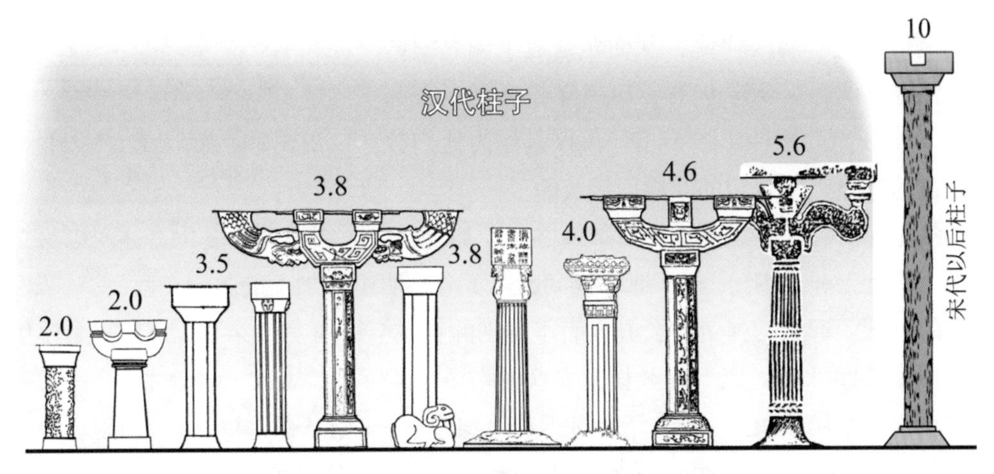

图 5-38　汉代各种柱体的形状和高径比值

相比之下，王振铎直立杆的高径比在 40 以上，相当于把两根学生铅笔连在一起竖立。纤纤细杆既丢失了“都柱”的基本特征，也发挥不出惯性的作用，反而符合《说文解字》里对“竿”或者“秆”的界定，比如竹竿、鱼竿、禾秆、麦秆等的形状……

据王先生的亲友回忆，知识结构的限制，曾使考古学家王振铎陷入过长时间的艰难深思。他的 1936 年悬垂摆模型在 1938 年被日本否定，今村明恒毕竟是地震学权威，提出了倒立摆模型。而自己现在新提出的直立杆模型，又不断被非议……他设计的 1936 年和 1951 年这两个模型的工作原理完全相反，依据的却是同一篇古文。面对自己不熟悉的地震学问题，任何一位严肃的科学家都是很难做决断的。于是，新模型先展览，理论解释以后说，一拖就是 10 余年。直到 1963 年王振铎才发表论文，自我否定了 1936 年的悬垂摆模型，写下“复原中存在严重错误，应该是倒立摆”的结论，理由倒也直白 —— 现在的模型是以今村明恒 1939 年论文为准的。甚至强调“今村的设计在摆的构造上与萩原并无不同”，却又把直立竿和倒立摆的物理学概念搞混了。

说到底，王振铎的否定和肯定意见都缺乏理性认识的基础。

事实上，萩原尊礼在1936年就读今村明恒的研究生时，曾尝试过直立柱结构，因发现1937年3月28日东京羽田地震时的反应方向并不符合史书记载，故而摈弃掉，自己也从不发表这个结果。学生出现了失误，老师进行了纠正：今村在萩原直立柱的两侧追加上了两根弹簧，从而转变成了倒立摆结构（图5–33）。在今村1938、1939年论文的引言部分，学生萩原的图件（图5–39）仅仅是作为他们曾经走过的弯路、被否定的结构而提及的。

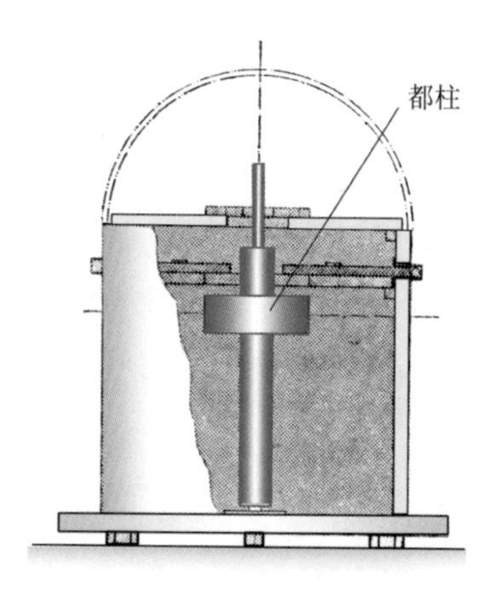

图5–39　萩原的直立柱结构（今村，1938）

王振铎没有理解，增加弹簧部件之后，原理已发生根本性的变化，还误以为二人的"构造上并无不同"。于是，他又删掉了今村明恒追加上的关键东西——两根细细的、很不起眼的弹簧，公开发表了自创的直立竿结构。说穿了，那不过是模仿了萩原直杆的外形、戴上了今村倒立摆的帽子、编了个"无定向倒立摆""一切倒立摆之祖"的虚词而已。论文里，他改换了概念——用谐音"独柱"牵强附会地替代"都柱"，连都柱的惯性问题都刻意回避。尽管这个模型在1988年的日本展览已经暴露出问题，他仍执着地相信这个曾经辉煌的直立竿是能工作的，并不需要做地震学的任何实验。在他1989年汇编自己一生成果的《科技考古论丛》一书时，坚持删掉1936年悬垂摆模型，直到三年后谢世。

直立竿原理虽然在中国被宣传了半个多世纪，今天还是要把它抛弃掉，就像米尔恩1883年、萩原1937年所做的那样，只因它通不过实践的检验。显然，科学规律很无情，不会怜悯人们的感情和曾经的付出。

直立竿过不了三道关

直立竿的力学状态是不解耦的，整体结构没有恢复力矩。高灵敏度要靠底界面的弱摩擦力和重力矢量的偏斜失稳来实现。具体来讲，它的水平向静摩擦力f和垂直向的重力$M(g_0-N)$紧密相关（图5–40）：

$$f=\mu\cdot M(g_0-N)$$

μ为摩擦系数（铜钢间的静系数0.5～0.7；动系数0.44～0.34）；M为立柱的质量；g_0为静态重力加速度980Gal；N为地表噪声的垂直方向加速度。这表明，水平和垂直作用力不是相互独立、彼此无关的两个物理量，二者不解耦。于是直立竿对水平和垂直向振动都能够出现反应，不具分辨非地震与地震的物理属性，无法用于验震。

对地面噪声振动，N 值很容易达到 50 ~ 500Gal 的量级（山崩、地陷时更会达到 1000Gal 以上），因此摩擦力 f 就会瞬间降低 5% ~50% 以上，相当于静摩擦系数已经降低到动摩擦范围以下，底界面不可避免地会出现层间滑动，足以导致结构支撑面的稳定性失效、整体结构垮塌。如同让跳高和跳远运动员在颤抖状态的冰面上比赛，跳跃时的摔跤是必然的。同样，芭蕾舞演员也是不能在这上面跳舞的。

在地震学专业实验室，我们曾对高径比分别为 5、10、20、40、62 的直立竿做过 400 余次测试。垂向振动确实更容易使直立竿倾倒，其垂向倾倒的临界加速度甚至会比水平向的低 500 Gal 以上，而且高径比大于 20 以上者更容易发生，误触发率高达 97% 以上，全然变成了噪声测试仪。过不了第一道“汉关”。

第二道“汉关”要求模型能检测到瑞利面波，涉及到结构对波动信号的灵敏度。记 a_o 为立柱倾倒的临界水平加速度（即灵敏度），重心高度 h，底面半径 R，高径比（h/R）。根据 Charles D West（1847 — 1908）的近似公式：

$$a_0=\frac{R}{h}g$$

显然，为了实现对地震波的高灵敏度观测，模型设计者不得不让立柱非常的纤细。因为高径比越大，倾倒的临界角度 $\beta=\arctan(R/h)$ 就越小，此时的重力矢量刚刚偏斜到柱体的底边界处（图 5-40），灵敏度自然越高。陇西地震时，京师洛阳“虽一龙机发，而地不觉动”，相应的 a_0 理论值约 0.8Gal，可推算出直立杆的高径比（h/R）应高达 1225:1。即约 2m 高的柱子，直径必须小至 1.5mm 才能达到史书所要求的灵敏度，“都柱”变成了一根细铜丝，不具物理的可行性。

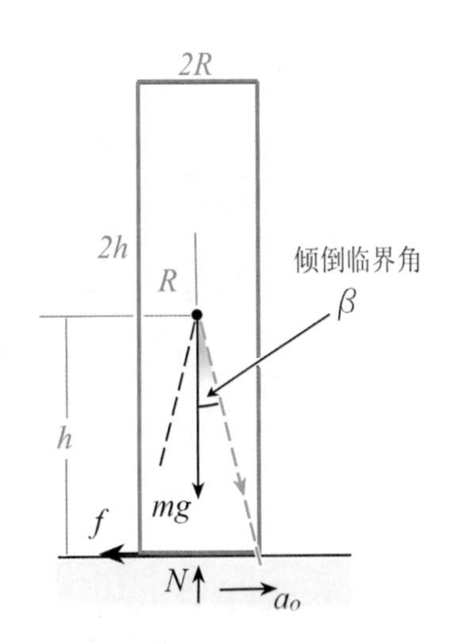

图 5-40　直立柱体的力学关系

直立竿还是一种没有恢复力矩的结构。高径比达到 1225：1 之后，相应的倾倒临界角就非常小，理论临界值 $\beta\approx2.5''$（秒），要求无地震之时的地面必须永远保持极端的水平状。实测表明，即便对偏低噪声本底的地倾斜干扰，立柱的高径比在 50 左右、倾倒临界角 $\beta\approx1.0^{\circ}$ 已经大体是抗噪声的极限量。而在洛阳灵台的土层环境下，地面噪声和地震波震动的瞬态倾斜角达到几度至10余度的量级都会十分正常，于是重心矢量会瞬态地、随机地偏离初始平衡位置，继而超越支撑底面之外而引起失衡，倾倒方向自然也是随机的。试验的结果也确实如此。这个问题，不是改进立柱加工工艺所能解决了的。

在第三道“汉关”前面，它又被拦住了。对直立竿结构，100多年前的米尔恩已经尝试过，给出了明确的否定结论，今天的实验得到同样的结论。因此，不建议年轻人盲目的重走老路。

日常生活中的直立柱

有人提出问题，地震时房屋柱子的倾倒会不会启迪测震思想的诞生？

这关乎到日常生活中的立柱结构，如烟囱、灯塔、水塔、岗楼、墓碑、十字架、尖塔、电线杆等，它们是不是地震的敏感反应体？

回答是否定的。早在200年前，地震学界就做过系统地研究。

东西方的文化传统不同，但有一点却又是一模一样：国之喜丧大事，都喜欢“竖碑立柱”，而且都会选用石材以期永恒（图5-41）。西方会在广场中央竖立方尖碑或圆柱子，一般高达20 ~ 169m，高径比在8 ~ 11以下；中国的广场和陵墓习惯竖

图5-41　法国的方尖碑和中国的望柱都对地震不敏感

立柱子，比如华表、望柱和纪念碑，高度一般在 10m 以下，高径比小于 10。这么高的立柱，它们的底部需不需要做特殊固定？研究表明，不用。因为立柱结构不是地震的敏感反应体，只要高径比不过大，地震时都不会倾倒！

早在 1886 年美国就开始了地震现场调查。发现，地震时明显受损的是屋顶坍塌，而高径比为 8 的柱体并不倾倒，仅发生剪切扭转（图 5-42）。日本是多地震多墓碑的国家（图 5-43），墓碑仅在房屋遭破坏、墙体普遍裂缝时才会倾倒，被日本定为高烈度 Ⅵ～Ⅷ的标准（水平加速度高达 60 ～ 250 Gal），其反应灵敏度远远低于Ⅱ～Ⅲ度出现反应的悬挂物。

图 5-42　1886 年地震时屋顶易坍塌，而非高耸的尖塔

图 5-43　日本的墓碑属于不易倒塌结构

中国，民宅的立柱是靠榫卯结构连接的，地震时极难倾倒。调查表明，烈度高达XI度的极震区（水平加速度约1000 ~ 1500Gal）的木立柱也是不倒的，只是与础石之间出现水平错位（图5-44）。在烈度为Ⅸ ~ Ⅹ度区（水平加速度约400 ~ 900Gal），传统木架结构并不倾倒，倒塌的不过是抗剪性能差的墙体（图5-45）。

图5-44 柱体与础石间的水平错位

图 5-45　墙倒屋不塌现象

考古研究指出，汉代建筑以夯土与木框架的混合结构为主，因此震灾区的普遍现象是“土墙坍塌、房倒屋不塌”。屋不塌者，柱未倒也。张衡在洛阳从来没有经历过房倒屋塌的地震，只是多次感受过地震的摇晃。从上述资料看，确实谈不上什么“房柱倾倒启迪测震思想”。

这意味着，直立竿原理所期待的最后一块基石 —— 诞生科学思想的物质基础，不存在。

地动仪不是普通的青铜礼器，而是测震仪器。无论复原模型取哪种原理，都必然地赋予了它某种地震学属性，并最终要接受地震波的检验。随着文字底层的科学内涵被揭示出来，悬垂摆是目前唯一能被地震学界普遍接受的原理。

不过，答案并非完美无缺。

陇西地震在京师洛阳的位移量很微小，瑞利面波周期又比较大，加速度小于1Gal。这就导致都柱的惯性动量十分微弱，如果没有特殊的措施，不可能由都柱去直接推动一系列的机械动作。按理论估算，能量大约还要差2~3个数量级。很可能，这就是1938年今村明恒曾经担忧过的问题，促使他改用倒立摆。早在1783年，意大利人Salsano也曾设计过一个悬垂摆验震器，摆锤四周放置了几个小铃铛，试图用摆锤撞击铃铛的声音来报告那不勒斯地震，终因摆锤的动量过小而失败。不过，他的奇思妙想与张衡地动仪的设计有着异曲同工的相似。王振铎1936年的悬垂摆模型同样是不行的，因为都柱对龙机的着力点不对。近几十年间，其他人也失败过。

动量不够，决不是白璧微瑕，而是当头乌云。

可以理解，鉴于《后汉书》的196个字语焉不详，前辈们也只能指出悬垂摆的理论方向，难以考虑内部结构。国际上也是有过疑虑的：一个2000年前的古代机械结构怎么能具有这么强的抗干扰能力，还有极高的灵敏度？有些不可思议。

翻山越岭刚走到这步，孤帆远影又遭波澜，确实无奈。身后恍若传来李清照的低吟惆怅："此情无计可消除，才下眉头，却上心头。"当然，心头之事不等于绝境，常言山峦重重有风光、满江渔火是故乡。

寻找新史料，遂成关键。

延伸阅读

冯锐、武玉霞，张衡候风地动仪的原理复原研究．中国地震，19卷，4期，2003.
冯锐，张衡地动仪的教学内容和观点需要更新．中学历史教学参考，1期，2006.
贾洪波，中国古代建筑．南京：南开大学出版社，276页，2010.
Bolt著，马杏垣等译，地震九讲．北京：地震出版社，167页，2000.

第六章　落实内部结构

26 柳暗花明又一村

εὕρηκα—— 尤里卡

这是阿基米德的一句名言，希腊语：我发现了，找到了！

公元前3世纪的一天，皇帝要求阿基米德鉴别皇冠是否由纯金打造，着实令他百思不解，苦无良策。就在他入浴澡盆时，从溢出的水量里得到了灵感，顿悟出在水里测量物体密度的办法，得解！阿基米德兴奋地跳出了浴盆，赤身裸体，光着身子在街上喊起来：εὕρηκα（Eureka）！由此，诞生了阿基米德浮力定律——物体在水中的浮力等于所排水的重量。后来，尤里卡一词便在西方流行起来了。

中国的东汉，有过一个"曹冲称象"的故事，采用同样原理，不过不是在澡盆里称象，而是河北临漳西岗村的小河边，魏王曹操当时就在邺城这个地方建都。曹冲称象之后，肯定也是很兴奋的。

尤里卡的欢呼，如今也奇妙地发生了，这可解决了大问题。

一字重千斤的发现

2004年11月的一天，已经是夜里11点多，笔者家里的电话突然铃声大作：

我发现了，找到了！

那是庐兆荫老先生兴奋的声音，喜悦之情绝不亚于阿基米德。

为了地动仪的复原研究，国家文物局邀请了国内多位顶尖的历史和考古专家参与指导，他们来自国家博物馆、河南博物院、河南文物考古所、上海博物院、北京大学、中国社会科学院等单位。庐兆荫老先生便是其中一位德高望重的长者。

■ 庐兆荫

庐兆荫，1927 年生于福建莆田，中国社会科学院考古研究所研究员，文物学会玉器委员会副会长。多年从事汉唐考古发掘和研究。

先后发掘过唐长安大明宫、兴庆宫和西安遗址，更因主持河北满城汉墓（中山靖王刘胜）的考古工作而闻名全国，是出土我国第一件金缕玉衣、大量金银玉器和汉代青铜器的功臣。发表考古、玉器和金银器学术论文数十篇，还在地动仪的复原研究上做出了贡献。

图 6-1　庐兆荫研究员

电话的那一头，他激动地述说着自己发现了一条关键信息："这是从《续汉书》里找到的重要记载，是西晋司马彪写的，比范晔的《后汉书》还要早约 140 年！更加可靠准确。"

第二天清早，笔者急急忙忙赶往他家。庐老先生特意留了一道门缝，还有复印好的古文。我双手捧着那一页纸，生怕掉下来个把字，竖直两个耳朵，聆听了庐老先生一字一句地解释：

> 司马彪本是西晋司马氏皇族，高贵的身份使他能接触到宫藏文档。他的《续汉书》成书于东汉灭亡后的 85 年，以后撰写的《后汉纪》《后汉书》都参考了它。不过，流传于今的《续汉书》已经严重残缺不全了，很少有人查阅。非常幸运，在残余的《顺帝纪》里恰恰发现了几段地动仪的记载！

哇，我的老天啊。除范晔公元 445 年成书的《后汉书》外，竟然又从袁宏公元 376 年的《后汉纪》和司马彪公元 306 年的《续汉书》里找到了地动仪的新史料。司马彪，袁宏，你们可是立了大功！

西晋 · 司马彪的《续汉书》更接近原始材料；袁宏在技术内容的记述上比范晔更完整、准确和细致。他们都提供了范晔没有记载或没有准确记载的内容，澄清了十余项早期研究中长期争论不休的难题。山重水复的困惑之中，忽见水村山郭酒旗风，真是别开洞天，让人欢喜若狂!

如果仅从《后汉书》的“施关发机，牙机巧制”几个字看，内部结构确实疑窦丛生。可以联想到“关、机、牙、机关、牙机、龙机、关牙”等多种结构，而且“牙”字多指齿轮或带齿的物件。自王振铎起，长期选取“牙机”二字作解。牙机什么样子?也一直说得天昏地暗，不明不白。

这里的关键一条在于，庐兆荫先生查明了《后汉书》《后汉纪》里有个误字（图6-2）。《续汉书》里的“施关发机，机关巧制”被后人误传为“牙机巧制”，千年不解之谜竟源于抄书人的一字之误。一个“关”字重千斤！犹如点睛之笔，释怀了长久以来地动仪内部结构的疑团。

“施关发机，机关巧制，皆在其中”便有了准确的诠释：“施”和“发”是动词，“机”和“关”是单音节的名词；“机”和“关”为两个平等的、独立的部件，“皆”进一步强调它们为复数。“关”字被澄清，就吹散了乌云，扫平了道路。

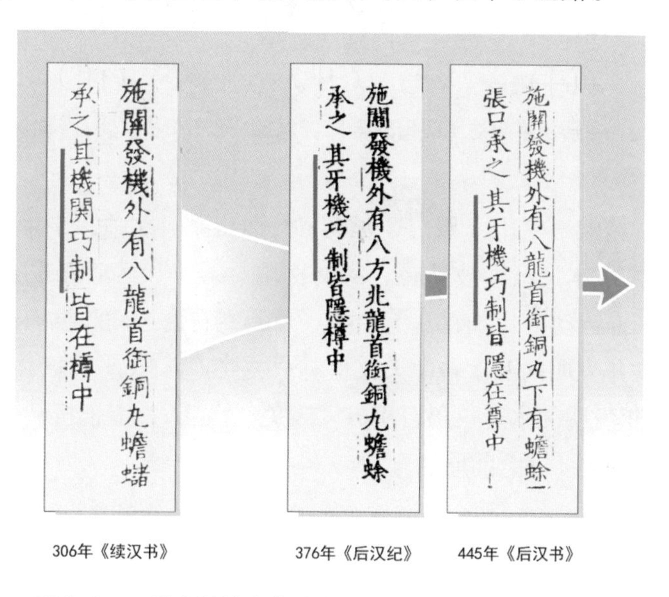

图6-2　三份史料的文字对比，可看出后世传抄中的失误

关——《说文解字》里的解释为：“關，以木横持門戶也”，即门闩（图6-3）。从象形汉字里可更加直观地理解古文“關”（图6-4）：门字里面的一个小横杠，即持门戶的小横木。古文的“開”字，是在小杠下面有左右两只手，它们反向一拨，门就打开了；门要“闭”上，则把“关”的状态一改变——中间打一个竖道成小十字，门就闭合了。

图 6-3 “关”的字本义为门闩

图 6-4 象形汉字表达了门闩的含义，以及“张开”和“闭合”时的差异

从战国始，箱盒、宅门、殿门、城门和弓弩上都有“关”结构。不过在具体应用时，“关”的文字本义已经被扩展，它的材质、形状和运动方式不尽相同，并非仅仅是门闩的平推运动。比如箱盒上的关，就具有自由运动和纵横转动的特点（图 6-5）；张衡 117 年发明的漏水转浑天仪里有“关捩（音 lie）”，捩，能转动或扭动；宋朝苏颂 1092 年发明的水运仪象台里有“天关、关舌”，能把机械动作分成几个状态。这些，都扩展了“关”的原始含义。

图 6-5 箱盒上的关，可以有自由运动、纵向转动和横向转动几种不同的形态

在各类应用中，以地宫门闩的设计最巧妙（图 6-6）：条石可靠重力倾倒，圆球可滚入低处圆坑，单侧灌铅的铜条也可以单方向转动。既然张衡的浑天仪和地动仪里都有“关”结构，不排除它们的设计存在某种相似的可能。或者说，地动仪的“关”也可能会转动。

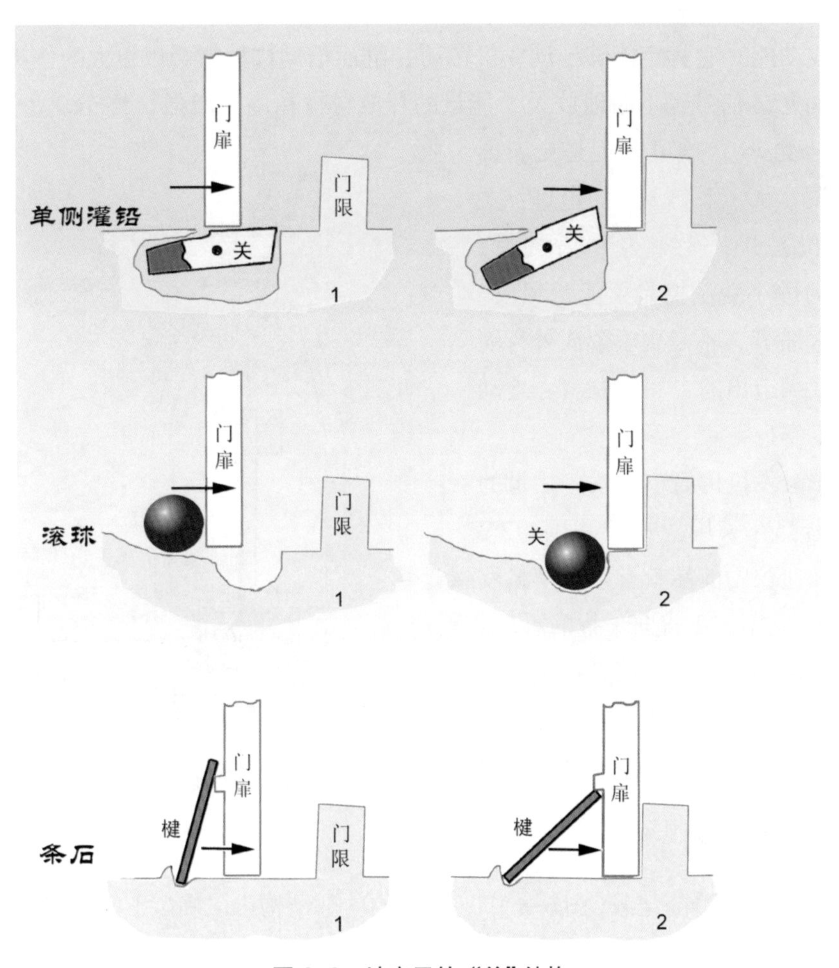

图 6-6　地宫里的“关”结构

从史书“中有都柱……施关发机……即吐丸”的记述看，都柱在地震时并没有直接撞击杠杆“机”，而是首先“施关”——把它的惯性力施加在一个称作“关”的机构上，只在“关”启动之后，才会“发机”——引发出龙机（杠杆）的动作，最后使铜丸吐出。那么，“关”便是一个极其轻巧、灵敏的结构，具有“四两拨千斤”的作用，主要用于机械机构的状态控制。它的状态稍微一变，巨大能量即被释放或封闭，而所需的作用力却可以极其微弱，位移量也很小！窗户纸一捅破，硬骨头就好啃了。

这说明张衡在地动仪上采取了触发机制。这个非常微小的技术细节，正是高灵敏检测微弱信号的关键措施。

“关”的破译，解除了对悬挂都柱推动力不足的担忧，恰如辛弃疾所说：“众里寻他千百度，蓦然回首，那人却在，灯火阑珊处”。一旦小关球的位能被释放，位能转化成动能，它肯定能够推动龙机转动，继而借助杠杆又会以更大的作用力释放高处的铜丸。信号经不断地放大，能量的释放量也在逐步增强，终于“丸声振扬，司者因此觉知。”这可能正是史料要特别强调“机、关巧制”的道理：关为因，机是果；先触发、后放大，机和关的微小变位控制了能量释放。这类技术细节，不是史学家或外行能够杜撰或编造出的。可以断言：地动仪肯定工作过。

由于触发机构简单有效，后世的很多仪器都在采用。比如我国QZY型强震加速仪的前端就有悬垂摆触发装置——它不怕垂直向干扰的震动、只对水平运动有反应，当悬挂重锤的下端与圆环接触后，便启动主机。这是一个典型的悬垂摆验震器(图6–7)。

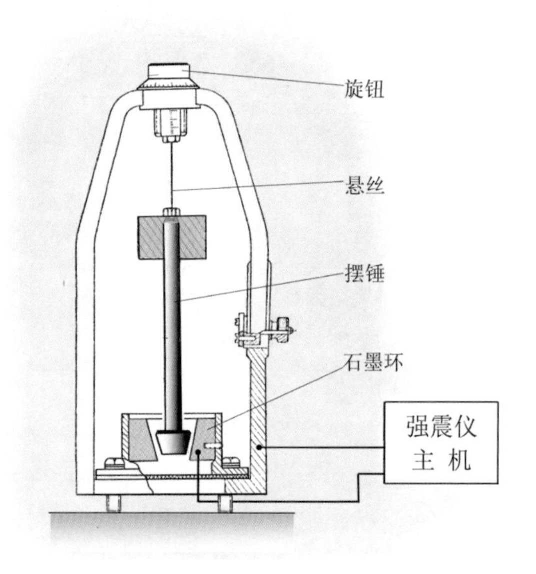

图6–7　强震仪的触发装置

咬文嚼字查结构

根据《续汉书》的记载(图6–8)，地动仪的内部结构可以确定下来，由“柱、关、道、机、丸”5部分组成：

(1)柱——中有都柱。	1件
(2)关——施关发机，机、关巧制。	1件
(3)道——傍行八道。	8件
(4)机——施关发机，机关巧制，龙机发，一龙发机。	8件
(5)丸——首衔铜丸，即吐丸，张口受丸，丸声振扬。	8件

依“外有八龙，首衔铜丸”所述，龙首是8件，铜丸也就必为8个，相应的“龙”

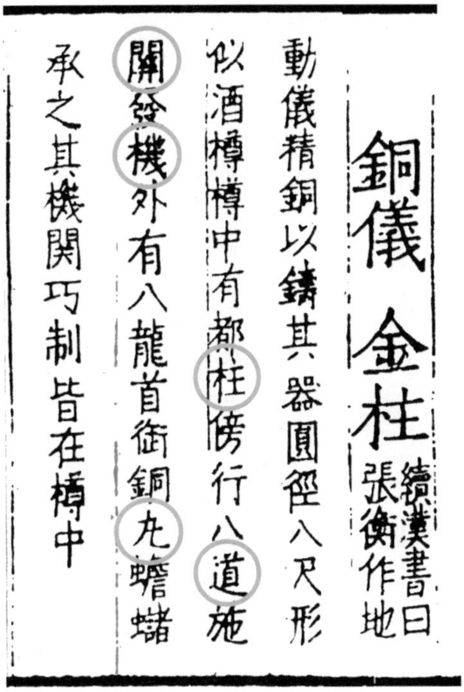

机也就有 8 件，“八道”自然是 8 个“道”。那么，“柱”和“关”是几件？按照“不写则不动、未讲则未变”的撰文原则，古文未作复数描述，即可认定均为 1 件，二者的位置只能居中。

毕竟，史书不是严谨的科学论文，它更多记载着社会人文方面的情况。在科技领域的用词上，具有某种特点：提及物件时，只讲本名，不会刻意介绍结构状态和定量参数。正如称呼编钟、钟、磬、铜坠、灯笼、秋千，都不会加“悬、吊”等字样，也不会记载吊绳长度、悬挂的框架。还会借用形象的名词作“功能”性的表述，与中医的“气血、湿寒”相似。比如“关、柱”二字，在古代的医学、天文、机械、音乐、文学里常用它，于是出现了“中柱、天柱、弦柱、筝柱、瑟柱、砥柱、内关、天关、下关、关舌、气关”等等。

銅儀　金柱　續漢書曰張衡作地動儀精銅以鑄其器圓徑八尺形似酒樽樽中有都柱傍行八道施關發機外有八龍首銜銅丸蟾蠩承之其機關巧制皆在樽中

图 6-8　《续汉书》明确了地动仪的五部分结构

“咬文嚼字”不等于“望文生义”。这里的“关”，显然不是关云长过五关斩六将的汉关，含有“关键”的功能；柱，也不是金銮殿里的大柱子，含有柱状体或“骨干”的功能。唯此，才能合理地把“古文”转化成“结构”：

（1）柱 ——《说文解字》有“柱，楹也”。汉末刘熙根据语言声音推求字义的《释名》作解：“柱，住也”。都柱的“都”字，同时含有居中、统领、沉重之意。古建筑学权威梁思成（1901 — 1972）把汉代柱子的特点总结成：“肥短而收杀急，高径比仅为 1.4 ~ 3.4；较为修长者，其高可及径之五六倍”（图 5–38）。因此，地动仪“都柱”一词在形状上的定量含义，不会过大地偏离这个高径比的数值范围。

今天，仍然可以看到张衡在世时修建的 3 个立柱体，高径比的范围在 3.8 ~ 6.0（图 6–9），西汉茂陵墓柱体的高径比为 3.8（图 6–10）。这些参数在复原模型中需要考虑。

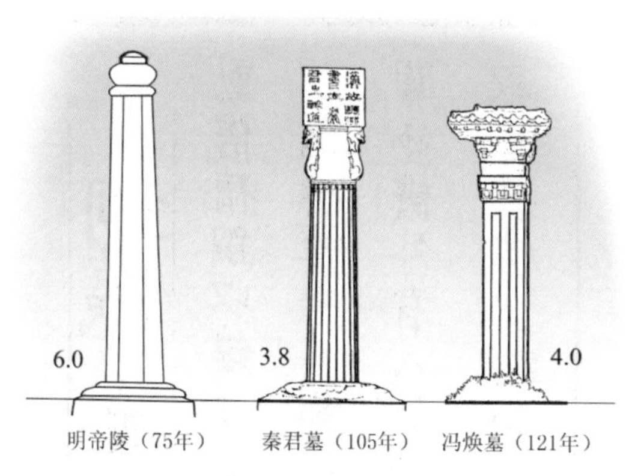

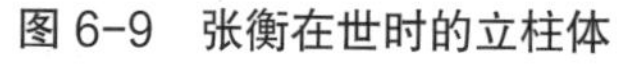

图 6-9　张衡在世时的立柱体

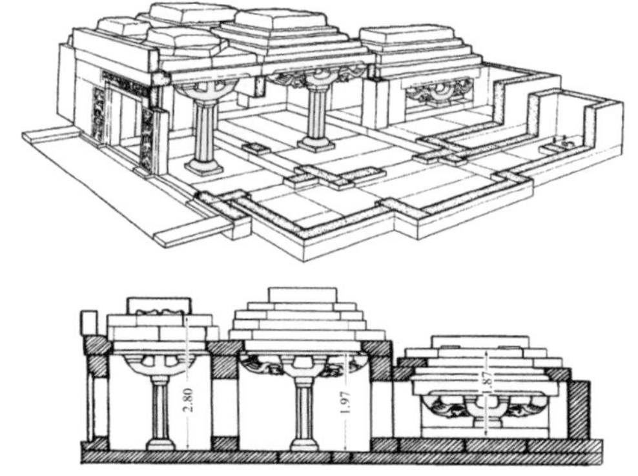

图 6-10　西汉茂陵墓的柱体

（2）道——字本义为“道路”。结构上可理解为引导、限制小关或龙机动作的条、槽、轨等，学术界没有歧义。

（3）机——《庄子 · 外篇》有“凿木为机，后重前轻”之说（图 6-11），机就是杠杆。汉代还有弩机（图 6-12），“横弓着臂，施机设枢”（图 6-13），主要结构也是杠杆。

图 6-11　古代的杠杆，有“凿木为机，后重前轻”之说

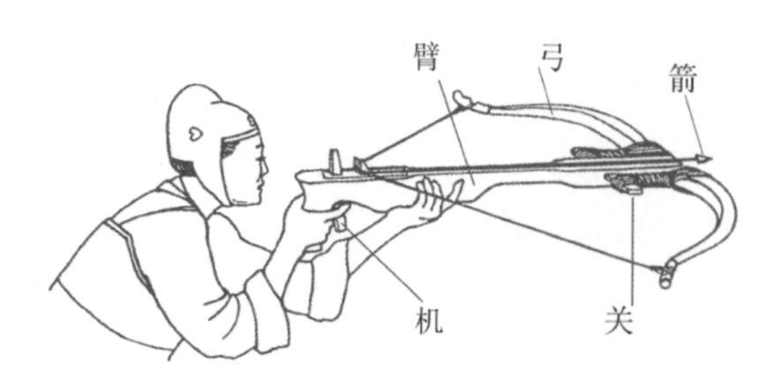

图 6-12　汉代的弩机

图 6-13　出土的机

27 结案陇西地震

《后汉书·张衡传》中说，地动仪曾经成功地测到陇西地震。自20世纪30年代起，社会上一直宣传为公元138年2月28日的金城—陇西地震（今甘肃省兰州西北，永靖县的湟水、黄河交汇地区），此说也被以讹传讹散布到境外。究竟谁是始作俑者，已不可考。但此说不确，肯定无疑。最早发现这个问题的，竟然是位外国人。

此事非同小可，关乎到地动仪的真实性，也是结构设计需要利用的参数。考证和研究陇西地震的时间和地点遂变成一项迫切任务。

问题的提出

荷兰有位学者，叫斯里斯维克（A.W. Sleeswyk），对中国古代的科技发明兴趣浓厚。

早在1977年，他就做过指南车的复原研究，指出传动系统可能是由差动轮系组成，论文发表在《中国科学》1977年第2期。1983年，斯里斯维克又发表了高见，是针对张衡地动仪的。他几乎逐字逐句地翻译和解释了《后汉书》中有关地动仪的文字，提出了一个新的复原模型（图6-14），粗粗的都柱固定于地表，小铜球从西方的“老虎机结构”里掉出来，连续发出让人喜悦的响声。他不仅指出了触发震相是瑞利面波，还最早地发现了一个问题：《后汉书·张衡传》在记载该次陇西地震时，提到京师洛阳的震感是“地

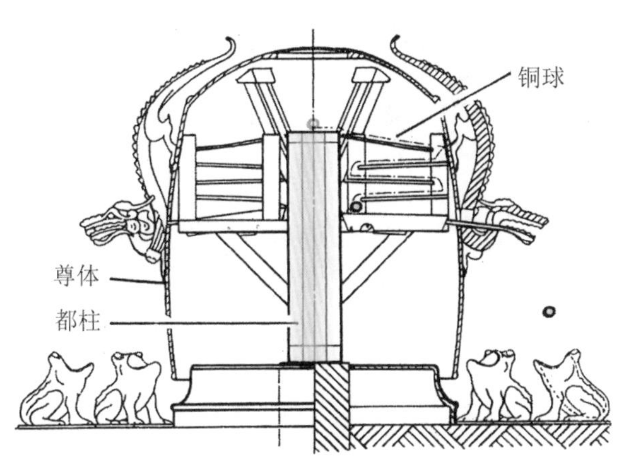

图6-14　斯里斯维克的地动仪复原模型（1983）

不觉动”。但是,《后汉书 · 顺帝纪》中对于 138 年地震的记载却是“京师及金城、陇西地震,二郡山岸崩、地陷”;在《五行志》里还有:“京都、金城、陇西地震,裂城郭,室屋坏,压杀人”。这与《后汉书 · 张衡传》对陇西地震的记载是矛盾的。

斯里斯维克发现的重要价值在于:地动仪测到的肯定不是 138 年陇西地震。

中国地震学者在 1989 年也独立地发现了这个问题,进行了初步考证。斯里斯维克文章发表后,专业人员又在 2004 和 2006 年分别做过综合研究,还到 138 年地震区做了大量的现场调查。得出的结论是:138 年地震的震中在甘肃省永靖县西北(36.1°N,103.2°E),烈度Ⅸ度,震级 6¾;地动仪测到的地震是 134 年 12 月 13 日的地震,震中在天水一带,震级 6¾~7 级。

对于学术界已经解决的问题,公众的了解总会有个过程。陇西地震的位置,不能望文生义误为“陇西县城(狄道)”。汉代的时候,凉州和司隶校尉部(相当于今日的京畿、首都圈)以陇山为界(图 6-15)。陇山近南北走向,北接贺兰山、南抵

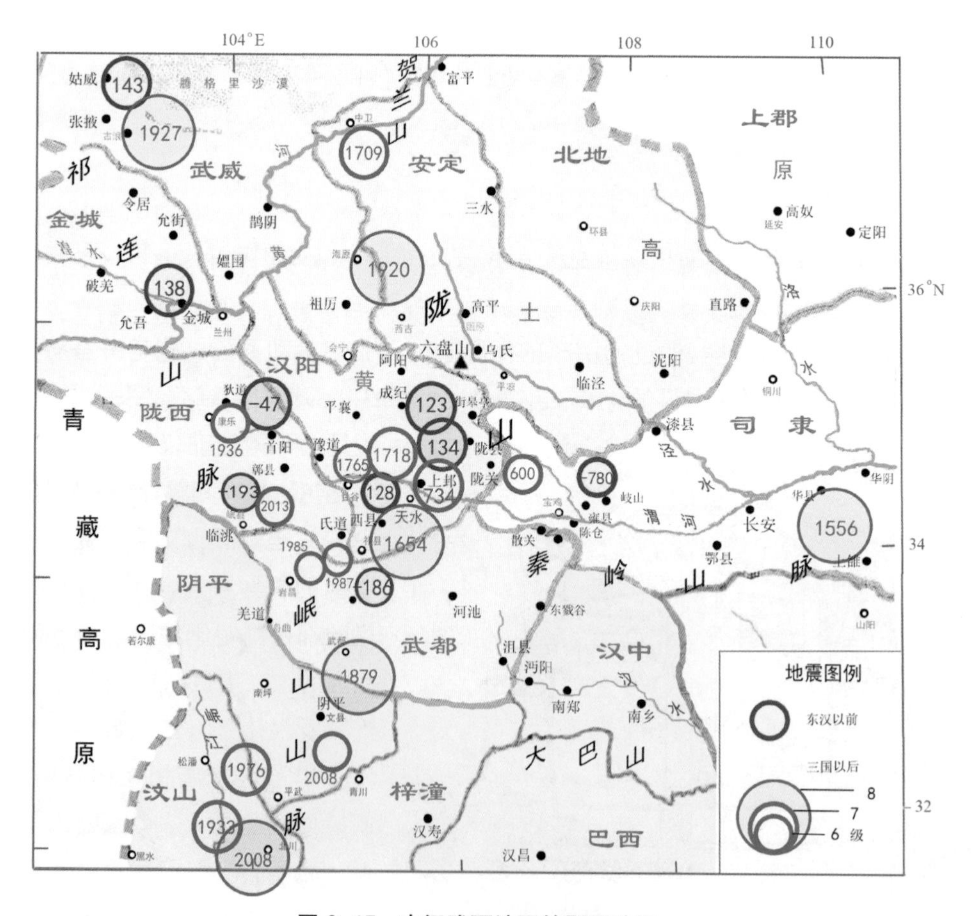

图 6-15　东汉陇西地区的郡国略图

秦岭。它在平凉、华亭至陇县的一小段，古代称“关山”，成名最早，古代文学里的词牌《关山月》即出在此处。陇山的最高峰在平凉和静宁的北侧，称六盘山。不过今日已经把陇山和关山统称为六盘山了。

由关中平原向西经过关山登上陇坂，便抵陇西高原，“陇”就是天水区域的陇坂。《说文解字》有“陇，天水大坂也”。成语“得陇望蜀”便出自《后汉书·岑彭传》。《秦州记》还有“陇坂九曲，不知高几里”“陇山东西百八十里，登山巅东望，秦川四五百里，极目泯然”。当时的陇山以西，地域广袤人烟稀少，边境战事时有发生。此外，陇山以西，地震频发，常常统称为“陇西地震”；陇山以东，少有地震。只是对关中平原发生的地震，称之“京师地震”，它们已经位于司隶校尉部的范围。

汉代的邮驿系统

陇西地震是由驿报通知的，故而还需要了解汉代邮驿的基本情况。

汉代只有官邮，除极其个别的权倾朝野的诸侯王外，没有私邮。由于皇帝的诏书、朝廷的公文、钱粮的汇报、甚至军事的调动都要通过邮驿系统，因此官邮便成为国家的一个重要机构。邮驿系统由三公中的太尉和九卿中的卫尉统管，属下的“公车司马令”直接负责接待上书的民间贤士，遂有“公车上书”之说（直到康有为1895年的上书改革，亦称公车上书）。张衡在公元121–126年间一直担任公车司马令，与全国的邮驿自然过从甚密。

汉代有严格的官邮制度，在曹魏时已经制定和实施了《邮驿令》的法律。车传称作“传”，步递称作“邮”，马递则称作“驿”。为驿传设置的中途停驻之大站称作“置”，三十里一置，置处预先备好车马，随时供兼程来往的驿使使用。为邮递设置的中途停驻站称作“亭”，“十里一亭，五里一邮，邮人居间，相去二里半”（《汉旧仪》），信差在两邮亭中间的二里半处交接。邮亭绝非今日的小小邮政亭可望其项背，它是地方基层的行政单位，亭长有征丁税收、治安捕盗之责。督邮除督送邮书外，还代表着太守训行属县，督察长吏和邮驿。早自秦朝，邮使（即邮差）已经属于国家公务人员，由当地官吏任命，可以享受减免赋税的待遇，而且是终身制，可以继承。刘邦就当过泗上亭长，刘备办事也要乞求督邮，张飞胆敢鞭打督邮，实属登天造反之举。托人传私信非同小可，司马迁受宫刑之后，在朋友任安刑期将近时冒死写了回信——《报任安书》，留下了“人固有一死，或重于泰山，或轻于鸿毛”的千古绝句。

中国的筑路，自古讲规矩，细致而周全。远自周朝，“凡国野之道，十里有庐，庐有饮食；三十里有宿，宿有路室，路室有委；五十里有市，市有候馆，候馆有积”（《周礼·地官·司徒·遗人》）。秦汉共在全国统一修建了8条大道（图6–16），道路标准统一，道宽五十步（约80米），两旁每10米左右栽一棵青松，一路绿影婆娑，美丽壮观。且“天下车同轨，书同文”（《礼记·中庸》），轮距一律六尺。管理上也有统一的制度：西汉，“县道大率：十里一亭，亭有长，十亭一乡”（《汉书·百官公卿表》）；东汉，“十里一亭，五里一邮”。随着邮传的便捷，驿传的速度也稳定下来，马传一般日行三四百里，车传日行七十里，步行四五十里。三国时期的水驿，一天一夜三百里。到南北朝和唐朝，官方明确规定：快马日行一百八，再快日行三百里。

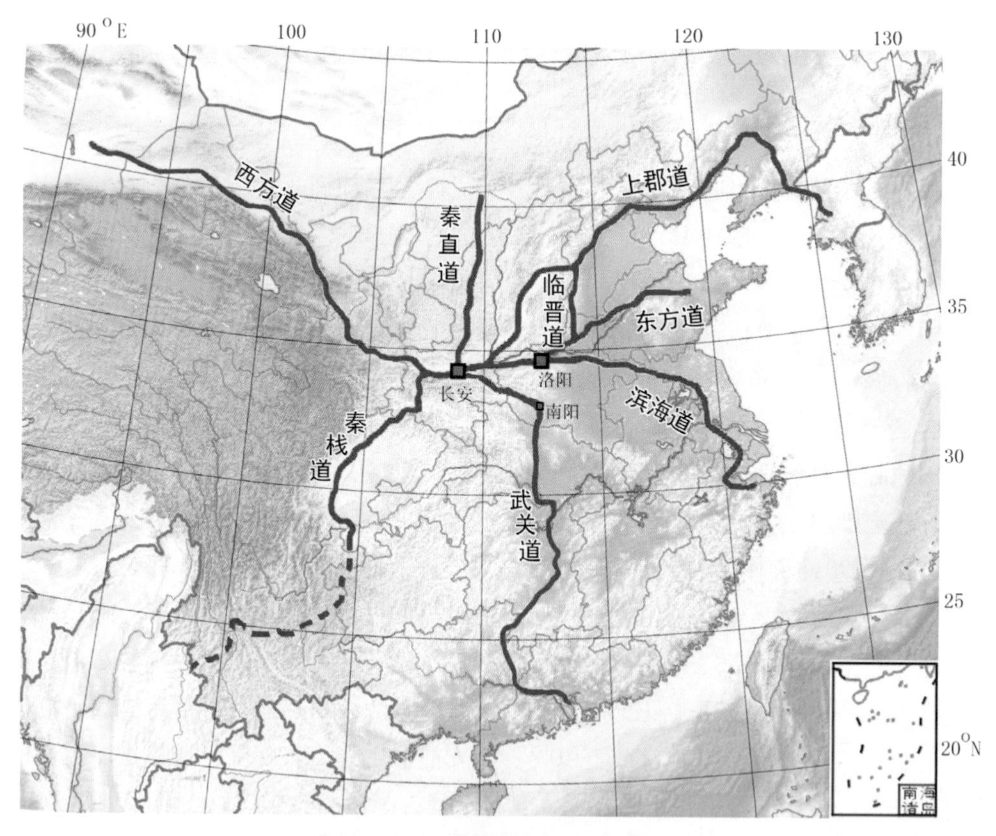

图 6-16　秦汉在全国统一修建的大道

汉史有过实例，一次特急件，从金城郡（今兰州西北，即138年震中地区一带）快马跑到长安，间隔1450里，往返用了7天，属于加快特件。《晋书》还有载：司马懿突遇紧急军情，从河内赶回洛阳，创下了“昼夜兼行，四百馀里，一宿而至”的长跑纪录。

今天的邮使，全套绿色：头戴绿帽子，身穿绿衣服，足踏绿车子。汉代的邮使，一身的红：头戴红色巾帽，臂着红色套袖，身背赤白行囊，坐骑枣红大马。大地山川驿马驰骋，红白相间，煞是一幅千里单骑风景线，英雄烈马写春秋。过关有符信，或盖御史印章，或持都尉棨（音 qi 启）信，往来文书登记造册“邮书簿”。文书到达日期有限制，“不及以失期，当坐罪留”。

《驿使图》是 1972 年甘肃嘉峪关出土的汉画像砖（图 6–17），现在已成为我国邮政系统的标志，1982 年发行了该图的纪念邮票。图中的驿使扬鞭策马，四足腾空。他一手持缰，一手举着棨传文书，浓眉大眼闭嘴（意喻守口如瓶、诚信快捷）。驿使从事着无比高尚的工作，不知有过多少女孩顿足凝眸为之倾倒。

图 6–17　《驿使图》嘉峪关出土的画像砖（甘肃省博物馆，1972）

三国时期（220 — 280），大秦（古罗马）的秦论来到东吴首都。人们得知：大秦也有相似的邮驿制度——“旌旗黎鼓，白盖小车，邮驿亭置如中国……人民相属，十里一亭，三十里一置”（《魏略》）。公元前 490 年的古罗马英雄也是位驿使，他的壮举已发展成今日的马拉松比赛。

陇西地震的地点和时间

驿传走的路线显然是秦汉“西方道”，穿经了天水地区。

史书说的“数日”，应该大体为 3、5 日，否则应书为“明日、后日、二三日”或者“近十日”等。参照上述驿传日均 300 里的速度，134 年地震距离洛阳大约应在 1000 ~ 1400 里（合 500 ~ 700 千米），地震的极震区便落在天水地区附近。这里确为地震高发区，而且《后汉书》《后汉纪》多次把位于天水地区的地震统称为“陇西地震”，比如公元97年4月的天水地震（清，《伏羌县志》）等震例。

东汉自公元46年至220年共80次地震，除个别事件外，资料完全基于《续汉书》《后汉纪》和《后汉书》三本史书而成。张衡期间（78—139年）的地震事件，《续汉书》《后汉纪》和《后汉书》分别记载有34条、29条和39条地震事件，前二者都没有提到《后汉书》里的那段有趣的陇西驿报的故事。《后汉书》比前两本书的成书晚100余年，不仅增加了地动仪有关陇西地震的故事，还特别增加了4条新的地震事件：

- 前3条事件，分别是公元110年的云南地震、120年地点不明地震和124年的京师地震；
- 最后一条地震——134年12月13日地震，刚好发生在地动仪问世后的第二年。

史料考证的结果令人十分诧异。《后汉书》与《史记》《汉书》等写法一样，同一件事情不会在本纪和列传里重复。本纪沿纵向，按照年份顺序写；列传沿横向，按照事件来写。相同的事件仅在一处提及。比如地震，凡涉及地点和灾情，较多出现在本纪中；若写高官，但凡涉及免职，较多地出现在列传中，是不会再讲地震地点的。本纪只记载全国性的大事要事，可以具体到某次地震的年、月、日；列传只记述个人的生平业绩，其细节充其量写到“以地震免”或“以灾异免”，从不讲具体的地震情况。二者虽不在一处同时出现，但在时间上却有着十分确定的对应关系，界定分割是清楚的。

一个不能忽略的事实是：《后汉书》在新增加134年地震的同时，还补写了与这个地震直接有关的三件新史实：

- 《张衡传》，增写了地震陇西的故事，有地动仪的反应、人无察觉、驿马来报的细节；
- 《顺帝纪》，在134年增写了地震后召张衡进帷幄，问及谁人应予惩处，以及张衡讷讷无语的情节；
- 同在《顺帝纪》的134年时段，又写明了司徒刘崎、司空孔扶的策免与这次地震有关。《后汉书补注》里还有刘崎和孔扶二人“以地震免”的文字。这比《后汉纪》中“司徒刘崎、司空孔扶，以灾异免”，更加准确化了。

事情已然清楚：驿报为官方性质的通知，事件的可靠性毋庸置疑。陇西地震确有其事，时间为134年12月13日（阳嘉三年十一月壬寅），地点在天水一带。地动仪确实与这次地震有对应关系，范晔在《后汉书》里已交代清楚了。因之，我国早在1983年定稿的地震学权威资料《中国地震历史资料汇编》中已经收录了此次地震。早年误传的地动仪测到138年地震之说，应予纠正。

28 现代数学登台上场

读史使人明智，数学使人精密，物理使人深刻（Histories make men wise，the mathematics subtle，natural philosophy deep）。

——培根

读史，让我们知道了地动仪的五个结构，算是“明智”了。但要变成现实，还差两步：数学和物理。否则，它就永远是粗糙的概念，既不精密又不深刻。第一步是数学，要把史料定量化。没有数量的讨论毫无意义。

古希腊有位哲学家柏拉图（Plato，公元前427—前347），他比孔子（公元前551—前479）小120多岁，俩人都以讲学著称。孔子收学生，给一点“束脩”（即一束干肉）就可收为弟子。柏拉图的手续略微复杂：必须先学好算术几何，学堂前有块牌子：“不懂数学者，不得入内”。

柏拉图有一个学生，叫亚里士多德（Aristotle）——本书开篇的那位与张衡齐名同辉的大科学家。今天流行的一句话：“吾爱吾师，更爱真理”，就是亚里士多德讲的，这里的“吾师”即柏拉图。

瞧，数学多重要啊！数学是描绘大自然的画笔，淡妆浓抹总相宜；它是打开思想宝库的钥匙，心有灵犀一点通。

复原是个数学反演问题

自然界的现象与本质具有统一性。吃脏东西和头痛腹泻是统一的，地动仪的内部结构和地震反应也是统一的。根据吃脏东西（本质）去推断头痛腹泻（现象），很容易，数学上是个正问题；但是，大量的实际任务恰恰相反。比如医生要根据头痛腹泻去反推病因，军人要从密电码里破译出内容，工程师要根据异常声音判断机械的故障……它们都属于反问题。这类问题的特点在于：要从外部现象和观测数据，反推出事物的本质——内部结构和原因。

解决这类反问题，现代科学有章法。特别发展了一种专门的数学方法——反演理论（Inversion），前提是“现象与本质统一”。毋庸赘述，欲查明本质，瞎猜不行，吵架不行，投票更不行。

古代仪器的复原，实质上是个数学反演问题。

地动仪的内部结构，古文写下来了当然很好，写得不清楚抑或没有写的，不等于后人就一点都不能知道。只要古人把所看到的外部现象仔仔细细地写清楚、讲完整，就可以推算出它的内部结构，实现历史和科学的统一。数学反演理论给人们指出了一条科学的道路，沿着它的方向前进，就可以确保所得解是最佳的，而它的逼真程度、可靠性取决于所掌握现象的充分程度。当然，证据链能闭合，是最好的。

图 6-18 表达了解决地动仪反问题的思路。简单地讲，从史料记载的现象出发，分成左、右两路大军前进，通过随后的结合来共同求得最佳解——建立模型：

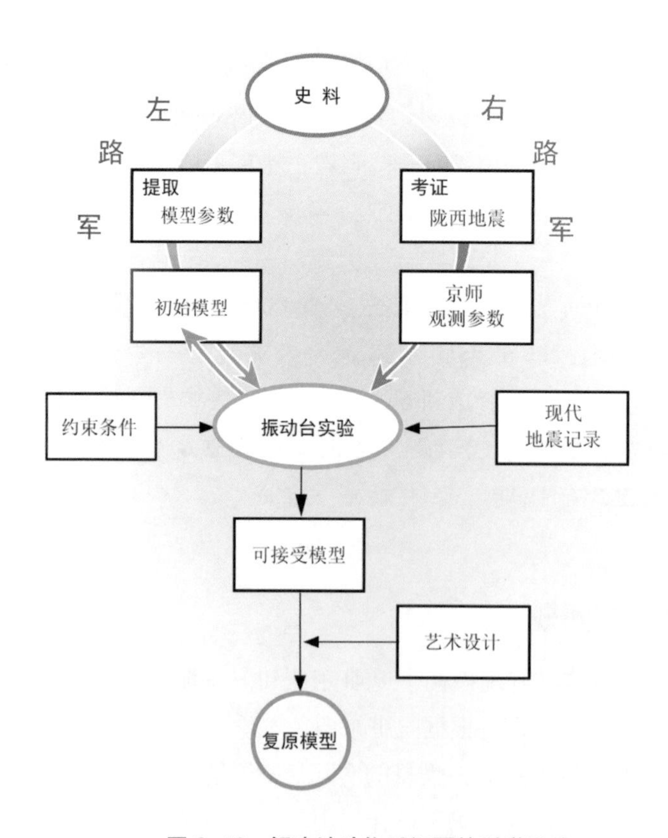

图 6-18　解决地动仪反问题的科学思路

● 左路军 —— 根据文字训诂和考古资料，直接设计“模型参数”，与传统做法是一样的。不过这个模型仅是初始猜测，供后续的筛查和修改之用，不是定论；

● 右路军 —— 根据陇西地震的专业参数，给出这次地震在京师洛阳引起的“地面运动数据”（即观测数据），然后通过振动台技术予以显现；

● 实验 —— 在振动台上进行检验，看左路军的“初始模型”对右路军的“陇西地震”的反应，检查二者的拟合程度。

这个时候，可以不断地筛选、检验和修正模型参数，当修订后的模型在振动台的反应达到了陇西地震的要求、符合史料描述的现象，即彼此吻合、互为印证之时，便是可接受的最佳解。这个解，也最为客观、合理。应看到，模型解的非唯一性是存在的。压缩、降低非唯一性的办法有很多，关键在于约束条件的应用。前面讲过的三道“汉关”，就是约束条件。此外，各种史料信息、灵台观测条件、出土文物特征、东汉工艺水平等都可以施加，还可以用其他的真实地震记录来反复检验。

最后的结果，就是在目前历史条件下、充分利用了所有信息之后，所能达到的最好认识。

定量化之一——陇西地震

陇西地震的理论地震图是可以计算出来的，因为自然规律具有可重复性。比如地震波的震相、走时、偏振和频率等基本规律不会随时间和地点改变，当震中和测点基本固定时，地震等震线的分布、地震图的特征就会表现出同等条件下的重演。图 6-19 是洛阳地震台对三次陇西地震的记录图，时间相隔 10 年，震级 M=4.7 ~ 6.6，能量相差千余倍，但其基本特征表现出了“四个不变”：

● 震相到达的次序不变，总是（纵波 Pn、P*）—（横波 Sn、S*）—（勒夫波 L 和瑞利波 Rm）；

● 偏振方向不变，（Pn、P* 和 Rm）平行于地震射线方位，（Sn、S*）垂直于地震射线；

● 瑞利面波 Rm 的优势地位不变，它的幅度最大，周期和持续时间最长；

● 频谱特征不变，相对振动的特征和某些特殊震相不变。

地动仪在洛阳测到了 134 年 12 月 13 日地震。根据史料“地震陇西，地不觉动”和“地动摇尊，尊则振”的描述，地震学有充分的依据把这段古文变成量化参数：震中距 500 ~ 700km，洛阳的地震烈度 Ⅲ + ~ Ⅳ。借助于近年间陇西地震在洛阳的记录图，便可以算出 134 年陇西地震的理论地震图（图 6-20），它虽然不是事件的

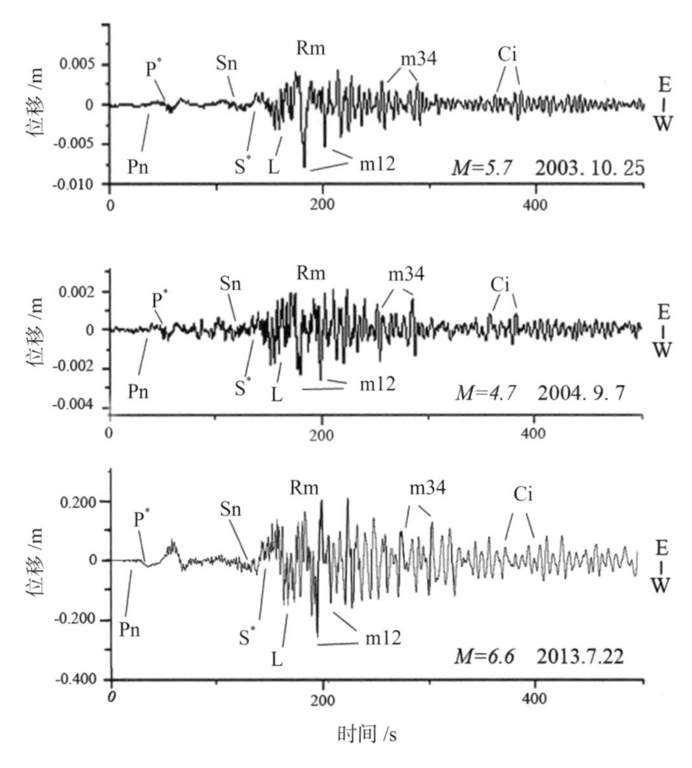

图 6-19 洛阳地震台记录到的三次陇西地震

全部信息，但就检验模型的需要而言，已经足够了。

同时，利用古今地震资料、烈度衰减规律、理论地震学关系、地质构造、陇西地震记录图等，专业研究已经推算出 134 年陇西地震的其他参数的数量级：

- 震级 6¾ ~ 7，震中在甘肃天水一带。洛阳地区的水平运动是横波和面波，不是纵波。面波加速度小（不超过 1 Gal）、位移量大（6 ~ 8mm）、频率低（优势周期 1 ~ 10s）、持续时间长（约 1 分钟）；横波比面波先到达，频率高出约 10 倍，加速度和位移量会小约 50% 以上。
- 纵波初动是首波 Pn，直达纵波 P 是续至震相，垂直加速度和位移量约为面波的 10^{-3} ~ 10^{-6}，没有水平分量。
- 洛阳灵台的地表噪声的垂向加速度可达到 100 ~ 1000 Gal。

以上这些参数就是用于检验复原模型的定量标准。与此同时，地动仪对地震的监控范围也可以推算出来（图 6-21）。从史料上看，除却 134 年陇西地震外，在张衡 139 年去世前的 5 年之内，地动仪的控制范围内也确实再没有发生可以测到的地震事件。故“验之以事，合契若神”的记述，可能指仪器研制过程中的事。

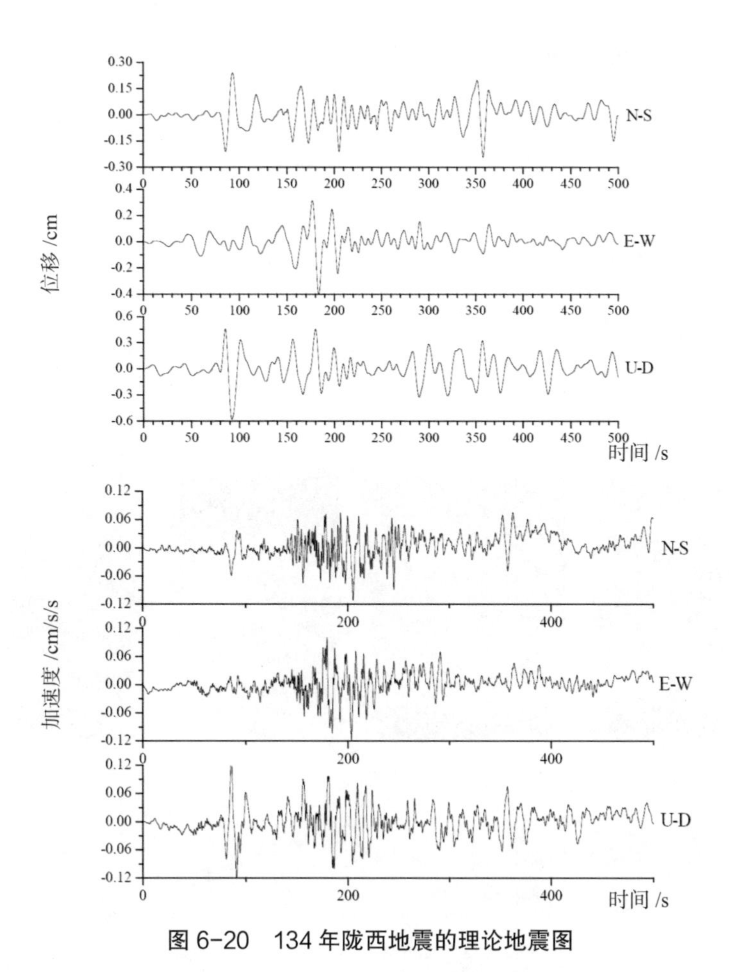

图 6-20　134 年陇西地震的理论地震图

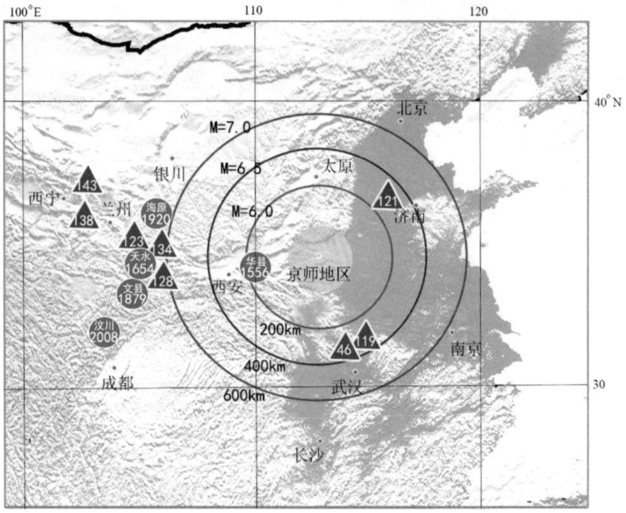

图 6-21　地动仪对地震的监控范围

定量化之二——模型参数

汉代酒尊，被明确划分为盆形尊、筒形尊、温酒尊等几大类，各类还有更细致的分组归类。其中的温酒尊属于酒筵上的大型器皿，最符合史书“形似酒樽，其盖穹隆”的特征。全国现已出土汉代穹隆顶盖的温酒尊共12件，相应的资料收集到一起，有著名的神兽纹尊、凤钮禽兽纹尊、圆顶明器陶尊、重山顶明器陶尊等等，其中的鎏金山纹兽足尊（图6-22中的图（d））是专门从台北故宫博物院获取的资料。研究中，要对所有的尊体逐一测量各个部位的比例关系，提取表面纹饰，分析艺术造型。

图6-22　全国出土的汉代穹 隆顶盖的“温酒尊”

第一步，测量酒尊各部位的比例。

办法是分别以酒尊的“圆径八尺”作为 1 个单位，测量酒尊自身的总高度（H^*），顶盖高度（f），直壁高度（d），器足高度以及顶盖的弧度的比例数值（图 6–23），只要新模型的结构比例落在出土文物的实测数值区间附近（图 6–24），自然就保证了“形似酒尊”的视觉效果。

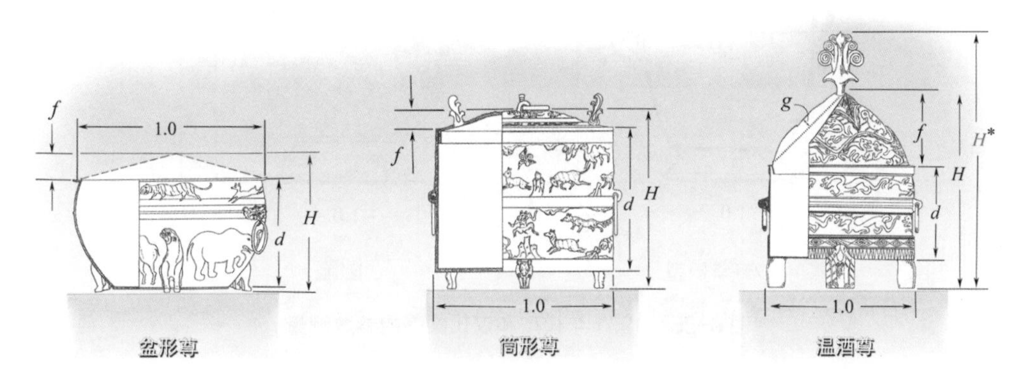

图 6–23　三种汉代酒尊，以直径作为 1 个单位做测量

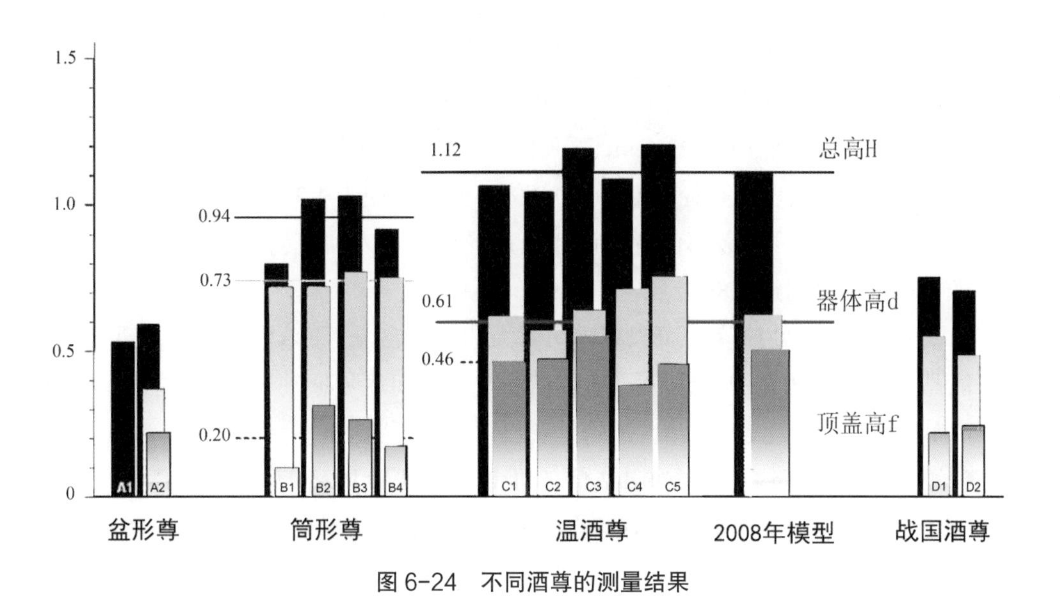

图 6–24　不同酒尊的测量结果

在这个过程中，1951 年模型不稳定性的根源被查清楚。失误在于整体结构的比例不是汉代酒尊，而是圆壶 —— 战国和汉代的礼器（图 6–25）。王振铎的论文并没有回避这个问题，他确实是借鉴了战国的圆壶和方壶造型，并附有实物照片。

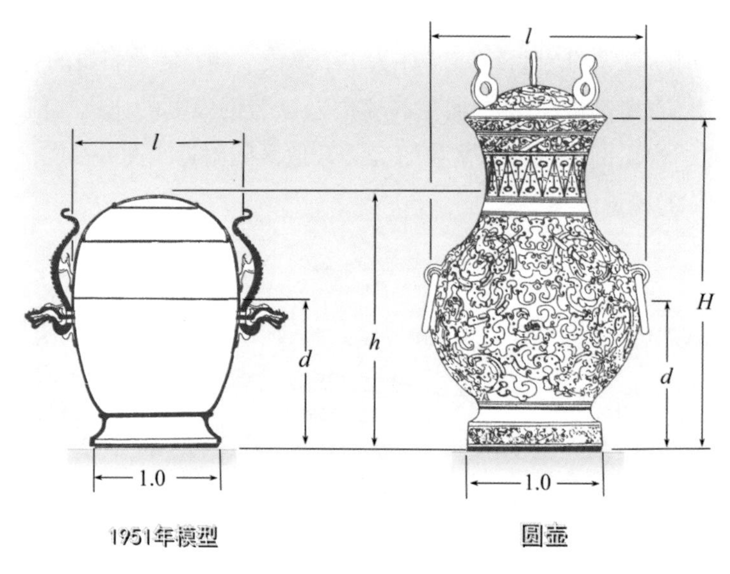

图 6-25 1951 年模型和汉代圆壶的参数测量

这种失误完全可以理解，当年对于什么是汉代酒尊还没有定论，而第一件刻有铭文的汉酒尊是在 1962 年才出土的（图 0-28）。问题发现之时，为时已晚。

第二步，根据尊体各部位的比例值推算出模型的实际尺寸。

结合史料“形似酒尊，圆径八尺”，可以得到模型的一些参数：

- 汉代直尺的长度 1 尺 =23.4cm，八尺约为 1.9m，这就是地动仪圆筒部分的直径。
- 据酒尊直壁高度是直径的 0.6 ~ 0.7 倍，则高度便为 1.3m，其上“覆之以盖，其盖穹窿”，那么龙首的最高位置应该在顶盖下缘，计入器足约 40 ~ 50cm 的高度后，龙首高度不会超过 1.8m。
- 铜丸从 1.8m 处掉落，可以算出历时大约为 0.45 s，下落轨迹基本为垂直状，不可能是人们想象的宽抛物线状。地震横波在这期间往复振动约 10 个周期，引起落点的单侧偏差不会超过 10cm。故蟾蜍嘴巴可以张开 20cm。
- 酒尊自身高度约为直径的 1.2 倍，即 2.2m（不计风鸟），则悬垂摆的自由震荡周期在 2.5 ~2.7s。这个周期恰好落在陇西地震波的优势频段内，共振作用会有利于测到微弱信号……

上述估算量可与现场条件对比：置放地动仪的房间十分狭窄，局部宽度为十尺 2.3m，两侧余地分别只有 20cm，蟾蜍已经没有散放的空间。据《续汉书》的记载，蟾蜍是作为器足来“承托、承载”尊体的，并有“张口受丸”双重作用，进一步证实了估算值的合理性。

概念模型的诞生

作为对张衡科学思想的一种表达（尽管不是唯一的），新的地动仪复原模型便取圆球状“关”置于尖针上，它轻小、可转动、极端不稳定。当其上方罩以沉重的悬挂都柱后，便被牢牢地控制住（图 6-26）。在 2008 年版的青铜复原模型里，都柱重 422kg，小关球重 200g，二者的惯性比高达 2100。对都柱而言，控制一个极其

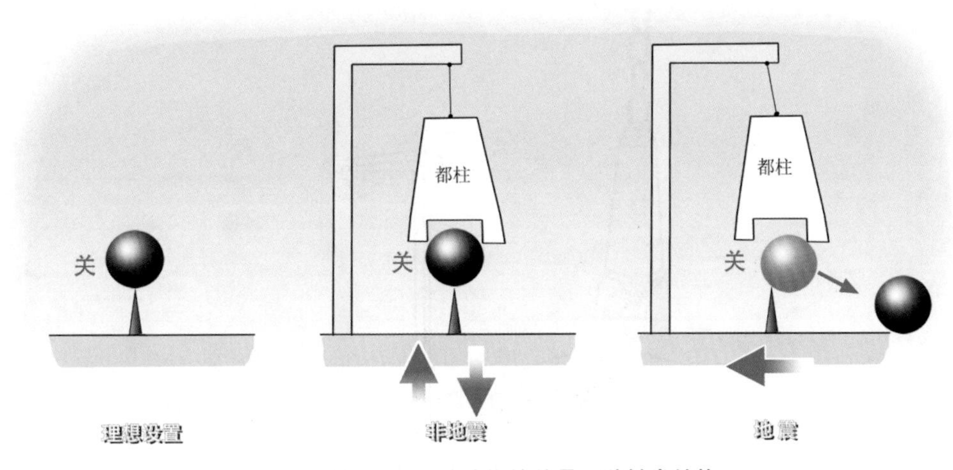

图 6-26　地动仪的关是一种触发结构

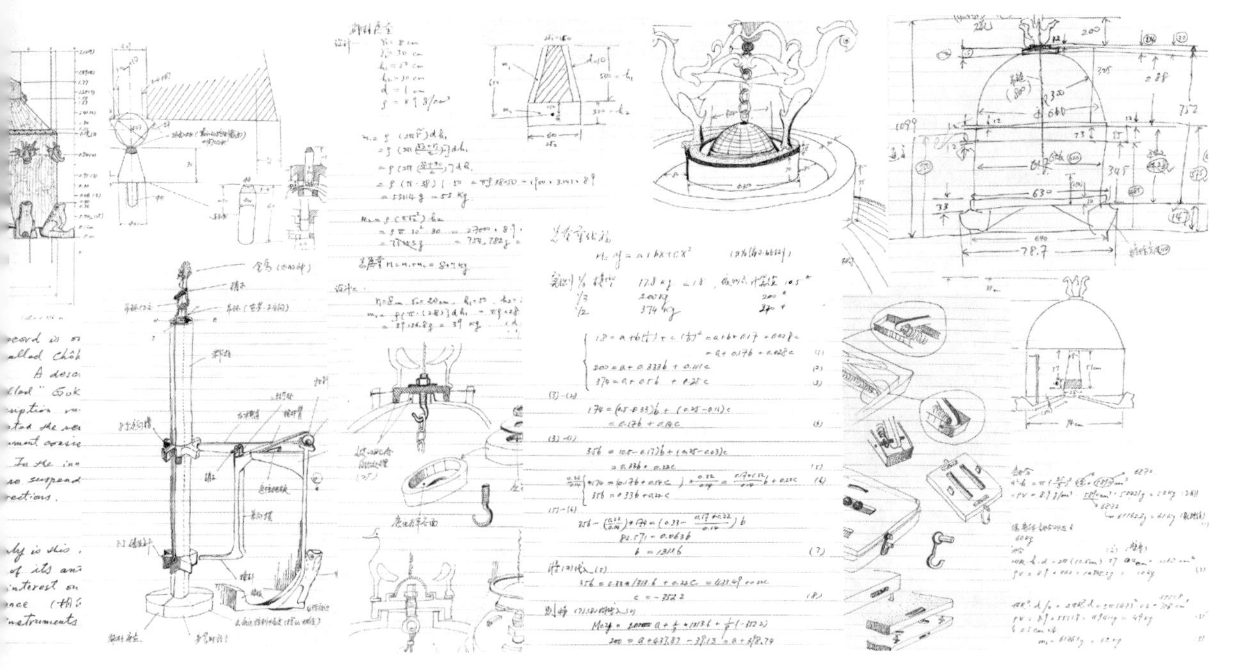

图 6-27　复原研究的设计笔记

轻小的关球很容易实现。故而当、且仅当地面出现水平运动之际（如 1 ~ 2mm 的微量位移），位于尊体底部的尖针会随着地面一起运动，它与静止的都柱之间便出现了位错——相对位移，小关球随即在缝隙之间被都柱的作用力释放出来——“施关”。

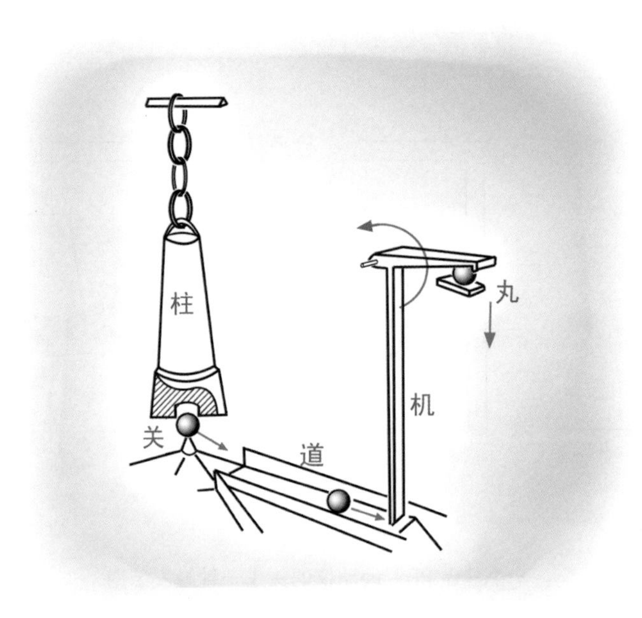

图 6-28　悬垂摆模型的五部分结构

把所有的信息综合起来后，便形成了地动仪的概念模型（图 6-27 和图 6-28）。模型并不是一次能够完成的，经历过振动台的反复检验和修正，才逐渐完善（图 6-29）。

图 6-29　概念模型的内部设计

仅以青铜铸造为例，还存在各种技术和工艺环节。可以想象，2000年前张衡制作的过程更不会轻松。比如总重量是有限制的。根据对灵台的现场考察以及台基土的采样分析，推断出灵台台基的稳定承载压强为15 t / m^2，地动仪青铜件的各部分壁厚都要控制在5 ~ 10mm的范围，总重量才不会超过5t重而满足灵台地基的条件。

地动仪壁厚受限后，又必须对各项结构的力学稳定性和变形做出评估。

首先是静力学分析。用三维有限元方法计算了半圆体顶盖的应力和形变的空间分布与数量级（图6-30）；保险系数按照5 ~ 6倍处理；顶盖受有自身的重力和都柱的载荷力，因自重的最大变形仅为微米量级，可忽略；铸造青铜的应力强度为170 ~ 700MPa，而都柱引起的水平向和垂向最大应力值仅为它的1/（2 ~ 10）和1/（100 ~ 300）。

其次是动力学响应。计算了抗剪强度：即便在地震烈度为Ⅷ度（水平加速度a_0=0.20 g）的极高情况下，青铜材料的抗剪强度在20MPa ~ 60MPa，为地震致的剪应力值的10~30倍。挠曲变形的最大拉应力和最大压应力也仅有青铜材料的抗拉强度的1/30和1/8。

最后，对铸件做了破坏性试验，已确认了整体设计和计算的可靠性。

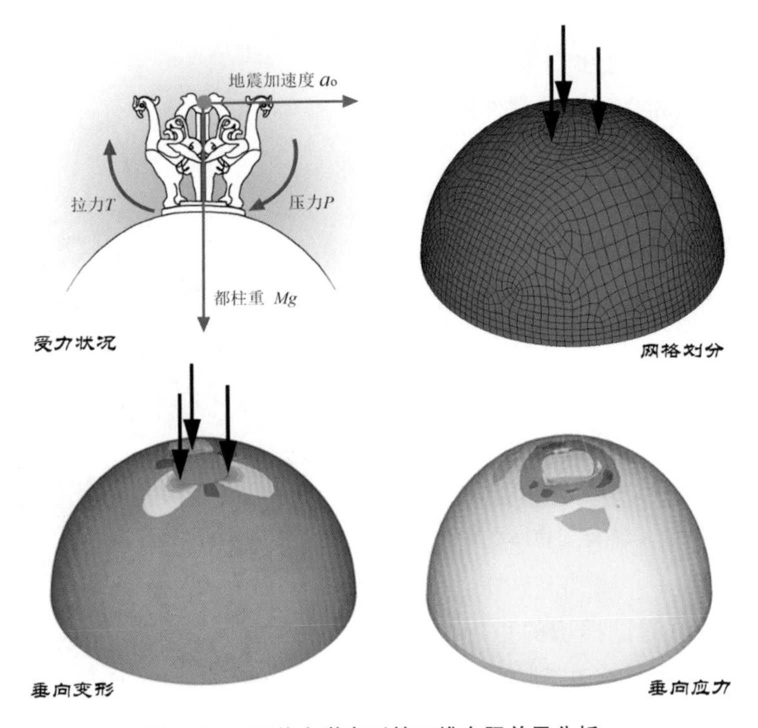

图6-30　顶盖力学变形的三维有限元分析

29 科学实验拍板

前节提出的概念模型毕竟属于纸上谈兵，要在实验室里通过振动台来筛选、检验和修正模型，才能完成反演求解的过程，最终让模型变成有生命力的测震仪器。陆游晚年曾为他儿子写过几首流传千古的诗，除人们熟悉的绝句《示儿》，还有一首著名的《冬夜读书示子聿》，也是情深意切的：

古人学问无遗力，少壮工夫老始成。

纸上得来终觉浅，绝知此事要躬行。

地动仪 2008 年模型的原大件在两个国家重点实验室进行了严格测试。液压振动台在计算机系统的控制下能够精确地复现各种三维地面运动，系统各部件的精度、重复性均有严格的国家标准，可以实现对频率、位移、加速度、结构响应、应力应变等各项参数的标定和测试（图 6–31）。

图 6–31　振动台上中间悬挂的黄色柱子为待测的都柱

地动仪的测试（图 6–32 和图 6–33），含以下六方面内容：

● 抗干扰性。测试模型的抗干扰能力，独立的纯垂直方向干扰量 500 ~ 1200 Gal，频率范围 200 ~ 0.1Hz，运动方式为脉冲状和连续波列两种，确定 100 次测试的误触发量。

● 灵敏度。测试模型的稳定性和水平向灵敏度，周期约 1s 的独立纯水平振动信号，加速度在 0.2~5.0 Gal，水平位移量

图 6-32　北京机械工业自动化所实验室的振动台系统

图 6-33　地震学和机械学专家对地动仪做试验

0.5~2.0mm。

● 三维合成检验。将前述的水平信号与垂直噪声合成起来，以三维运动的方式重新实验。

● 宽频带响应。测试结构的自由和负荷运动，周期 0. 01 ~ 10.0s。测试模型分辨续至波的能力。

● 陇西地震。输入复原的陇西理论地震图（图 6-20），按照量化范围进行数量级的约束，检验模型的动力学响应。

● 真实地震。输入真实的三维数字地震记录图，检验模型的灵敏度、动作顺序、反应方向、稳定性，特别利用了唐山、云南、汶川、玉树、山西等实际地震在不同台站的记录图。图 6-34 是 2001 年 1 月 27 日云南泸西 5.4 级地震的一个实例，在保山等 5 个地震台由宽频带数字地震仪得到的纪录，它们全部都用于实验中了。

把以上数据集输入计算机系统，便可以模拟出洛阳的地面运动。复原模型是否合理，能不能在有干扰、地不觉动时测到陇西地震、反应在地震方位上，就可以通过实验来客观地筛选模型，不断修改模型参数，直到符合史料的记载。对直立竿、自由杆、悬垂摆原理做过统一的测试，前两种原理都通不过检验。

对 2008 年悬垂摆复原模型，共利用 14 次实际地震记录进行了 2200 多次实验。原大青铜复原模型制成之后，又在北京工业大学国家专业实验室进行了试验（图 6-35 和图 6-36），信号的强度控制在 134 年陇西地震的水平上，复原模型均表现出了良好测震反应、强抗干扰性能和沿着地震方位的反应，通过了检验。

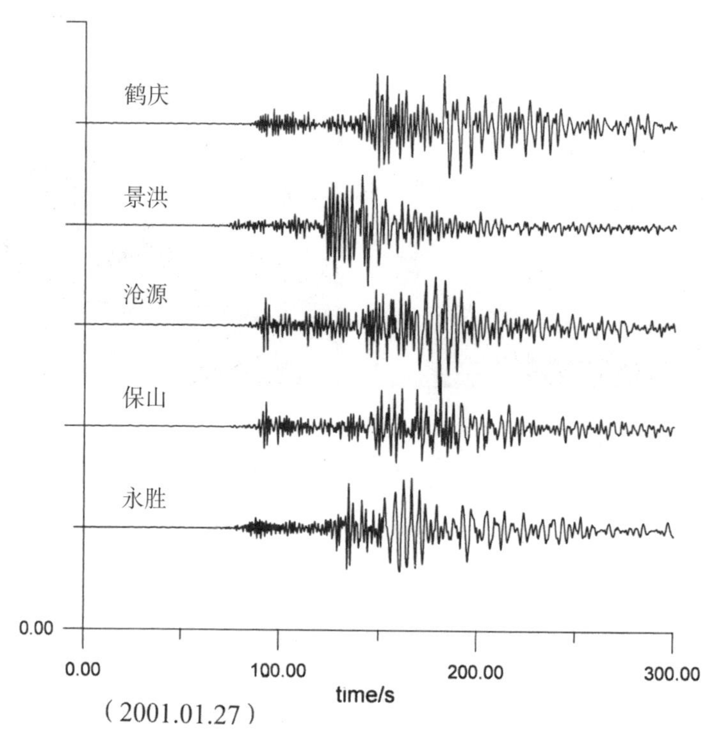

图 6-34　用于检验复原模型的云南地震图（2001 年）

图 6-35　北京工业大学实验室正在吊装原大地动仪模型

图 6-36　地震专家和铸铜厂技术人员在合作测试模型

检验古代的、甚至近代的科学发明，是件很有意义的工作。

诸如孟德尔的豌豆实验、法拉第的电磁感应、伽利略的自由落体、牛顿的三棱镜七色光等，都一再被后人重复和检验，学校里的大量实验课也都是在检验着历史的发明。这种重复的实验能够最直白、最清晰地揭示出自然规律，“科学＋历史”的积极作用被充分发挥出来了：神奇的故事里讲述了科学，有趣的科学里熏陶了历史。世界上那些丰富多彩、妙趣横生的本来面貌，原来就在身边！人人都能明白，个个都能掌握。

地动仪的复原模型也是这样，它很像曹植诗赋中的洛神“远而望之，皎若太阳升朝霞；迫而察之，灼若芙蕖出渌波”。意思是：远远望去，明亮洁白像是朝霞中冉冉升起的太阳；靠近观看，明丽耀眼宛如清澈池水中亭亭玉立的荷花。

下一步，“科学＋艺术”还要结合起来。云髻峨峨、身披罗衣的洛神会从实验室中婀娜多姿地走出来，她将把科学的力量带给九州大地的儿女们。

延伸阅读

冯锐、俞言祥，张衡地动仪与134年陇西地震．地震学报，28卷，6期，2006.
冯锐，地动仪研究中的五个地震学基本概念．中国地震，32卷，4期，2016
臧嵘，中国古代驿站与邮传．北京：商务印书馆，2007.
武玉霞，开启现代地震仪历史的金钥匙——张衡地动仪．城市与减灾，2期，2011.

第七章 建立地动仪新模型

30 史料的文化艺术内涵

对地动仪的外部造型，史料有下述记载：

形似酒尊，其盖穹隆，饰以篆文山龟鸟兽之形，外有八方兆，龙首衔铜丸，下有蟾蜍承之。

复原模型中的艺术设计，是科学复原的一个重要组成部分，既是实现仪器功能的需要，也是展现汉代文化和艺术的一种直观方式。张衡造物的艺术思想是“制器尚象”，在效法大自然客观规律之时，对天地“有形之物”注入了社会伦理观念，艺术的表达反映了中华古典文化。

就艺术设计而言，重要的一步还不是简单地选取纹饰和汉龙造型，而是首先深刻认识史料的文化内涵，参照出土文物来体会汉文化的深厚底蕴，从而在整体上达到理解和把握。

酒尊和四灵

“形似酒尊，其盖穹隆”的记载，确定了地动仪的基型。作为酒尊基本元素的凤鸟、顶盖、直筒、器足也就有了它们的功能和内涵。

青铜器的中央立有凤鸟，是华夏文化的远古传统。在距今 5300 ~ 4500 年左右的良渚文化时已有这种习俗，器物的凤鸟或绘画的三足金乌代表着万能至尊的太阳，《汉书》有“日中有三足乌”之说，属原始图腾的太阳崇拜（图 7–1），出土的文物也很多。艺术上取鸟为太阳标志的观念，在古埃及和古墨西哥也如此。因此，在新复原模型的初稿设计中，首先保持了这个传统（图 7–2）。

图 7–1　画像石的太阳里边有三足乌即凤鸟

图 7–2　雕塑艺术家孙贤陵（右一）在制作地动仪模型初稿

史料所述的“山龟鸟兽之形”系四灵的动物纹饰。“山”指山龙，“龟”为玄武（龟蛇），“鸟”为凤鸟，“兽”乃白虎，即青龙、玄武、朱雀、白虎四灵。张衡曾作《灵宪》，对四灵在前后左右的位置和形态做过描写。1965 年河北定县出土了西汉的铜管错金银狩猎图，图 7-3 是其中的两段，实为罕见的工艺精品。图中的山峦云气恢宏，瑞兽奇禽形象生动。中下方有一人骑着骆驼而行，四周鸟兽飞舞，人和自然浑然一体，极具浪漫色彩。充分表达了汉文化的宇宙观念，我们的纹饰设计从中汲取了营养。

图 7-3　西汉铜管错金银狩猎图（河北定县，1965）

在新的地动仪复原模型里，穹隆的顶盖也就代表着无垠的天球，天穹上设计了四灵浮雕（图 7-4）。它们在祥云陪伴下若隐若现的围成一圈，沿反时针方向翩翩起舞，愉悦地行春夏秋冬四季之能，履东南西北四方之责，构成了一幅四灵拱日的意境。放射出亘古至今的光辉——生命是万物的精灵，战胜天灾地祸的力量源泉。

图 7-4　地动仪上的四灵图案

篆文和卦象

史书提及的“篆文”应该有八个，与八卦配套，用来标识方向（图 7–5）：震（东）、离（南）、兑（西）、坎（北）、艮（东北）、巽（东南）、坤（西南）、乾（西北）。“八方兆”中的“兆”，义训源于占卜灼龟之坼，兆象即象，系指用阳爻和阴爻来表示的八卦卦象，和八个篆文配套标注八个方向。汉代的栻盘、陵墓、舆服中采取八卦卦象，十分普遍。京剧《借东风》里诸葛亮的道袍上就饰以八卦图案，他在南屏山大唱二黄导板：“习天书学兵法犹如反掌，设坛台借东风相助周郎……”所设的坛台类似于张衡的灵台，为观天象察妖祥之用，坛台的八卦卦象表示占卜天地的意思。韩国国旗上也有卦象四幅，表示“天地水火”的哲学理念。

这样一来，古代标志方向的 3 种方法 —— 四灵、篆字、八卦卦象，全都在地动仪上采用了。

图 7–5　篆文和卦象用来标志方向

汉龙

龙，中华民族统一、团结与和谐的象征。但在历史上，龙的形象有个演化过程（图 7–6）。汉代的龙更具原始风貌，龙的造型简单、古朴、平和，具有写意和平民化特点，明显区别于威武神勇的明清龙。

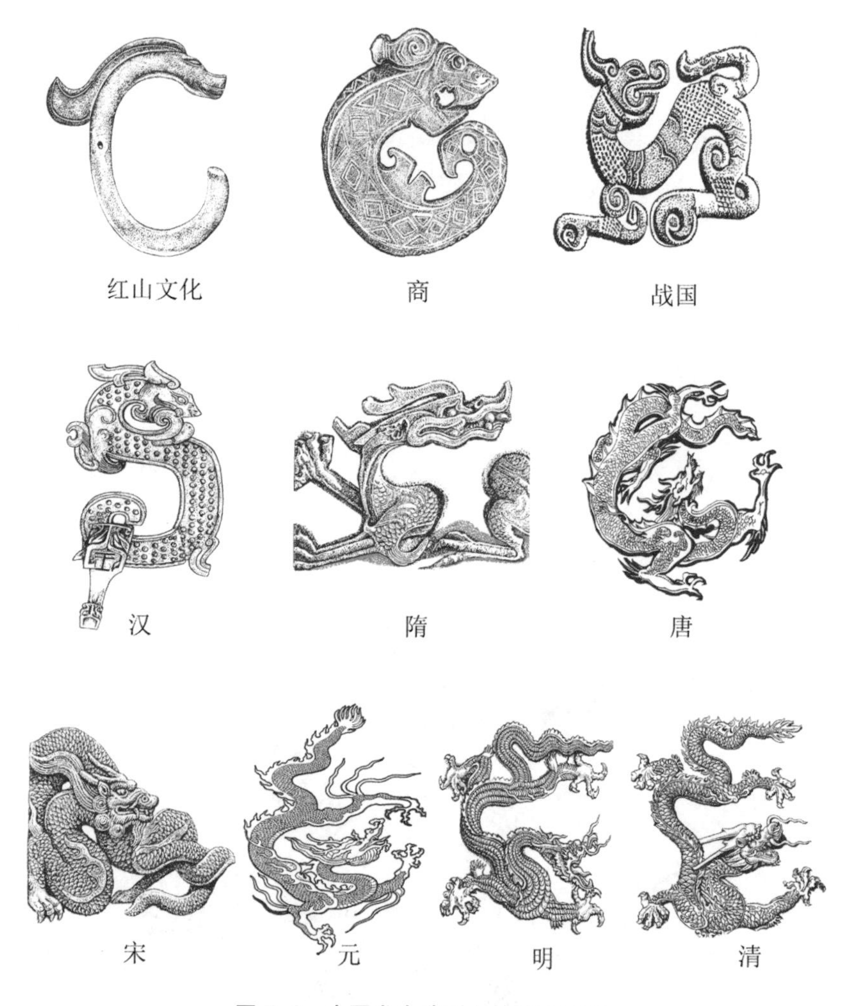

图 7-6　中国龙在造型上的演变过程

汉代绘画和雕塑里的龙造型，更具自由开放的特征。汉龙可以盘座于天子庙堂，也可以口冒黑烟当作灶台烟筒，农夫能够牵着它下地干活，儿童也可以骑着它遨游太空（图 7-7）。当然，汉代还有崇尚虎的社会观念，视虎为百兽之王，不过虎在雕塑中用的不如龙那么多。

图 7-7　汉代龙的造型简单古朴，具有写意和平民化特点

蟾蜍

承托尊体的蟾蜍，在文化上象征着月亮。远古的中国，对月亮有众多称谓：蟾蜍，蟾宫，蟾窟，蟾魄，冰蟾，玉蟾。四川出土的3000多年前的商代晚期文物中，能采用金箔制作的纹饰也仅有两位神仙——金乌和金蟾（图 7-8）。蟾蜍的高贵地位可能源于生殖崇拜、祭祀求雨、月神崇拜等。公元前300多年的屈原有过“*厥利惟何，而顾菟在腹*”的诗句（《楚辞 · 天问》），顾菟即蟾蜍。汉代对于蟾蜍的祭奉已经非常普及，壁画、帛画、画像石中几乎都有月中蟾蜍、日中金乌的图样。董仲舒的《春秋繁露》还载有祭祀蟾蜍求雨的习俗。几千年延续下来，祭奉蟾蜍已经

图 7-8　月神蟾蜍金箔（三星堆，约 4500 年前）

成为中华文化的传统，今天的优胜者还会被誉为“蟾宫折桂”，云南少数民族还以蟾蜍祈雨过节等。

西方的蟾蜍观念

拉托娜（Latona）是出生在亚洲的古希腊女神，阿波罗（太阳神）和狄安娜（月亮神）的母亲。曾带领两个孩子漫游，路过小亚细亚的吕基亚，想从当地的池塘里饮水。不料，当地的农民不仅拒绝，还故意把池塘底部的泥搅动起来。为这种极不道德的行为，女神便把他们都变成了妖怪蟾蜍，张开大口不断地喷水，好让过路人能畅饮清水。

图 7-9　法国凡尔赛宫里拉托娜喷泉的蟾蜍

法国凡尔赛宫的中央喷泉就表现了这一故事，在 4 个层次上，共布设了 66 只喷水蟾蜍（图 7-9）。

西方国家的喷泉里，普遍采取蟾蜍喷水的造型，与这个观念有关。

中国最美的神话莫过于嫦娥奔月了，它出现在先秦的更早时代（图 7-10）。战国初年的《归藏》已有“羿毙十日，姮娥奔月”，西汉初年的《淮南子》有“日中有骏乌，而月中有蟾蜍”“姮娥窃以奔月 … 托身于月，是为蟾蜍，而为月精”，东汉古诗有“三五明月满，四五蟾兔缺”（《古诗十九首》）。以后的发展更为百姓喜闻乐见，成为中秋节的欢乐内容之一。

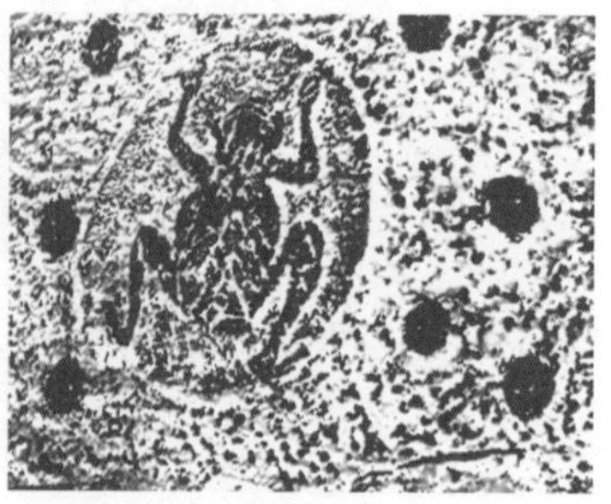

图 7-10　汉画像石中的嫦娥奔月、月中蟾蜍和石刻上的北斗七星

■ 中国的蟾蜍观念

关于后羿求仙、嫦娥奔月成蟾蜍的凄美神话，在张衡的《灵宪》里留有最完整的记述：

月者，阴精之宗，积而成兽，象兔蛤焉……羿请不死之药于西王母，姮娥窃之以奔月，姮娥遂托身于月，是为蟾蜍。

相传至唐朝，更出现大量的千古绝唱，如：

蟾蜍碾玉挂明弓（李贺）；
闽国扬帆去，蟾蜍亏复圆（贾岛）；
蟾蜍蚀圆影，大明夜已残（李白）。

嫦娥，一直是吟诗咏词贺中秋里的主角。许多诗词写得非常好，千古流传的最著名者有两句：

嫦娥应悔偷灵药，碧海青天夜夜心（李商隐）；

共在人间说天上，不知天上忆人间（边贡）。

绘画嫦娥的最著名者，当属明代画家唐寅（唐伯虎，1470—1524）的《广寒宫阙旧游》，立轴尺寸 84×33cm（图 7–11），画中的嫦娥高雅恬静，婉约绮媚。成为历代画家所追捧和传承的形象。

图 7–11 《广寒宫阙旧游》

1969年，美国国家宇航局NASA的阿波罗登月时，地面人员还特别告诉宇航员：“请注意，月球上有一个叫嫦娥的中国美女，她身旁还有一个大兔子，已经在那里住了 4000 年……”遥远的太空里传来了莞尔一笑：

Ok，我们会密切关注这位兔女郎！
Rabbit lady

细想一下，蟾蜍身上的斑点也挺可爱的，分明是晶莹剔透的珍珠，美女颈上的项链！

31 科学复原模型

社会无论怎样巨变，张衡是永恒的。他的永恒在于冲破固有的传统观念，不断探索向前的精神，他的发明创造是中华民族对人类贡献的一个杰出代表。地动仪复原模型的造型设计旨在以实体形象表达出这一内涵。

模型完成不久，两位研究人员相继离世，贡献了他们最后的力量。地动仪的新复原模型正在发挥着宣传中国文化、开展科普教育的作用，激励后人继续向前。

两专家的留言

地动仪的外形需要重新复原。有些人或许认为王振铎先生的地动仪模型已深入人心，为照顾群众的印象，能不能不予更改呢?

我认为这是不行的。这个模型不仅工作原理和内部结构不对，其外形也是错误的。这个外形既不符合中国古代文献记载，也不符合考古发现的汉代文物，更被灵台遗址的考古发掘结果所否定。因此，不能继续用这个模型的外形再进行广泛宣传。重新复原已是不可阻挡的历史潮流。坚持不改，拖延下去，会有损于中国古代文化乃至今天中国的形象。

这是李先登研究员 2007 年的大会发言，受到普遍的赞同。与会者是来自中国地震局、国家文物局、中国科学院、国家教委、国家科委等单位的学者和研究课题组的成员。随着原理和内部结构的落实，以造型复原为主的收尾工作随即展开，科学、历史、艺术相结合的新成果要以实体形式面世。

■ 李先登

李先登（1938—2009），中国国家博物馆研究员，文物鉴定委员会委员，文物学会专家委员会委员。从事考古和青铜器研究。

他发现了河南龙山文化晚期的青铜容器残片和个别文字，执笔《登封王城岗与阳城》考古报告。发表了有关中国古代文明和青铜器的研究论文数十篇，以及《商周青铜文化》《夏商周青铜文明探研》专著。在地动仪科学复原研究上做出了贡献。

图 7-12　李先登（1938—2009）

地动仪的艺术造型既要符合科学仪器简洁明快的要求，又要具有汉代艺术性和观赏性，尽可能的美观，使广大人民群众乐于接受。要让结构、造型、制作符合史料记载，实现历史与科学的统一，艺术与功能的统一。

这是王培波教授生前多次讲过的话。他是一位热情地徜徉于自然与艺术之间的思想者，努力理解地动仪测震功能和造型内涵的统一，汲取汉代文物的艺术精华。我们有着深深地共识：艺术创作并不必然地具有感染力，必须融入科学的内含才有知识的巨大力量，那将是对自然规律的生动揭示、传统文化的深刻弘扬。

■ 王培波

王培波（1954—2016），中国数字雕塑和金工艺术专业开拓者。1994年赴法国巴黎留学。清华大学美术学院教授，全国城市雕塑艺术委员会副主任。

代表作有香港回归的金色紫荆花雕塑、全国零公里起点雕塑、青海原子城大型雕塑《聚》，《世纪坛日冕》雕塑，以及2008年北京奥运会点火台设计。著有《漫步欧洲现代城市雕塑》《郑可》《中国工艺美术全集．技艺卷．金属．首饰》等。地动仪新模型的艺术设计，由他定稿完成。

图 7-13　王培波（1954—2016）

造型设计完成后，专家组鉴定会的审议结论：汉代艺术，“气魄深沉雄大”，获得满堂掌声。这几个字借用了鲁迅 1935 年给李桦信中对汉代艺术的评价。

造型工艺和制造

从测震功能的要求上看，为获得较大的自振周期，悬垂摆的上挂点要尽量的高。基于这个原因，在米尔恩、博尔特、吕彦直等的悬垂摆模型的顶部都竖立了一个高高的直筒（参见图 4–7 和图 4–24），这样的造型显然不符合出土文物的基型。

我们注意到：汉代酒尊的顶盖上都有三个凤钮元素（图 7–14）。此外，商末周初（约公元前 1200 年）的青铜器造型还有个特点，凤鸟的钩喙、鸟冠和尾羽多有硕大的穿孔，是可以悬挂重物的，甚至在几件出土文物的钩喙和尾羽的两端都残留了吊挂的铜丝（图 7–15）。

(a)

(b)

(c)

图 7–14　三只凤钮是酒尊的基本元素
（a）胡傅鎏金兽纹尊；（b）鎏金鸟兽纹尊；（c）鎏金云纹尊

于是，新模型采取三只凤鸟集中一起、共同悬挂都柱的技术方案。让凤鸟站在了圣器的最高处，既突现了太阳至高无上的尊贵地位，又保留了汉代酒尊上的凤钮元素。

图 7–15　出土凤鸟的钩喙和尾羽均有穿孔和铜丝（四川，三星堆）

聚在一起的三只凤鸟存在结构力学问题，必须组成整体框架。这同奥运会鸟巢体育场的结构问题很相似，框架必须有合理的连接点才能构成力学整体，看似稀松，实则完整。体育场的框架结构采取了西方风格——显山露水、破腹开肠。我们不同，采取了东方风格——含蓄内秀，柔中寓刚。让三只凤鸟背内面外呈自由飞翔状，整体上划分为 4 层

图 7-16　三只凤鸟悬挂都柱，白圈是框架结构的焊接点

共10个交接点焊合，凤鸟的造型采取翘尾羽、展翅膀、舒羽毛、站托盘的艺术形式，组成了完整的框架结构（图 7-16）。

这样做的效果非常好。它的力学强度很大，技术上原本要求能悬挂 450kg 重的都柱，实测的强度居然达到了 1500kg 以上，稳定性极好。其次，三个耸立向上的尾羽汇聚中央来悬挂吊链，提高了上挂点位置，有效地加大了悬垂摆的摆线长度，把仪器的固有周期从 2.1s 直接提高到了接近 3.0s，满足了测震的功能要求。最后，悬挂沉重都柱的支架居然是三只楚楚依人的鸟儿，它们轻盈飞翔于天空，于是在视觉上就大大消除了悬挂重物时的负重感和压抑感，发扬了中国传统的“马踏飞燕”类型的艺术风格。

蟾蜍与凤鸟的地位相同，它们作为月神和日神的化身，同为先民祭奉。地动仪上出现日月二神，可能隐喻着“日月运行，历示吉凶”（《灵宪》），它们遥相守望，知天晓地，报告凶吉。因此，复原模型的上端凤鸟、下端蟾蜍，就自然具有结构功能。

依古书记载，蟾蜍有三个功能：承托尊体的器足，接收掉落的铜丸，发出声音的警报。可以把这三条“翻译”成物理学的要求：一是控制整体的质心高度和稳定性，二是把握蟾蜍嘴巴的大小和位置，三为处理撞击部位的内腔大小。它们都对艺术造型的尺寸，提出了数量级的要求。

中国的古典艺术一直有“云从龙，风从虎，水伴蟾蜍”的传统，使这个结构问题一气呵成得以解决。

水伴蟾蜍，古即有之。汉灵帝中平三年（186 年）曾铸过青铜“蟾蜍吐水于平

图 7-17　水伴蟾蜍的造型

门外”，魏明帝青龙元年（233 年）重修洛阳时“引水过九龙殿前，为玉井绮栏，神龙吐出，蟾蜍含受”（《三国志 · 魏书三》）。在出土的石刻、瓦当、铜镜和青铜器上，亦能看到这种造型。此外，我们的祖先一直沿用“苍天 — 大地 — 海水”三个圈层描述地球，普遍地表现于传统绘画、雕塑、屏风、服装花纹和工艺纹饰中。张衡持有“天地各承气而立，载水而浮”的观点，认为大地是受到海水的托载才浮起来的。

于是，在八道的两侧设计出了流水波浪（图 7-17），让小关球从高处沿着八道滚滚而下，撞击龙机杠杆；两侧的海水波浪紧相伴随，惊涛拍岸卷起千堆雪，颇大的质量体提高了整体稳定性，模型的整体质心高度仅为底边长度的 1/5~ 1/6；海浪簇拥起蟾蜍向上张口，接收落丸；蟾蜍颈部撑起大地，它的内腔与尊体相通互联，实现了撞击声音的嘹亮回响。

上述设计，创造了一个重要条件：蟾蜍把尊体抬高了约 50cm，人员便可以从尊体下方的空间进出仪器，解决了仪器安装和重置小关球的通道。都柱侧表面有两个关球放置孔，人员只要在外部伸手，就可以从底部把关球投进都柱斜孔，它会自动地滑落到中心位置上（图 7-18）。

图 7-18　复原模型的内部结构和工作过程

中国古代的许多传统造型是流传于民间的，地动仪的制作工艺要在工厂落实。工匠师傅们心灵手巧，充满生机。比如龙机的杠杆，有用的是它的刚度，传递扭转力矩，无用的是它自身的质量，因为杠杆的自重会在地震时晃动起来，有干扰作用。师傅们根据这个思路，把龙机的长短臂铸成镂空状，镂空的花纹居然是美丽的飞龙戏珠，减轻了质量、保持了刚度，一派浓浓的中国风格。此外，在都柱侧孔的制作、铭文安排、小关设置、悬链的防扭、上挂点的调整、尊体各部的固紧，以及龙舌弧度、支架位置、防锈处理……都存在一系列的技术环节，整个制作工艺和流程是比较复杂的（图 7-19 和图 7-20）。原大的青铜地动仪的铸件将近 2.2t 重，3m 多高，怎么运输、安装、调整、固定？完全仰仗工人师傅来完成（图 7-21），他们是真正的英雄，我们的老师。

事非经过不知难，这个过程同样会在张衡身上发生。常说地动仪的问世包含了华夏民族的聪明才智，确实不夸张。

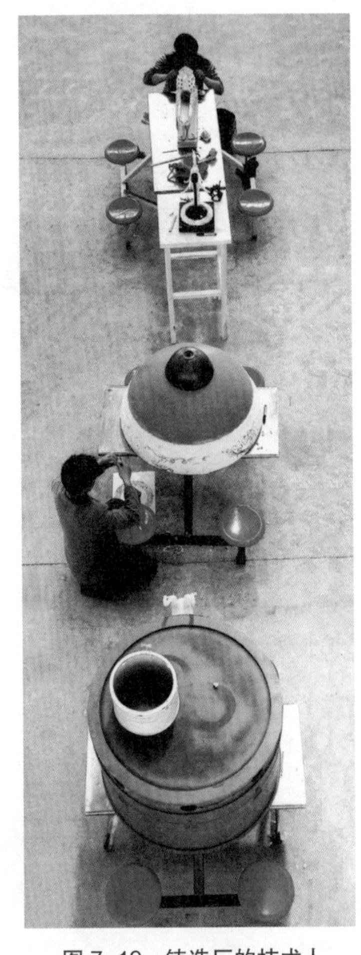

图 7-19　铸造厂的技术人员在制作地动仪的模子

图 7-20　工人们正在为地动仪模子灌注铜水

底座都柱

尊体圆筒

顶盖凤鸟

悬挂都柱

图 7-21　地动仪的安装过程

地动仪重现人间

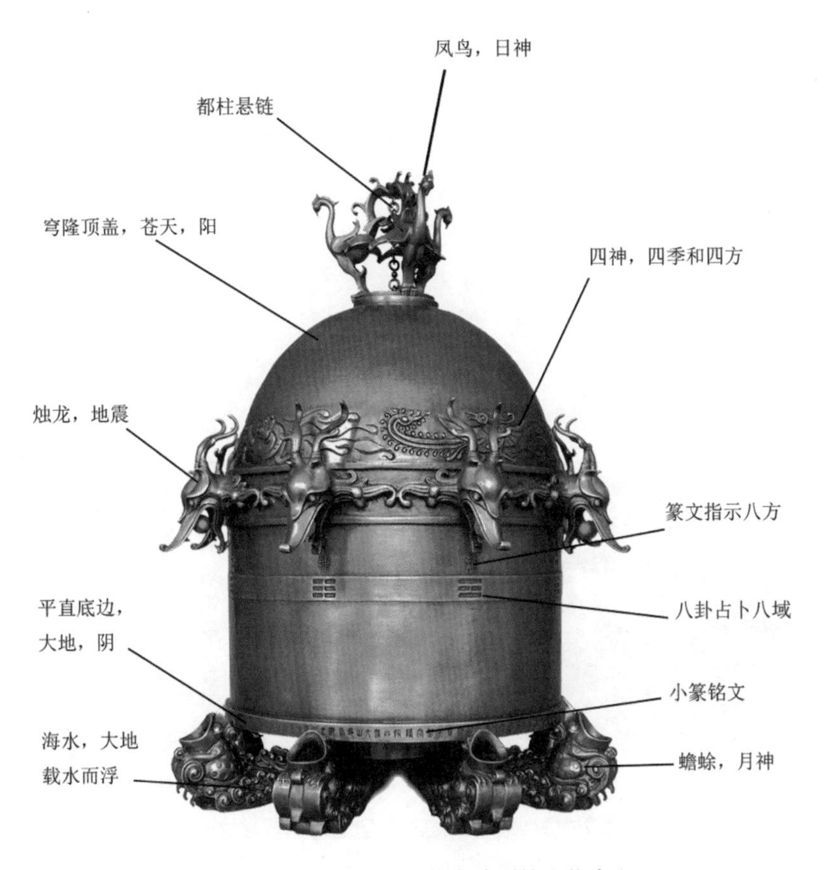

图 7–22　地动仪模型艺术造型的文化含义

地动仪艺术造型具有下述文化含义（图 7–22）：

● 凤鸟代表太阳、日神，站在最高位，俯视天下万物。功能上悬挂都柱；

● 穹隆顶盖，象征着茫茫苍天，阳。张衡有“天体于阳，故圆以动”观点；

● 四灵拱日，世间万物的生机勃勃的代表——青龙、玄武、朱雀、白虎。它们在天穹呈反时针奔腾，愉悦地行春夏秋冬四季之能，履东南西北四方之责；

● 烛龙，创世神在监视四面八方的地震，反映着古代“天垂象、见凶吉”的观点。地动仪采用铜丸的震声、八卦和篆字来报告地震的发生方位。非地震的时候，烛龙并不吐丸；

● 平直的尊体底边，隐喻张衡“地体于阴，故平以静”，即天圆地平的观点；

● 水波浪纹在大地下面翻腾，象征大地“载水而浮”的浑天观；

● 蟾蜍代表月神，阴，与日神同为祭奉对象。三只脚的蟾蜍是逢凶化吉、带来好运的吉祥物。功能上是尊体的器足。

在地动仪的底边，镌刻了取自史书的103个字铭文，以纪念张衡的不朽贡献（图7-23）：

阳嘉元年秋七月 史官张衡 始作地动铜仪 以精铜铸其器 圆径八尺 形似酒尊 其盖穹隆 饰以篆文 山龟鸟兽之形 尊中有都柱 傍行八道 施关发机 外有八方兆 龙首衔铜丸 下有蟾蜍承之 尝一龙机发 而地不觉动 京师学者 咸怪其无征 后数日驿至 果地震陇西　　　二零零八年制复原模型

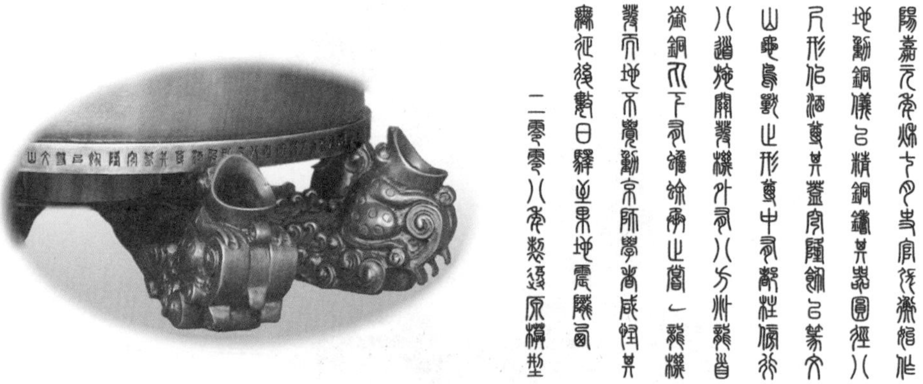

图 7-23　地动仪复原模型上的小篆铭文

在中国科技馆和其他展馆里，地动仪复原模型安放在振动台上面。振动台可以演示非地震的地面振动，以及来自不同地震方向的水平运动（图 7-24），观众看到地动仪的几种不同的反应后，容易理解地动仪的工作原理和地震波的特点。

图 7-24　小朋友在地动仪和演示振动台前
（北京地震与建筑科学教育馆，2017）

操作人员对地动仪的重置简单易行的。小关球的重置见图 7–18，龙首铜丸（图 7–25）的重置见图 7–26，把铜丸放到龙舌的上方之后，也会受重力的作用自动停留在固定位置。

图 7–25 地动仪模型中的龙首铜丸

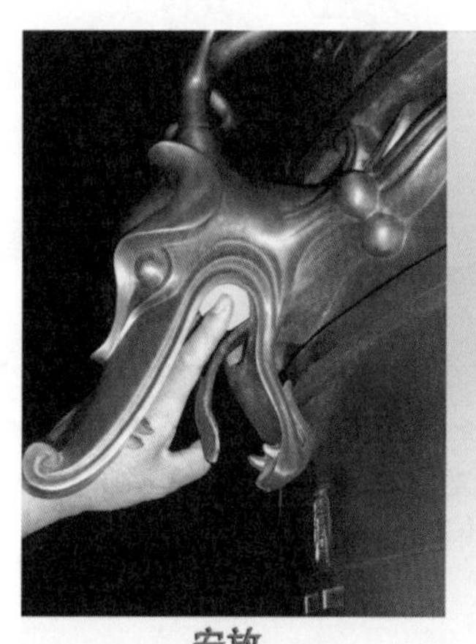

安放

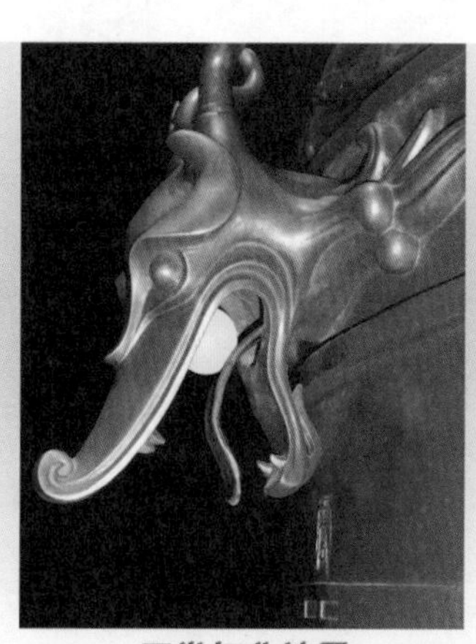

正常与非地震

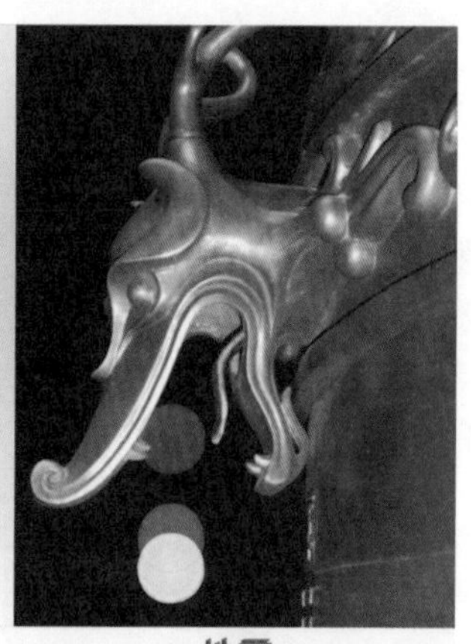

地震

图 7–26 龙首铜丸的重置和反应

2008 年模型通过了国家验收后，几位中国科学院的院士相继表示：

地动仪是中华文明留给人类的宝贵文化遗产，各国科学家都在尝试复原，如果我们不把这件事做好，那就是罪过。从原理上和制作过程上讲，这台复原模型符合史料记载，符合张衡的基本思想……这台地动仪复原模型代表了现代人的认识，它在现阶段是最好的，实现了复原研究的关键性突破。

从社会反响看，复原模型成功地完成了科学、历史和艺术的结合。新的青铜地动仪模型不仅是光彩夺目的艺术佳品，本质上又是个具有强大生命力的能够测震工作的科学仪器，蕴含了中国古代的神话、美学、哲学和愿景的期望，被广大群众深深地喜爱和赞美。

随之，新模型被《中国大百科全书》（第二版，2009）、内地和香港的中小学课本正式采用。中国科技馆、中国地震局、河南博物院、上海科技馆、清华大学、山东威海科技馆、防灾科技学院、北京地震与建筑科学教育馆、唐山地震纪念馆、国家地震紧急救援训练基地、地球物理研究所、广西地震局等机构和学校都已经采用和展出，港澳科普馆和台湾地震部门还进行了多种形式的宣传。

法国和中国香港发行了张衡地动仪的纪念邮票（图 7–27，图 7–28），欧盟发明者协会法国分会在法国各地及比利时的展览中做了宣传介绍，美国、英国和日本派摄制组来华拍摄了地动仪新模型的电视片进行了广泛宣传，新加坡出版了英文《张衡地动仪》的专著。

图 7–27　法国发行的地动仪发明 1880 年纪念邮票（2011）

图 7–28　中国香港发行的张衡地动仪纪念邮票（2015）

结　语

地震是众多自然灾害之首，危险大，破坏性强。我国在防灾、减灾、救灾方面投入了大量人力物力，地震事业日新月异的前进着。

笔者在地震区工作过十余年，曾经在 1966 年邢台地震倒塌的房屋中逃出来，亲历过一二分钟到十分钟内致使几千人、几万人甚至二十几万人罹难的惨痛现场。那是一种四周妇孺呼天抢地、眼泪流满天河的场面，令人心碎的悲怆在多少年间都无法平复，灾区群众和地震工作者的心永远都不可分割。中国近百年间为地震事业献出生命的英雄们是无以计数的…… 对于地震这种肆虐人寰的天灾地祸，从三皇五帝到贫民，从青藏高原到东海之滨，谁都有可能遭遇到，今天或是几年后的某一天？谁都无法置若罔闻。地震学的发展历史一直伴有泪水和付出，鞭策着后人要不断地努力再努力。

战胜地震，最能彰显人类的智慧与能力，最尖锐地检验着一个社会的文明和责任。打开凝重的青史，回顾地动仪二千年的历程，同样可以启迪思想，迈出以史为鉴的第一步。

大学毕业生们在原大青铜地动仪模型前（防灾科技学院，2012）

地动仪的复原研究经过了百年的探索，是一个追求真理、不断深化认识的过程。2008年复原模型是当代人对历史的理解和逼近，它不是历史原物，也不代表终极的结论，但在一定程度上反映着我国科学研究的水平。同时又要看到，从地动仪到地震仪的飞跃毕竟仅是测震学的早期阶段，而测震学的发展又不过是整个现代地震学里的一个很小的部分，地震学的研究还涉及到理论地震学、实验地震学、地震地质学、地震工程力学、预测预报、地壳应力学、应急救援等很宽的领域，都需要后人做出自己的贡献，承担起历史的责任。

四月的天空，繁星似锦，就像那远未知晓的世界，科学研究永无止境。

喜看新一代的年轻学子，风华正茂。他们肯定会创造出更加美好的未来。人们期待着某一个残星未褪的静谧黎明，当喷薄欲出的太阳刚刚抹出五彩的晨光，远处传来了他们奔腾雀跃的嬉笑：

Eureka，尤里卡，我们找到啦！

那分明是，他们开启了又一个新时代，隆隆的礼炮在欢呼！

冯锐，科学激活了张衡地动仪．物理，38卷，7期，2009.

李先登，张衡地动仪的外形需要重新复原．地震地磁观测与研究，29卷，2期，2008.

刘蕊平，还原地动仪．北京：人民教育出版社，2016.

武玉霞、王培波、冯锐、李先登、朱晓民、李辉、田凯、吴健，地动仪复原模型的造型设计．自然科学史研究，30卷，1期，2011.